"十四五"职业教育国家规划教材

中等职业教育药学类第三轮教材

供药学类专业使用

分析化学基础 （第3版）

主　编　柯宇新　许瑞林

副主编　高秀蕊　伍国云　韩红兵

编　者　（以姓氏笔画为序）

伍国云（湖南食品药品职业学院）

许瑞林（江苏省常州技师学院）

吴　丽（广东省食品药品职业技术学校）

胡红侠（上海市医药学校）

柯宇新（广东省食品药品职业技术学校）

高秀蕊（山东药品食品职业学院）

郭春香（广东省食品药品职业技术学校）

韩红兵（江苏省常州技师学院）

廖春玲（江西省医药学校）

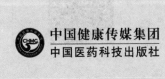

中国健康传媒集团

中国医药科技出版社

内 容 提 要

本教材是"中等职业教育药学类专业第三轮教材"之一,系根据本套教材的编写指导思想和原则要求,结合专业培养目标和本课程的教学目标、内容与任务要求编写而成。本教材具有专业特色鲜明、教学目标职业化、教学内容案例化、技能训练规范化、理论和实践一体化等特点。本书主要内容包括分析化学概述、分析检验中的误差及有效数字、电子分析天平的称量技术、滴定分析法概论、酸碱滴定法、非水酸碱滴定法、配位滴定法、沉淀滴定法等,涵盖了药品检验中常用的分析方法和基本操作技术。本教材为书网融合教材,即纸质教材有机融合电子教材、教学配套资源(PPT、微课、视频等)、题库系统、数字化教学服务(在线教学、在线作业、在线考试),使教学资源更加多样化、立体化。

本教材主要供中等职业院校药学类专业教学使用,亦可作为检验类专业及药品行业职工继续教育和岗位培训的教材。

图书在版编目(CIP)数据

分析化学基础/柯宇新,许瑞林主编. — 3 版. —北京:中国医药科技出版社,2020.12(2024.9重印)

中等职业教育药学类专业第三轮教材

ISBN 978 – 7 – 5214 – 2180 – 4

Ⅰ.①分… Ⅱ.①柯… ②许… Ⅲ.①分析化学 – 中等专业学校 – 教材 Ⅳ.①O65

中国版本图书馆 CIP 数据核字(2020)第 236067 号

美术编辑 陈君杞

版式设计 友全图文

出版 **中国健康传媒集团** | 中国医药科技出版社

地址 北京市海淀区文慧园北路甲 22 号

邮编 100082

电话 发行:010 – 62227427 邮购:010 – 62236938

网址 www. cmstp. com

规格 787mm × 1092mm $^1/_{16}$

印张 18 $^1/_2$

字数 406 千字

初版 2011 年 5 月第 1 版

版次 2020 年 12 月第 3 版

印次 2024 年 9 月第 6 次印刷

印刷 北京印刷集团有限责任公司

经销 全国各地新华书店

书号 ISBN 978 – 7 – 5214 – 2180 – 4

定价 **59.00 元**

获取新书信息、投稿、为图书纠错,请扫码联系我们。

出版说明

2011 年，中国医药科技出版社根据教育部《中等职业教育改革创新行动计划 (2010—2012 年)》精神，组织编写出版了"全国医药中等职业教育药学类专业规划教材"；2016 年，根据教育部 2014 年颁发的《中等职业学校专业教学标准（试行)》等文件精神，修订出版了第二轮规划教材"全国医药中等职业教育药学类'十三五'规划教材"，受到广大医药卫生类中等职业院校师生的欢迎。为了进一步提升教材质量，紧跟职教改革形势，根据教育部颁发的《国家职业教育改革实施方案》（国发〔2019〕4 号）、《中等职业学校专业教学标准（试行)》（教职成厅函〔2014〕48 号）精神，中国医药科技出版社有限公司经过广泛征求各有关院校及专家的意见，于 2020 年 3 月正式启动了第三轮教材的编写工作。

党的二十大报告指出，要办好人民满意的教育，全面贯彻党的教育方针，落实立德树人根本任务，培养德智体美劳全面发展的社会主义建设者和接班人。教材是教学的载体，高质量教材在传播知识和技能的同时，对于践行社会主义核心价值观，深化爱国主义、集体主义、社会主义教育，着力培养担当民族复兴大任的时代新人发挥巨大作用。在教育部、国家药品监督管理局的领导和指导下，在本套教材建设指导委员会专家的指导和顶层设计下，中国医药科技出版社有限公司组织全国 60 余所院校 300 余名教学经验丰富的专家、教师精心编撰了"全国医药中等职业教育药学类'十四五'规划教材（第三轮)"，该套教材付梓出版。

本套教材共计 42 种，全部配套"医药大学堂"在线学习平台。主要供全国医药卫生中等职业院校药学类专业教学使用，也可供医药卫生行业从业人员继续教育和培训使用。

本套教材定位清晰，特点鲜明，主要体现如下几个方面。

1. 立足教改，适应发展

为了适应职业教育教学改革需要，教材注重以真实生产项目、典型工作任务为载体组织教学单元。遵循职业教育规律和技术技能型人才成长规律，体现中职药学人才培养的特点，着力提高药学类专业学生的实践操作能力。以学生的全面素质培养和产业对人才的要求为教学目标，按职业教育"需求驱动"型课程建构的过程，进行任务分析。坚持理论知识"必需、够用"为度。强调教材的针对性、实用性、条理性和先进性，既注重对学生基本技能的培养，又适当拓展知识面，实现职业教育与终身学习的对接，为学生后续发展奠定必要的基础。

2. 强化技能，对接岗位

教材要体现中等职业教育的属性，使学生掌握一定的技能以适应岗位的需要，具有一定的理论知识基础和可持续发展的能力。理论知识把握有度，既要给学生学习和掌握技能奠定必要的、足够的理论基础，也不要过分强调理论知识的系统性和完整性；注重技能结合理论知识，建设理论－实践一体化教材。

3. 优化模块，易教易学

设计生动、活泼的教学模块，在保持教材主体框架的基础上，通过模块设计增加教材的信息量和可读性、趣味性。例如通过引入实际案例以及岗位情景模拟，使教材内容更贴近岗位，让学生了解实际岗位的知识与技能要求，做到学以致用；"请你想一想"模块，便于师生教学的互动；"你知道吗"模块适当介绍新技术、新设备以及科技发展新趋势、行业职业资格考试与现代职业发展相关知识，为学生后续发展奠定必要的基础。

4. 产教融合，优化团队

现代职业教育倡导职业性、实践性和开放性，职业教育必须校企合作、工学结合、学作融合。专业技能课教材，鼓励吸纳 1～2 位具有丰富实践经验的企业人员参与编写，确保工作岗位上的先进技术和实际应用融入教材内容，更加体现职业教育的职业性、实践性和开放性。

5. 多媒融合，数字增值

为适应现代化教学模式需要，本套教材搭载"医药大学堂"在线学习平台，配套以纸质教材为基础的多样化数字教学资源（如课程 PPT、习题库、微课等），使教材内容更加生动化、形象化、立体化。此外，平台尚有数据分析、教学诊断等功能，可为教学研究与管理提供技术和数据支撑。

编写出版本套高质量教材，得到了全国各相关院校领导与编者的大力支持，在此一并表示衷心感谢。出版发行本套教材，希望得到广大师生的欢迎，并在教学中积极使用和提出宝贵意见，以便修订完善，共同打造精品教材，为促进我国中等职业教育医药类专业教学改革和人才培养作出积极贡献。

数字化教材编委会

主　编　柯宇新　许瑞林

副主编　高秀蕊　伍国云　韩红兵

编　者　（以姓氏笔画为序）

伍国云（湖南食品药品职业学院）

许瑞林（江苏省常州技师学院）

吴　丽（广东省食品药品职业技术学校）

胡红侠（上海市医药学校）

柯宇新（广东省食品药品职业技术学校）

高秀蕊（山东药品食品职业学院）

郭春香（广东省食品药品职业技术学校）

韩红兵（江苏省常州技师学院）

廖春玲（江西省医药学校）

在国家职业教育改革和发展精神的指引下，职业教育教学改革不断深入和发展，职业教育教学理念和教学方式发生了翻天覆地的变化，与之相适应的教材是保证职业教育教学质量的重要前提。《分析化学》虽然前期已经做了许多有益的探索，但仍不能完全满足新形势下职业教育的教学需要。为此，由全国 7 所院校从事教学一线的教师，根据中等职业教育药学类专业培养目标和主要就业方向及职业能力目标，按照本套教材编写指导思想和原则要求，结合本课程教学大纲，悉心编写了本教材。

分析化学是药学类专业的专业基础课程，学习本课程为后续课程的学习奠定了理论知识和技能基础。本书内容包括定量分析误差及有效数字、电子天平称量技术、化学定量分析法和仪器分析法三大部分共计 15 个项目，涵盖了药品分析检验中常用的分析方法。每一种分析方法为一个单独模块，每一种分析方法由方法原理、应用示例和方法实训三大任务组成，每个任务都密切联系药品检验实例、学习目标明确。在方法原理概述中，结合分析实例提出与分析方法相关的问题，经学生探究、讨论，然后总结学习相关理论知识；在应用示例中，讨论案例的分析原理、操作规程、数据记录与处理；在实训中，提供实训项目和实训指导。本书在编写时突出了以下特点。

1. 采用案例与教学内容相结合的编写形式　以案例导入为主线，将典型案例融于教材中。在编写中，力求所选案例具有知识性、针对性、启发性和实践性，突出案例的引导效果；根据案例情况，提出相关问题，启发学生思维，激发学生的学习兴趣，提高学生学习的主动性和积极性。

2. 以药品检验岗位实践要求为目标，突出药学特色　以药品检验为目标，各种分析方法的学习均以《中国药典》（2020 年版）为依据，密切联系药品检验岗位实践要求，重点突出药品检验中常用分析方法的理论学习和操作技能训练，做到药学特色鲜明、突出职业能力培养的主题。

3. 理论和实践一体化　融"教、学、做"于一体，深入贯彻"做中教，做中学"的现代职业教育教学理念，根据职业教育的的特点和培养目标，每一项目模块都包括理论知识学习、药品检验应用和方法实训三个部分，理论知识密切联系岗位实践，"教工作所需,学实际所用"。

4. 教学目标职业化,教学内容岗位化,技能训练规范化 注重培养学生的职业素养,加强操作技能的训练,突出操作的规范性。根据药品分析检验岗位需求,结合具体的药品检验实例,探索每一种分析方法的测定原理和测定条件,设计具体的分析方案和操作规程,实现学生在校学习和岗位工作的对接,使学生一进入岗位即能胜任工作要求。

5. 突出直观性、形象性和生动性 适应中等职业学校学生理解能力薄弱的学习特点,对每一种分析方法的原理尽可能使用示意图,仪器设备的使用和操作技术全部采用实物图片进行展示,做到直观形象、通俗易懂。

6. 多媒融合,教材内容形式多样化 本教材为书网融合教材,即纸质教材有机融合电子教材、教学配套资源(PPT、微课、视频等)、题库系统、数字化教学服务(在线教学、在线作业、在线考试),使教学资源更加多样化、立体化。

本教材密切联系药品行业工作岗位实际要求,结合职业教育教学特点,采用案例教学模式,主要供中等职业院校药学类专业教学使用,亦可作为检验类专业及药品行业职工继续教育和岗位培训的教材。

本教材由柯宇新、许瑞林担任主编,具体编写分工如下:项目一、项目五由柯宇新编写,项目二、项目九由吴丽编写,项目三由郭春香编写,项目四由廖春玲编写,项目六、项目十三由高秀蕊编写,项目七、项目八由胡红侠编写,项目十、项目十二由许瑞林编写,项目十一由韩红兵编写,项目十四、项目十五由伍国云编写。全书由柯宇新整理定稿。

本教材编写过程中,参考了大量的文献资料,在此,对所引用文献资料的原作者表示衷心的感谢。

限于编者的水平和经验,疏漏和不足之处在所难免,恳请广大读者批评指正。

编 者
2020 年 10 月

目录

1. 掌握分析化学的任务；分析方法的分类及其特点。
2. 熟悉分析过程的一般步骤。

1. 掌握误差的概念、分类、性质和消除误差的方法；准确度和精密度的概念、衡量参数及计算方法；有效数字的组成、意义、位数的确定；修约的原则和方法。
2. 熟悉有效数字的组成、意义、位数的确定；修约的原则和方法。

1. 掌握电子天平的概念、使用方法以及称量方法。
2. 熟悉电子天平的结构。

1. 掌握滴定分析法的概念、分析原理；滴定分析的反应条件；基准试剂的概念及应具备的条件；滴定液浓度的表示方法；滴定液的配制方法和标定；滴定分析法的计算。
2. 熟悉滴定分析法中的滴定方式及其适用范围。

1. 掌握酸碱滴定的基本原理、滴定条件及酸碱指示剂的选择原则；酸碱滴定液的配制与标定方法；直接滴定法的应用。
2. 熟悉酸碱指示剂的变色原理、变色范围；酸碱滴定的类型。

1. 掌握非水溶剂的性质及其对溶质酸碱性的影响；非水溶剂的分类和选择原则；高氯酸滴定液的配制和标定。

2. 熟悉非水酸碱滴定法在药品检验中的应用。

1. 掌握铬酸钾指示剂法、铁铵矾指示剂法和吸附指示剂法的概念、分析依据、终点确定和滴定条件。

2. 熟悉银量法的概念和分类；银量法滴定液的种类和配制方法。

1. 掌握 EDTA 滴定法的概念、分析原理和滴定终点的确定；EDTA 及其性质、离解平衡、配合物的特点；金属指示剂的概念、作用原理、应具备的条件以及常用的金属指示剂；EDTA 滴定法准确滴定的条件、最高酸度和最低酸度的概念、溶液酸度的控制方法。

2. 熟悉配合物稳定常数和条件稳定常数的意义；酸效应和配位效应对 EDTA 滴定反应的影响。

1. 掌握氧化还原反应速度的影响因素及提高措施；高锰酸钾法、碘量法、亚硝酸钠法的概念、原理和测定条件。

2. 熟悉氧化还原反应的相关概念；氧化还原滴定法的概念、分类及特点。

- 1. 掌握指示电极和参比电极的概念、作用、要求和分类；直接电位法测定溶液 pH 的原理、测定方法和影响因素；可逆电极和不可逆电极的概念及其作用；永停滴定法的概念、原理和滴定类型。

- 2. 熟悉原电池和电解池的概念、组成和作用原理。

- 1. 掌握光吸收程度的表示形式及相互间的关系；朗伯–比尔定律的数学表达式及应用；吸光系数的表示形式及其关系；吸收光谱的影响因素和用途；紫外–可见分光光度计的组成和使用及其在定性分析、定量分析的应用。

- 2. 熟悉光的概念、光的波动性和微粒性、电磁波谱和光谱区域的概念；物质分子内的运动形式、运动能级及能级跃迁的规律。

1. 掌握共振线的概念、原子吸收线的轮廓的概念及表示方法；原子吸收产生的原理和原子吸收分光光度法的分析依据；原子吸收分光光度法定量分析的方法。

2. 熟悉原子吸收分光光度法的概念和方法特点；原子吸收分光光度计的组成以及主要部件的名称与作用。

1. 掌握薄层色谱法的操作技术，比移值的意义及计算；薄层色谱法在药物鉴别、限度检查和杂质检查及含量测定中的应用。

2. 熟悉色谱法及薄层色谱法的定义、原理和分类及特点；纸色谱法的操作技术及定性定量方法。

1. 掌握色谱图的概念和相关术语；分配系数、保留因子、保留时间的概念和它们之间的关系；气相色谱固定相的分类与选择；气相色谱法的定性分析与定量分析的依据和方法。

2. 熟悉气相色谱固定液的选择原则；热导检测器和氢火焰离子化检测器的检测范围及特点；气相色谱仪的组成及其工作流程；气相色谱条件的选择和系统适用性试验。

1. 掌握化学键合相的概念、种类和特点；高效液相色谱法流动相的要求、极性和强度的关系以及预处理的方法；高效液相色谱条件的选择方法；高效液相色谱法的定性、定量分析。

2. 熟悉高效液相色谱仪的组成和工作流程。

项目一 分析化学概述

学习目标

知识要求

1. **掌握** 分析化学的任务；分析方法的分类及其特点。
2. **熟悉** 分析过程的一般步骤。
3. **了解** 分析化学的作用。

能力要求

1. 能根据分析方法的特点及样品的性质选择适宜的方法。
2. 学会定量分析结果的表示方法。

实例分析

实例 分析化学是最早发展起来的化学分支学科，并且在早期的化学发展中一直起着重要作用，被称为"现代化学之母"。我国化学界前辈徐寿先生（1818—1884）曾对分析化学学科给予很高评价："考质求数之学，乃格物之大端，而为化学之极致也"，这里的考质，即定性分析；求数，即定量分析。意思是说定性分析和定量分析是物质科学的主体，是化学的最高境界。分析化学已名副其实地成为现代科学技术的"眼睛"。现代分析化学完全可能为各种物质提供组成、含量、结构、分布、形态等全方位的信息，它提供的信息，是一种与人类认识和改造自然密切相关的有关客观物质世界较深层次的信息。

问题 1. 何谓分析化学？分析化学的任务是什么？
2. 分析方法有哪些？定量分析的一般过程是怎样的？

任务一 分析化学的任务和作用

一、分析化学的定义和任务

分析化学是研究物质的组成、含量、结构和形态等化学信息获取的分析方法及其理论和技术的一门学科，它是化学科学的一个重要分支。分析化学的主要任务是采用各种方法、仪器和手段，获取分析数据，鉴别物质体系的化学组成、测定其中有关成分的相对含量和确定物质的结构和形态，解决关于物质体系构成及其性质的问题。

你知道吗
_____

欧洲化学联合会的分析化学定义

分析化学是指"发展并应用各种方法、仪器和策略以获取有关物质在特定空间和时间内的组成和性质信息的科学"。

二、分析化学的作用

分析化学在科学技术的进步、国民经济的可持续发展、资源开发与综合利用、医药卫生、国防建设等领域中发挥着十分重要的作用，被称作科学技术的"眼睛"、国民经济建设和科学技术进步的"参谋"，是控制产品质量的重要保证，也是进行科学研究的基础方法。

分析化学曾经是研究化学的开路先锋，化学科学中元素的发现，相对分子质量的测定，元素周期律的建立，许多化学定律、理论的发现和确证无不凝聚着分析化学的重要贡献。分析化学在现代化学各个领域仍然起着至关重要的作用。例如，化学家为了研究化学反应的机制，就要对反应物或者产物进行周期性的定量测定。

在科学技术方面，分析化学的作用已远远超过化学领域，在生命科学、材料科学、环境科学、资源和能源科学等众多领域，都需要知道物质的组成、含量、结构和形态等各种信息。例如，20世纪末人类基因测序工程被认为是一项类似人类登月的伟大工程，当该工程面临困难而进展缓慢时，是分析化学家对毛细管电泳分析方法进行重大革新，才使这项伟大的工程得以提前完成，从而揭开了后基因时代的序幕。可以认为分析化学实际上是"从事科学研究的科学"。

在国民经济建设方面，分析化学的应用十分广泛。在农业方面，土壤的成分和性质的研究，化肥和农药的分析以及农作物生长过程的研究，都要用到分析化学的理论、技术和方法。在工业领域，资源的勘探、工业原料的选择、工业流程的控制、生产产品的检验，都需要分析化学提供各种数据和信息。

在医药卫生事业方面，临床检验、疾病诊断、病因调查、新药研制、药品质量的全面控制、中草药有效成分的分离和测定、药物代谢和药物动力学研究、药物制剂的稳定性、生物利用度和生物等效性研究等都离不开分析化学的知识和方法。另外，食品质量与安全检测、环境监测、三废（废水、废气、废渣）的综合治理等都需要应用分析化学。

在职业教育中，分析化学是医药及食品卫生检验等专业的一门重要的专业基础课。通过本课程的学习，学生可以掌握分析化学的理论、方法及操作技术，有助于其建立"量"的概念，提高科学实验技能，养成严谨、踏实细致的科学态度，促进全面素质的发展。

任务二　分析方法的分类

分析方法可根据分析任务、分析对象、分析原理、试样取用量、被测组分的含量、应用的领域不同进行分类。

一、根据分析任务不同分类

根据分析任务不同，分析方法可分为定性分析、定量分析、结构分析。

1. 定性分析　定性分析的任务是鉴定物质的化学组成，结果用元素、离子、基团或化合物表示。

2. 定量分析　定量分析的任务是测定物质中某组分或各组分的相对含量。

3. 结构分析　结构分析的任务是确定物质的结构和形态，结果用分子结构、晶体结构、空间分布、氧化态与还原态、配位态等表示。

分析工作的一般程序是首先进行定性分析，弄清楚物质的组成和结构，然后根据测定要求，选择恰当的定量分析方法，确定物质中某组分的相对含量。随着现代分析技术尤其是联用技术和计算机、信息学的发展，常可同时进行定性、定量和结构分析。而在一般分析工作中，被分析物质的组分和结构都是已知的，可以直接进行定量分析。

二、根据分析对象不同分类

根据分析对象不同，分析方法可分为无机分析、有机分析和生化分析。

1. 无机分析　分析对象是无机物质。由于组成无机物的元素多种多样，因此在无机分析中要求鉴定试样是由哪些元素、离子、原子团或化合物组成，以及各组分的相对含量。

2. 有机分析　分析对象是有机物质。虽然组成有机物的元素种类不多，主要是碳、氢、氧、氮、硫和卤素，但有机物的化学结构却很复杂，有机物的种类有数百万之多，因此，有机分析不仅需要元素分析，更重要的是进行基团分析和结构分析。

3. 生化分析　用生物、化学的原理和方法，研究生命现象的分析方法。研究生物体的化学组成、代谢、营养、酶功能、遗传信息传递、生物膜、分子及细胞结构等，阐明生命现象。

三、根据分析原理不同分类

根据分析原理不同，分析方法可分为化学分析法和仪器分析法。

1. 化学分析法　也称为经典分析法。化学分析法包括化学定性分析法和化学定量分析法。化学定性分析法是根据试样与试剂发生的化学反应的现象和特征来鉴定试样的化学组成；化学定量分析法是利用试样中被测组分与试剂定量地进行化学反应来测定该组分的相对含量。化学定量分析法根据操作形式不同可分为重量分析法和滴定分析法或容量分析法。

化学分析法是食品药品检验中最基本的分析方法，是分析化学的基础。其优点是所用仪器简单、操作简便，测定结果准确度高，但灵敏度较低、分析速度较慢，只适用于常量组分的分析。

2. 仪器分析法　也称为现代分析法，属于物理分析法和物理化学分析法。物理分析法是根据某种物理性质（如相对密度、黏度、折射率、旋光度、吸收系数、吸收光谱、保留时间等）与被测组分的关系进行定性或定量分析的方法。物理化学分析法是根据在化学变化中的某种物理性质与被测组分之间的关系进行定性或定量分析的方法，如电位滴定法、永停滴定法等。因两者均需要借助特殊的仪器，故称为仪器分析法。

仪器分析法具有灵敏度高、选择性好、快速、容易实现自动化等特点，适合于微量、半微量和超微量成分的分析，在食品药品检验中应用非常广泛。

四、根据试样取用量不同分类

根据试样取用量的不同，分析方法可分为常量分析法、半微量分析法、微量分析法和超微量分析法，见表1-1。

表1-1　分析方法按试样用量分类

分析方法	试样用量	
	固体试样	液体试样
常量分析法	>0.1g	>10ml
半微量分析法	0.1~0.01g	10~1ml
微量分析法	10~0.1mg	1~0.01ml
超微量分析法	<0.1mg	<0.01ml

五、根据被测组分的含量不同分类

根据被测组分的含量不同，分析方法可分为常量组分分析法、微量组分分析法、痕量组分分析法，见表1-2。

表1-2　分析方法按被测组分含量分类

分析方法	被测组分在试样中的含量
常量组分分析法	>1%
微量组分分析法	0.01%~1%
痕量组分分析法	<0.01%

请你想一想

自来水中钙、镁离子的含量测定常选用滴定分析法，而矿泉水中微量锌的测定则常选用仪器分析法。请问根据被测组分的含量，能确定这些组分的含量测定分别属于哪种分析方法吗？

六、根据工作性质不同分类

依据工作性质不同，分析方法可分为例行分析和仲裁分析。一般分析实验室对日常生产流程中的产品质量指标进行检查控制的分析称为例行分析。双方对产品质量和分析结果有异议时，请权威的分析测试部门进行裁判的分析称为仲裁分析。

另外，根据应用的领域不同，分析方法还可分为药物分析、食品分析、工业分析、临床分析、刑侦分析、环境分析等。

任务三 定量分析的过程及分析结果的表示方法

一、定量分析的过程

试样的定量分析过程主要包括以下5个步骤：分析方案设计、试样的采集、试样的分解和分离、试样的含量测定、分析结果的计算及评价。

1. 分析方案设计 测定方案的设计包括测定方法的选择，试剂、仪器等实训条件的整体规划。每一种分析都有其特点和局限性，应根据测定准确度、灵敏度的要求，待测组分的含量范围，待测组分的性质，共存组分的性质及其对测定的影响，实验室条件等来确定最佳的分析方法。一般来说，测定常量组分时，常选用重量分析法和滴定分析法；测定微量组分时，常选用仪器分析法。例如：自来水中钙、镁离子的含量测定常选用滴定分析法，而矿泉水中微量锌的测定则常选用仪器分析法。

2. 试样的采集 在分析工作中，常需要测定大量物料中某些组分的平均含量，但在实际测定时，只是称取很少的试样进行分析。因此试样必须具有代表性，即要求试样的组成和整体物料的平均组成相一致，否则分析工作做得再认真也毫无意义。所得到的无代表性的结果可能会干扰实际工作的开展，甚至带来巨大的损失。

3. 试样的分解和分离 在定量分析中一般要先将试样进行分解，然后再制成溶液（干法分析除外）进行分析。分解方法常用溶解法和熔融法。

对于组成比较复杂的试样，被测组分的含量测定常受样品中其他共存组分的干扰，则需要通过控制酸度、加掩蔽剂或用分离方法在分析前消除干扰。常用的分离方法有沉淀法、挥发法、萃取法、色谱法等。

> **请你想一想**
> 某药厂今天生产了1000kg原料药，若要从中取出约1g作为分析试样，你认为应该如何取样才能使测定试样的组成和整体物料的平均组成相一致？

4. 试样的含量测定 根据测定方案设计的方法完成测定，测定所用的试剂和实训仪器的准确度和精密度必须符合测定要求，可通过空白试验消除试剂误差，通过校正仪器减少仪器误差。

5. 分析结果的计算及评价 根据称取的试样质量、测定所得的实验数据和有关化学反应的计量关系，算出待测样品中有关组分的含量或浓度。含量测定结果一般用质量浓度或质量分数的形式表示。先计算平均值，再计算相对平均偏差、标准偏差等来表示测定的精密度。分析报告应该简单明了，记录及计算结果要表述清晰。最后，要用有效的方法对分析结果进行评价，及时发现分析过程中存在的问题，确保分析结果的准确性。

你知道吗

《中华人民共和国药典》简介

《中华人民共和国药典》简称《中国药典》，英文缩写为 Ch. P. 。由国家药典委员会编纂，国家药品监督管理局、国家卫生健康委颁布。《中国药典》是具有法律性质的国家药品标准，作为药品生产、经营、使用、检验和管理部门判定药品是否合乎国家规定的共同依据，是国家为保证药品质量、保护人民用药安全有效而制定的法典。

二、分析结果的表示方法

（一）待测组分的化学表示形式

分析结果通常以待测组分实际存在形式的含量表示。例如，测得试样中氮的含量以后，根据实际情况，以 NH_3、NO_2^- 或 NO_3^- 等形式的含量表示分析结果。

如果待测组分的实际存在形式不清楚，则分析结果最好以氧化物或元素形式的含量表示。例如，在矿石分析中，分析结果常以各种元素的氧化物形式（如 K_2O、Na_2O、CaO 和 SiO_2 等）的含量表示；在金属材料和有机分析中，常以元素形式（如 Fe、Cu、Mo、W 和 C、H、O、N、S 等）的含量表示。

在工业分析中，有时还用所需要的组分的含量表示分析结果。例如，分析铁矿石的目的是为了寻找炼铁的原料，这时就以金属铁的含量来表示分析结果。

电解质溶液的分析结果，常以其中所存在离子的含量表示，如以 K^+、Ca^{2+}、SO_4^{2-}、Cl^- 等的含量或浓度表示。

（二）待测组分含量的表示方法

固体试样中待测组分的含量通常以质量分数表示；液体试样中待测组分的含量通常以物质的量浓度或质量浓度表示；气体试样中待测组分的含量通常以体积分数或质量浓度表示。

目标检测

选择题

1. 化学定性分析法的分析依据是 （ ）。
   A. 物理常数　　B. 化学计量关系　　C. 反应特征　　　D. 物理化学性质
2. 滴定分析法属于 （ ） 分析法。
   A. 半微量　　　B. 无机分析　　　　C. 仪器分析　　　D. 化学定量
3. 半微量分析法常用于 （ ）。
   A. 仪器分析　　B. 滴定分析　　　　C. 化学定性　　　D. 有机分析
4. 滴定分析和重量分析的分类依据是 （ ） 不同。
   A. 分析原理　　B. 操作形式　　　　C. 分析对象　　　D. 试样用量
5. 定量分析结果的含量可以用 （ ） 表示。
   A. 分子结构　　　　　　　　B. 基团
   C. 相对百分含量　　　　　　D. 晶体结构
6. 鉴定茶叶中的微量元素组成属于 （ ）。
   A. 定量分析　　　　　　　　B. 定性分析
   C. 结构分析　　　　　　　　D. 仪器分析
7. 滴定分析法测定自来水中钙、镁离子的含量属于 （ ） 分析法。
   A. 半微量　　　B. 微量　　　　　　C. 常量　　　　　D. 痕量
8. 按任务分类的分析方法是 （ ）。
   A. 无机分析与有机分析　　　　　B. 常量分析与微量分析
   C. 定性分析、定量分析和结构分析　D. 化学分析与仪器分析
9. 酸碱滴定分析法属于 （ ）。
   A. 重量分析　　　　　　　　B. 电化学分析
   C. 化学分析　　　　　　　　D. 仪器分析
10. 在微量分析中对固体物质的称量范围的要求是 （ ）。
   A. ＞0.1g　　　　　　　　　B. 0.1～0.01g
   C. 10～0.1mg　　　　　　　D. ＜0.1mg

书网融合……

 划重点　　　　　自测题

定量分析的误差和有效数字

PPT

学习目标

知识要求

1. **掌握** 误差的概念、分类、性质和消除误差的方法；准确度和精密度的概念、衡量参数及计算方法；有效数字的组成、意义、位数的确定；修约的原则和方法。

2. **熟悉** 有效数字的组成、意义、位数的确定；修约的原则和方法。

3. **了解** 有效数字在定量分析中的应用。

能力要求

1. 会对分析结果的误差进行评价。

2. 会正确记录测量数据，按照有效数字的运算程序和运算规则进行有效数字的运算。

任务一 定量分析的误差

实例分析

实例 2-1 甲、乙、丙、丁四人称量同一物品，该物品的真实重量为 10.0000g，4 次平行测量的结果如下：

甲 10.0001g，10.0002g，10.0000g，10.0002g

乙 10.0150g，10.0149g，10.0151g，10.0150g

丙 10.0050g，9.9900g，10.0100g，9.9950g

丁 10.0260g，9.9660g，10.0190g，10.0050g

问题 1. 测量值和真实值容易做到完全一致吗？

2. 何谓误差？按产生原因，误差分为几类？分别如何消除？

3. 何谓准确度和精密度？如何衡量？

4. 比较甲、乙、丙、丁四人的准确度和精密度。

分析检验中，由于受某些主观因素和客观条件的限制，所得测量值不可能和真实值完全一致，即使是技术熟练的分析人员，同一试样的多次测量值也不可能得到完全一致的分析结果。这种测量值与真实值不一致的现象称为误差。误差是分析过程中客观存在且难以避免的。

你知道吗

真实值是否能准确获知

任何测量都存在误差，因而真实值不可能由实际测量得到。真实值分为理论真实值、约定真实值和相对真实值。

理论真实值是由理论推导得出的数值，如化学计量关系、化合物的理论组成、标示值等；约定真实值是由国际计量大会定义的单位（国际单位）及我国的法定计量单位，如物质的量的单位，元素的相对原子量等；相对真实值是误差很小的数值，如基准化学试剂、对照品、标准品等的含量。

一、误差的类型

了解分析过程中产生误差的原因及其特点，有助于采取相应措施尽量减少误差，使分析结果达到一定的准确度。根据误差产生的原因和性质，误差可分为系统误差和偶然误差两大类。

（一）系统误差

1. 概念 在分析检验中，由确定性因素引起的误差称为系统误差，也称为恒定误差、可测误差。

2. 分类 系统误差包括仪器误差、试剂误差、方法误差和操作误差。

（1）仪器误差 是由于仪器不够精确或未校正引起的误差。如使用未经校准的仪器、天平砝码被腐蚀、滴定管体积没有校正等。

（2）试剂误差 是由于试剂纯度不够或含有干扰杂质引起的误差。如试剂或溶剂纯度较低、变质等。

（3）方法误差 是由于分析方法不够完善引起的误差。如沉淀重量法中被测组分沉淀不完全、滴定分析法中滴定终点和化学计量点不一致等。

（4）操作误差 是由于操作者主观因素或习惯引起的误差。如对滴定终点溶液的颜色辨别时存在的差异、读取仪器测量值时偏高或偏低的习惯等。

3. 性质 由于系统误差是由确定性因素引起的，因此系统误差具有恒定性和可测性。

（1）恒定性 系统误差的大小和正负固定不变，即为系统误差的单向性；重复测定，系统误差重复出现，即为系统误差的重复性。系统误差对测定结果的影响是恒定的。

（2）可测性 系统误差可以利用适当的方法测定出来。

4. 消除方法 根据系统误差的性质，可以通过下述方法将系统误差值（称为校正值）测定出来，然后从测量结果中减去，便可达到消除系统误差的目的，具体方法如下。

（1）校正仪器　将分析检验中使用的计量仪器，如分析天平、移液管、滴定管等进行校正，因校正值等于仪器误差值，故可以消除仪器误差。

（2）做空白试验　空白试验是指在不加供试品或以等量溶剂替代供试液的情况下，按照与供试品相同的分析方法进行的试验。空白试验的结果称为空白试验值，简称空白值。因空白试验值等于仪器误差值、试剂误差值与操作误差之和，故做空白试验可以消除仪器误差、试剂误差和操作误差。

（3）做对照试验　对照试验是指用含量准确已知的标准品或对照品替代供试品，按照与供试品相同的分析方法进行的试验。对照试验值等于真实值、仪器误差值、试剂误差值、方法误差值与操作误差之和，故做对照试验可以消除仪器误差、试剂误差、方法误差和操作误差。

（4）做回收试验　回收试验是指在供试品溶液中加入已知量的被测组分，以相同方法进行试验。回收试验也属于对照试验，常在样品组成不太清楚时和微量组分分析中使用。回收试验值等于加入值、仪器误差值、试剂误差值和方法误差值之和。

（二）偶然误差

1. 概念　在分析检验中，由偶然因素引起的误差称为偶然误差，也称为随机误差、不可定误差。偶然误差是由不确定的因素引起的，如实验室温度、湿度、电压、仪器性能等的偶然变化以及操作条件的微小差异。

2. 性质

（1）随机性和不可测定性　偶然误差的出现是随机的、偶然的，无法预测、无法控制、无法测定。

（2）具有统计规律性　偶然误差的出现服从统计规律，可用正态分布曲线表示，如图 2 - 1 所示。即大误差出现的概率小，小误差出现的概率大；绝对值相等的正、负误差出现的概率大体相等，它们之间常能部分或完全抵消。

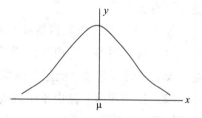

图 2 - 1　偶然误差的正态分布曲线

3. 减免方法　由于偶然误差的出现服从正态分布规律，因此，可以采取增加平行测定次数，然后取平均值的方法来减免偶然误差。测定的次数一般为 3 ~ 5 次。在实验过程中，尽量选用稳定性更高的仪器，以及尽量在测定环境的温度、湿度较稳定的情况下进行测定。

请你想一想

在使用托盘天平称量一份试样时，发现所用天平砝码有缺损，对测定结果有何影响？该误差根据产生的原因和性质，属于何种误差？

二、准确度与精密度

（一）准确度

1. 概念　准确度是指测量值与真实值的相互接近程度。准确度反映了测量结果的正确性。

2. 衡量参数 准确度的高低用误差来定量衡量。误差值的绝对值越小，准确度越高；反之，准确度越低。误差有绝对误差和相对误差两种表示形式。

（1）绝对误差

1）概念 绝对误差是指实际测量值（x）与真实值（T）之差，用符号 E 表示，数学表达式为：

对于某个测量值为：$E_i = x_i - T$

对于某组测量值为：$E = \bar{x} - T$（$\bar{x}$ 为本组测量值的平均值）

2）意义 绝对误差值越小，测量值与真实值相差越小，准确度越高；反之，绝对误差值越大，测量值与真实值相差越大，准确度越低。误差的正负，反映了测量值偏离真实值的方向。误差为正值，称为正误差，说明测量值大于真实值，表示测定结果偏高；反之，误差为负值，称为负误差，说明测量值小于真实值，表示测定结果偏低。

如某一物品的真实重量为 2.0000g，用分析天平称量得 2.0001g，该测定结果的绝对误差为 +0.0001g，说明称量值比真实值偏高 0.0001g。计算如下：

$$E = x - T = 2.001 - 2.000 = +0.0001 \ (g)$$

3）分析应用 ①测量值的绝对误差是由仪器的分度值决定的。仪器测量值的绝对误差为 ±1 个分度值单位。对于同一测量仪器，每次测量的绝对误差保持不变。②分析天平（分度值为 0.1mg）每次测量值的绝对误差为 ±0.0001g；移液管、滴定管每次测量值的绝对误差为 ±0.01ml。

（2）相对误差

1）概念 相对误差是指绝对误差在真实值中所占的百分率，用符号 RE 表示，数学表达式为：

$$RE = \frac{E}{T} \times 100\%$$

相对误差有大小、正负之分。相对误差反映的是绝对误差占真实值的比例大小。

2）意义 相对误差值可用于比较不同测量值的准确度的高低。相对误差越小，准确度越高；反之，相对误差越大，准确度越低。

【例 2-1】用同一台电子天平（称量的绝对误差为 ±0.0001g，）称量两份试样，一份是 2.0001g，一份是 0.0200g，请比较两次测量值的准确度。

解：根据题意计算如下：

$$RE_1 = \frac{E_1}{T_1} \times 100\% = \frac{\pm 0.0001}{2.0001} \times 100\% = \pm 0.005\%$$

$$RE_2 = \frac{E_2}{T_2} \times 100\% = \frac{\pm 0.0001}{0.0200} \times 100\% = \pm 0.5\%$$

例子中，两个测定值 2.0001g 和 0.0200g 的绝对误差均为 ±0.0001g，但 RE 分别为 0.005% 和 0.5%，准确度却相差 100 倍。因此，在绝对误差相同的条件下，待测组分含量越高，相对误差越小，准确度越高；反之，相对误差越大，准确度越低。

【例2-2】用重量分析法测定纯 $BaCl_2 \cdot 2H_2O$ 试剂中 Ba 的含量，结果为 56.15%，计算测定结果的绝对误差和相对误差。

解：已知 $x = 56.15\%$，纯 $BaCl_2 \cdot 2H_2O$ 中 Ba 的理论含量为真值，查得 Ba 的相对原子质量 = 137.33，$BaCl_2 \cdot 2H_2O$ 的相对分子质量 = 244.27，则

$$T = \frac{137.33}{244.27} \times 100\% = 56.22\%$$

绝对误差：

$$E = x - T = 56.15\% - 56.22\% = -0.07\%$$

相对误差：

$$RE = \frac{E}{T} \times 100\% = \frac{-0.07\%}{56.22\%} \times 100\% = -0.12\%$$

(二) 精密度

1. 概念 精密度是指平行测量值之间的相互接近程度。精密度反映了测定结果的波动性、离散性、重复性。

2. 衡量参数 精密度的高低用偏差来定量衡量。偏差值越小，精密度越高。

(1) 偏差的概念 偏差是表示测量值偏离平均值程度的一个参数值，用符号 d 表示。

(2) 偏差的表示形式

1) 绝对偏差 是指各单次测定值与平均值之差，用 d_i 表示。反映了某一个测量值偏离平均值的程度。绝对偏差的数学表达式是：

$$d_i = x_i - \bar{x} \quad (i = 1、2、3、\cdots、n)$$

2) 平均偏差 是指绝对偏差的绝对值的算术平均值，用 $\bar{d}$ 表示，反映了某一组测定值总体偏离平均值的程度。平均偏差的数学表达式是：

$$\bar{d} = \frac{|x_1 - \bar{x}| + |x_2 - \bar{x}| + |x_3 - \bar{x}| + \cdots + |x_n - \bar{x}|}{n}$$

$$\text{或} \bar{d} = \frac{|d_1| + |d_2| + |d_3| + \cdots + |d_n|}{n}$$

3) 相对平均偏差 在比较不同组测量值的波动程度时，用平均偏差在平均值中所占的百分率表示，称为相对平均偏差，用符号 $R\bar{d}$ 表示。相对平均偏差的数学表达式是：

$$R\bar{d} = \frac{\bar{d}}{x} \times 100\%$$

4) 标准偏差 (S) 在平均偏差和相对平均偏差的计算过程中忽略了个别较大偏差对测量结果波动性的影响。而标准偏差则突出了大偏差的影响，更加精确地反映了某一组测定值的波动程度。标准偏差的数学表达式是：

$$S = \sqrt{\frac{\sum_{i=1}^{n}(x_i - \bar{x})}{n-1}} = \sqrt{\frac{d_1^2 + d_2^2 + d_3^2 + \cdots + d_n^2}{n-1}}$$

5）相对标准偏差（RSD） 在比较两组或几组测量值波动程度的相对大小时，以标准偏差占平均值的百分率表示，称为相对标准偏差。相对标准偏差的数学表达式是：

$$RSD = \frac{S}{\bar{x}} \times 100\%$$

【例2-3】 测定某一试样中钙的含量，5次测定结果分别为：37.45%、37.50%、37.20%、37.25%、37.30%，请计算平均值、绝对偏差、平均偏差、相对平均偏差、标准偏差和相对标准偏差。

> **请你想一想**
>
> 绝对偏差 d_i 有正负，而平均偏差 $\bar{d}$、相对平均偏差 $R\bar{d}$、标准偏差 S、相对标准偏差 RSD，有无正负之分？

解：根据题意计算如下：

$$\bar{x} = \frac{x_1 + x_2 + x_3 + x_4 + x_5}{5} = \frac{37.45\% + 37.50\% + 37.20\% + 37.25\% + 37.30\%}{5}$$

$$= 37.34\%$$

$$d_1 = x_1 - \bar{x} = 37.45\% - 37.34\% = +0.11\%$$
$$d_2 = x_2 - \bar{x} = 37.50\% - 37.34\% = +0.16\%$$
$$d_3 = x_3 - \bar{x} = 37.20\% - 37.34\% = -0.14\%$$
$$d_4 = x_4 - \bar{x} = 37.25\% - 37.34\% = -0.09\%$$
$$d_5 = x_5 - \bar{x} = 37.30\% - 37.34\% = -0.04\%$$

$$\bar{d} = \frac{|+0.11\%| + |+0.16\%| + |-0.14\%| + |-0.09\%| + |-0.04\%|}{5}$$

$$= 0.11\%$$

$$R\bar{d} = \frac{\bar{d}}{\bar{x}} \times 100\% = \frac{0.11\%}{37.34\%} \times 100\% = 0.29\%$$

$$S = \sqrt{\frac{\sum(x_i - \bar{x})^2}{n-1}} = \sqrt{\frac{d_1^2 + d_2^2 + d_3^2 + d_4^2 + d_5^2}{4}} = 0.13\%$$

$$RSD = \frac{S}{\bar{x}} \times 100\% = \frac{0.13\%}{37.34\%} \times 100\% = 0.35\%$$

实际工作中，相对平均偏差和相对标准偏差都可以表示试验的精密度，相对标准偏差表示更为科学。

3. 影响因素 影响精密度的主要因素为偶然误差。

你知道吗

准确度与精密度的关系

测量值的准确度表示测量的正确性，测量值的精密度表示测量的重现性。测定结果的优劣应从精密度和准确度两个方面衡量。精密度低，测定结果不可靠；但精密度高不等于准确度高，因为可能存在系统误差。只有消除系统误差，精密度高，准确度才高。因此，精密度是保证准确度的先决条件，准确度高一定要求精密度高，在评价分析结果时，既要有高的精密度，还要有高的准确度。

三、提高分析结果准确度的方法

1. 选择恰当的分析方法　不同的分析方法灵敏度和准确度不同。重量分析法和滴定分析法的灵敏度虽然不高，但对于高含量组分的测定，相对误差较小，能得到较准确的结果；但对于微量组分的测定，一般测定不出来，更谈不上准确与否了。而仪器分析对于微量组分的测定，虽然相对误差较大，准确度较低，但是灵敏度高。因此，选择分析方法时要考虑试样中待测组分的相对含量。

2. 消除系统误差及减免偶然误差　方法前已述及，不再赘述。

3. 确定合理的试样用量，减小测量误差，避免过失　例如，一般分析天平的一次称量误差为 ±0.0001g，无论直接称量还是间接称量，都要读两次平衡点，则两次称量引起的最大误差为 ±0.0002g。为了使称量的相对误差小于 ±0.1%，试样质量就不能太小。

$$相对误差 = \frac{绝对误差}{试样质量} \times 100\%$$

从相对误差的计算中可得：

$$试样质量 = \frac{绝对误差}{相对误差} = \frac{0.0002g}{0.001} = 0.2g$$

可见试样质量必须在 0.2g 以上。

同样，在滴定分析中，滴定管一次读数误差为 ±0.01ml，在一次滴定中，需要读数两次，因此，可能造成的最大误差为 ±0.02ml。所以为了使滴定时相对误差小于 ±0.1%，消耗滴定液的体积必须大于 20ml，最好使体积在 25ml 左右，以减小相对误差。

请你想一想

消除系统误差和偶然误差的方法分别有哪些？

任务二　有效数字及其应用

实例分析

实例2-2　用分析天平（分度值为0.1mg）称取某物品的重量，称量结果为12.2000g。

实例2-3　在一个烧杯中依次加入某试剂2.0g和0.1263g，请计算烧杯中试剂的总重量。

问题　1. 何谓有效数字？有效数字的组成如何？

　　　2. 有效数字的修约规则是什么？有效数字的运算规则有哪些？

　　　3. 实例2-2中，称量结果能否简单记为12.2g？为什么？正确结果中有几位有效数字？

　　　4. 实例2-3中总重量的有效数字应该如何确定？

一、有效数字及其运算规则

分析检验中的数字分为两类。一类数字为非测量所得的自然数，如测量次数、样品份数、计算中的倍数、标示值（如名义浓度、标示含量）、反应中的化学计量关系等，这类数字不存在误差，没有准确度问题；另一类数字是测量所得即测量值或数据计算的结果，这类数字存在一定的误差，数字位数的多少由方法的准确度和仪器测量的精度来决定。在分析化学中，将第二类数字称为有效数字。

（一）有效数字的概念

有效数字是指在分析检验中测量得到的具有实际意义的数字。有效数字包括所有准确数字和最后一位可疑数字。例如，用分析天平称量同一试样的质量，甲得到2.3456g，乙得到2.3457g，丙得到2.3455g，这5位数字中，前4位都是很准确的，第5位数字是由标尺的最小分刻度间估计出来的，所以稍有差别。第5位数字称为可疑数字，但它并不是臆造的，所以记录数据时应保留它，而且规定可疑数字可能有±1个单位的误差。

如有效数字12.2g中，12g是准确数字，0.2g是可疑数字，有±0.1g的误差，即有效数字12.2g有±0.1g的绝对误差；再如有效数字12.2002g中，12.200g是准确数字，0.0002g是可疑数字，有±0.0001g的误差，即有效数字12.2002g有±0.0001g的绝对误差，两者的准确度相差1000倍。

（二）有效数字位数的确定

有效数字的位数，直接影响测定的相对误差。在测量准确度的范围内，有效数字位数越多，表明测定越准确；但一旦超出了测量准确度的范围，则过多的位数是没有意义的，而且是错误的。确定有效数字位数时应遵循以下原则。

1. 数字1~9　在数据中，数字1~9均为有效数字，每一个数字均算作一位有效数字。如 7.45 为三位有效数字。

2. 数字 0　0 在数据中除表示数值大小外，还有定位的作用。0 用于定位时，不是有效数字，不算作有效数字的位数。一般情况下，0 在数字之前用于定位，不是有效数字；0 在数字中间或后面是有效数字。如 0.0054g 是两位有效数字，0.1050g 是四位有效数字。

3. 百分数　百分数的有效数字位数取决于百分号前的数字，如 90.5% 为三位有效数字，0.57% 为两位有效数字。

4. 科学记数法　很大或很小的数据，常用科学记数法表示。科学记数法的有效数字位数取决于 10^n 前的数字，如 6.030×10^{-3} 为四位有效数字，1.52×10^{-2} 为三位有效数字。

5. 对数值　对数值的有效数字位数取决于小数部分数字的位数，而其整数部分的数字只代表底数的幂次。在分析检验中，pH 值和 pK 值等均为对数值。如 pH = 7.03 和 pK = 4.76 均为两位有效数字。

6. 注意

（1）一个测量值只保留一位不确定的数字。在记录测量值时必须记一位不确定的数字，且只能记一位。

（2）非测量数字的位数可看作为无限多位。在计算中，其有效位数应根据其他数值的最少有效位数而定。

（3）在变换单位时，有效数字的位数不能改变。如 1.500×10^{-2} L，若改用 ml 为单位应为 15.00ml。

> **请你想一想**
>
> 分别说出 1.05%、0.30、24.01 有几位有效数字？

（三）有效数字的意义

由有效数字的定义和组成可知，有效数字包含了两个方面的意义。一方面有效数字的数值反映了测量值的大小；另一方面有效数字的位数多少反映了测量值的准确度的高低，其中，有效数字的小数位反映了测量值绝对误差的大小，有效数字位数反映了相对误差的大小。

有效数字 10.15、0.1015、0.015、15 的绝对误差分别为 ±0.01、±0.0001、±0.001、±1，相对误差分别为 ±0.099%、±0.099%、±6.67%、±6.67%。

因此，分析数据的有效数字位数应与仪器测量的精度和方法的准确度保持一致。如用万分之一的分析天平进行称量时，以克为单位，天平可以准确称量到小数点后第三位，即小数点后三位为准确数字，小数点后第四位为可疑数字，有 ±1 个单位的误差，即 ±0.0001g 的误差，故称量值应记录到小数点后第四位。实例 2-2 中，称量结果应记为 12.2000g，不能记作 12.2、12.20、12.200、12.20000 等。

（四）有效数字的修约 📱微课1

1. 修约的概念　按一定的规则确定有效数字的位数后（约），舍弃多余尾数（修）的过程称为有效数字的修约。

2. 修约的目的　在分析测定过程中，一般都要经过几个测量步骤，获得几个位数不同的有效数字。为了使计算结果与实际测量的准确度保持一致，又避免因位数过多导致计算过于繁琐和引入错误，因此，在运算前，首先要进行有效数字的修约。

3. 修约的规则　按照国家标准采用"四舍六入五成双"规则，具体规定如下。

（1）确定有效数字的位数后，找到多余尾数的第一位数字。如 1.26383 修约为三位有效数字，从第一位开始数到第三位，1.26 后面的数字 3、8、3 即为多余的尾数，尾数第一位数字是 3。

1）四舍　若多余尾数的第一位数字≤4，不管后面的数字是多少都弃去。如 1.26383 修约成三位有效数字为 1.26。

2）六入　若多余尾数的第一位数字≥6，则进 1，如 1.14801 修约成三位有效数字为 1.15。

3）五成双　若多余尾数的第一位数字等于 5 时，应先看 5 的后面有无数字。①若 5 的后面没有数字或全部为 0 时，此时再看 5 的前面的数字，为奇数时，进 1 使成偶数；5 的前面数字为偶数（包括 0）时，则弃去。如 3.2845、2.42350、4.62250、4.6205 修约成四位有效数字分别为 3.284、2.424、4.622、4.620。②若 5 的后面有数字不为 0，不管 5 前是奇数还是偶数，则进 1。如 2.28451 修约成四位有效数字为 2.285。

> **请你想一想**
>
> 分别将 0.2305、6.7350、2.05501、12.358 修约成三位有效数字，结果分别是？

（2）只允许对原有效数字一次修约到所需位数，不能分次修约。如 4.2148 一次修约成三位有效数字为 4.21，若分次修约则为 4.2148→4.215→4.22。

（3）在修约表示准确度和精密度的数值时，修约的结果应使准确度和精密度变得更差一些，即"只进不舍"。如 S = 0.124，若取两位有效数字，应修约为 0.13，若取一位有效数字，应修约为 0.2。

（五）有效数字的运算 微课2

1. 运算程序　在进行有效数字的运算时，首先根据测量值之间、计算结果与测量值之间准确度一致的原则，确定各有效数字保留的位数，然后根据修约规则对各有效数字进行修约，最后进行运算，得出运算结果。

2. 运算规则　不同位数的几个有效数字在进行运算时，所得结果应保留几位有效数字与运算类型有关。

（1）加减法

1）位数的确定　以小数点后位数最少（绝对误差最大）的数值为准，其他数值修约为相同的小数位，使计算结果的绝对误差与此数值的绝对误差相当，即保留最少的小数位。

实例 2-3 中，由有效数字的组成可知，有效数字 2.0 有 ±0.1 的绝对误差，有效数字 0.1263 的绝对误差 ±0.0001 已在 ±0.1 的范围之内。因此，应以 2.0 为准，均保留 1 位小数。

2）修约　为避免误差快速累计，修约时多保留一位小数。

实例 2 - 3 中，把 0.1263 修约成 0.13，计算如下：

$$2.0 + 0.1263 = 2.0 + 0.13$$

3）运算结果　仍保留规定的小数位数。

$$2.0 + 0.1263 = 2.0 + 0.13 = 2.1$$

（2）乘除法

1）位数的确定　以有效数字位数最少（相对误差最大）的数值为准，其他数值修约成相同的有效数字位数，使计算结果的相对误差与此数值的相对误差相当，即保留最少的有效数字位数。

如 $\dfrac{0.0605 \times 5.103501}{0.13165}$ 均应保留三位有效数字。

2）修约　为避免误差快速累计，修约时多保留一位有效数字。

$$\frac{0.0605 \times 5.103501}{0.13165} = \frac{0.0605 \times 5.103}{0.1316}$$

3）运算结果　仍保留规定的位数。

$$\frac{0.0605 \times 5.103501}{0.13165} = \frac{0.0625 \times 5.103}{0.1316} = 2.42$$

使用计算器运算时，在运算的过程中不必对每一步的计算结果进行修约，但应注意根据其准确度要求，正确保留最后计算结果的有效数字位数。

二、有效数字在定量分析中的应用

（一）正确记录测量数据

在分析检验中，记录的测量数据的准确度应与仪器的测量精度保持一致。如使用万分之一分析天平称量时，以克为单位应记录到小数点后第四位。使用滴定管、移液管、容量瓶时记录的溶液体积以毫升为单位应记录到小数点后第二位。如使用 20ml 移液管量取溶液时，移取液体的体积应记录为 20.00ml。

（二）正确掌握和运用有效数字的规则

不论使用何种方法进行计算，都必须遵守有效数字的修约规则和运算规则，如用计算器进行计算，也应将计算结果经修约后再记录下来。

（三）选用准确度适当的仪器

取用量的精度未作特殊规定时，根据有效数字的位数，在测定时选用适当的仪器。如量取溶液 50ml，选用 50ml 的量筒即可，而量取溶液 20.00ml 则必须选用 20ml 移液管。称量 2.0g，选用托盘天平即可；而称量 2.0000g 则须选用万分之一分析天平。

（四）正确表示分析结果

在计算分析结果时，高含量（>10%）组分的测定，一般要求四位有效数字；含量在 1% ~ 10% 的组分一般要求三位有效数字；含量 <1% 的组分只要求两位有效数字。分析中的各类误差和偏差通常取 1 ~ 2 位有效数字。

三、定量分析结果的处理

（一）一般分析结果的处理

通常进行定量分析，平行测定次数为 3 ~ 5 次，根据测定数据，求出分析结果的平均值和相对平均偏差，若 $\overline{Rd} \leqslant 0.2\%$，则认为分析结果符合要求，否则需重新测定。

（二）可疑值的取舍

在分析测定中，有时会发现平行测定的数据中，出现个别数据与其余数据相差较大，则该数据可称为可疑值，即异常值，它可能是由偶然误差或者人为的过失引起的，对测定求出的平均值有很大的影响，不能随意舍弃，它是保留还是舍弃，应按数理统计方法进行合理分析，常用方法有四倍法、Q 检验法，从而确保对分析结果的可靠性进行正确、科学评价。

目标检测

一、选择题

1. 重量分析中，杂质与被测组分共沉淀或沉淀不完全引起的误差为（　　）。
    A. 操作误差　　　B. 偶然误差　　　　C. 方法误差　　　　D. 试剂误差
2. 使用未经校准的天平称量样品，容易引入（　　）。
    A. 方法误差　　　B. 仪器误差　　　　C. 试剂误差　　　　D. 操作误差
3. 用分析天平称量时，电压不稳引起的误差为（　　）。
    A. 仪器误差　　　　　　　　　　　B. 方法误差
    C. 偶然误差　　　　　　　　　　　D. 操作误差
4. 以下不属于系统误差特点的是（　　）。
    A. 单向性　　　　　　　　　　　　B. 双向性
    C. 重复性　　　　　　　　　　　　D. 可消除
5. 下列方法中不能用于消除系统误差的是（　　）。
    A. 空白试验　　　　　　　　　　　B. 校正仪器
    C. 增加平行测定次数，取平均值　　D. 对照试验
6. 以下说法错误的是（　　）。
    A. 绝对误差越大，说明测定值越接近真实值
    B. 相对误差越小，反映测量结果越准确
    C. 误差根据产生的原因和性质，可分为系统误差和偶然误差
    D. 读错测量数据，不是操作误差

7. 下列各数中，有效数字位数为三位的是 （   ）。

    A.　$[H^+] = 0.009\text{mol/L}$　　　　　　B. $pH = 4.12$

    C.　$w(NaOH) = 22.5\%$　　　　　　D. 3×10^3

8. 20.105 修约成四位有效数字后为 （   ）。

    A. 20.11　　　　　B. 20.10　　　　　C. 20.00　　　　　D. 20.0

9. 由计算器算出 $(2.01 \times 1.35557) \div (10.043 \times 0.56891)$ 的结果应修约为 （   ）。

    A. 0.48　　　　　B. 0.480　　　　　C. 0.4804　　　　　D. 0.48042

10. 计算 $13.56 + 4.4024 + 0.51570$ 的结果应取 （   ） 有效数字。

    A. 一位　　　　　B. 二位　　　　　C. 三位　　　　　D. 四位

二、计算题

1. 运用有效数字修约规则，对分析结果作适当取舍。

    （1）$0.2035 + 0.18 + 10.2501 =$

    （2）$0.28745.25 \div 2.63055 =$

2. 用万分之一的分析天平称取某试样一份，其结果为 0.1002g，真实值为 0.1000g，求绝对误差和相对误差。

3. 测定某 NaCl 样品含量时，平行测定三次，测定结果分别为：0.5005g、0.5000g、0.4995g，求平均值、平均偏差、相对平均偏差。

书网融合……

微课1　　　　微课2　　　　划重点　　　　自测题

PPT

▷▷ 项目三 电子天平的称量技术

学习目标

知识要求

1. **掌握** 电子天平的概念、使用方法以及称量方法。
2. **熟悉** 电子天平的结构。
3. **了解** 电子天平的工作原理。

能力要求

会用直接称量法、减重称量法和指定质量称量法进行试样的称量。

电子天平的称量技术是分析检验中最基本、最重要的操作技术。了解电子天平的称量原理，熟悉电子天平的结构，掌握正确的使用方法和称量方法，对实验员、质检员、中药调剂员等分析检验岗位具有极其重要的意义。

📋 任务一 认识电子天平

☞ 实例分析

实例 3-1 如图 3-1 所示是实验中常用的精密称量仪器。

问题 1. 该称量仪器是什么？

2. 该称量仪器的称量原理是什么？

3. 该称量仪器的构造是怎样的？

一、称量原理及构造 📱 微课1

图 3-1 称量仪器

电子天平是最新一代的天平，自动化程度高，具有自动调零、自动校准、数字显示、自动扣皮、自动计算、数据打印等功能，还可与计算机连用，发展迅速。使用电子天平可直接称量，全量程不需砝码，放上被称物后，在几秒钟内即达到平衡，显示读数，称量速度快。

（一）称量原理

电子天平是基于电磁力平衡原理设计制造的，应用了现代微电子技术和高精度传感技术，利用电子装置完成电磁力补偿的调节。

称量前，电子天平能记忆空载时示位器的平衡位置并自动保持这一位置。此时天平显示为 0.0000g。

当秤盘上加载物品后，示位器发生位移并接通补偿线圈，产生与物品质量大小成正比的电流，计算器计算冲击脉冲，产生垂直的力作用于秤盘上，使示位器准确地回到原来的平衡位置，天平自动显示出物品的质量数值。

请你想一想

电子天平作为一种常用的精密称量仪器，在实际工作中它如何使用的呢？

（二）构造

以 Sartorius 牌 BT224S 型电子天平（图 3 - 2，图 3 - 3）为例。

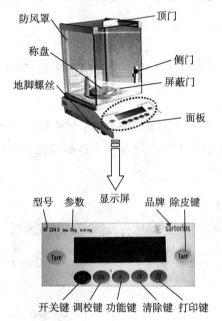

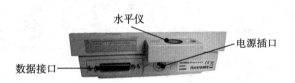

图 3 - 2　BT224S 型电子天平及其面板　　　图 3 - 3　BT224S 型电子天平背面底部

你知道吗

钻石去哪儿了

王先生在北京拍卖会拍得一颗大钻石，用刚校准过的电子天平称得钻石 20.0158g，将这台电子天平和钻石一起带回广州，称量发现，只有 19.9882g，少了 27.6mg，那么这部分钻石去哪里了呢？

电子天平的工作原理是通过电磁力平衡实现的，应用了现代微电子技术和高精度传感技术，将被称物产生的重力转换成电信号再还原成重力显示出来。因此，电子天平称得的是重量，而不是质量。北京和广州因为所处的纬度不同，所以重力加速度 g 不同，因此重力也不同。

出现以上现象的原因是王先生在广州称量前没有对电子天平进行校正。如果在广州称量前进行校正，则称量的结果与北京无异，故钻石没有少。

二、使用方法

（一）基本操作步骤

1. 称量前的准备工作

（1）检查、调节水平　取下天平罩，调整地脚螺丝的高度，使水平仪内的气泡正好位于圆环的中央。

（2）接通电源　将电源插头插入符合规定的电源插座内。

（3）开机、自检　按下天平"开/关"键，接通显示器。开机后，电子称量系统自动实现自检功能。当显示器显示为 0.0000g 时，自检结束。

（4）预热　在初次接通电源或长时间断电之后，至少预热 30 分钟。

（5）校正　当天平长时间没有使用、搬动或碰撞时，应当进行校正。在显示器出现 0.0000g 时，按下"CAL"键，电子天平自动执行校正程序。

2. 称量　根据选用的称量法进行称量操作。

3. 称量后　将物品从秤盘上拿下，按要求摆放或处理。按开关键，关机，天平处于待机状态。长期不用时，切断电源。清洁天平，检查干燥剂，罩上天平罩。填写使用登记，整理台面及环境卫生。

（二）注意事项

1. 称量的物品严禁超出天平的最大载荷。

2. 严禁将试剂直接放在秤盘上称量。挥发性、腐蚀性试剂必须装在密闭容器内进行称量。

3. 在秤盘上取放物品时，须轻拿轻放。

4. 仪器允许存放环境温度为 5～40℃，相对湿度小于 75%。严禁在温度过高或过低、易碰撞、剧烈震动、风吹、湿度较大的环境中使用天平。

5. 电子天平应一直保持通电状态，称量完毕后关机，保持待机状态，可延长天平使用寿命。

6. 定期检查并及时更换干燥剂。

7. 须使用厂家提供的专用变压器。先将电源插头插入天平电源插孔，然后将变压器插头插入交流电源插座。

8. 在将辅助仪器（如打印机、计算机）与数据接口连接或切断之前，电子天平必须断电。

9. 在天平的显示屏上出现如下标记时所表达的信息：在显示屏右上方显示为 0 时，表示 OFF，即天平曾经断电（重新接电或断电时间长于 3 秒）。显示屏左下方显示为 0 时，表示天平处于待机状态，即显示器已通过开关键关闭，天平处于工作准备状态，只需按开关键打开显示器，天平便可立刻工作，而不必经历预热过程。显示屏左上方显示为 ◇ 时，表示仪器正在工作，表示天平的微处理器正在执行某个功能，因此，不再接受其他任务。

任务二　电子天平的称量方法

实例分析

实例 3 - 2　盐酸滴定液（0.1mol/L）的标定：取在 270~300℃ 干燥至恒重的基准无水碳酸钠 0.11~0.13g，精密称定，……

问题　电子天平的称量方法有几种？分别适用于哪些情况？各有什么注意事项？

一、直接称量法

（一）方法概念

直接称量法是指使用电子天平直接准确称取物品重量的方法，简称直接法。

（二）适用范围

直接称量法适用于称量洁净干燥的器皿、性质稳定的物质。

（三）主要用品

电子天平、称量纸（烧杯）。

（四）操作规程

1. 称量前的准备工作

（1）检查、调节水平　取下天平罩，调整地脚螺丝的高度，使水平仪内的气泡正好位于圆环的中央。

（2）接通电源　将电源插头插入符合规定的电源插座内。

（3）开机、自检　按下天平"开/关"键，接通显示器。开机后，电子称量系统自动实现自检功能。当显示器显示为 0.0000g 时，自检结束。

（4）预热　在初次接通电源或长时间断电之后，至少预热 1 小时。

（5）校正　当天平长时间没有使用、搬动或碰撞时，应当进行校正。在显示器出现 0.0000g 时，按下"CAL"键，电子天平自动执行校正程序。

2. 称量

（1）按下除皮键"Tare"，除皮清零，显示为 0.0000g。

（2）将样品置于秤盘上，进行称量。显示器上显示的数值即称量物品的质量，记录数据。

3. 称量后　将物品从秤盘上拿下，按要求摆放或处理。按开关键，关机，天平处于待机状态。长期不用时，切断电源。清洁天平，检查干燥剂，罩上天平罩。填写使用登记，整理台面及环境卫生。

二、减重称量法　📱微课2

（一）方法概念

减重称量法简称减重法，它是利用两次称量之差，求得一份或多份样品重量的方法。减重称量法称量前不必调整零点，称量快速、准确，是最常用的称量方法。减重称量法用于称量一定重量范围内的试剂，但不宜称取指定质量的试剂。

（二）适用范围

减重称量法适用于称量易吸湿、易氧化及易与二氧化碳反应等在空气中性质不稳定的物质。

（三）主要用品

电子天平、高型称量瓶、烧杯或锥形瓶。

（四）操作规程

1. 称量前

（1）电子天平的准备　同直接称量法。

（2）试剂的准备　根据称量的份数和重量要求，在洁净干燥的称量瓶内装入适量的试剂。

2. 称量

（1）准确称量试剂和称量瓶的总重量　按下除皮键"Tare"，除皮清零，天平显示为0.0000g。将装有试剂的称量瓶置于秤盘上，称量。此质量为倾出试剂之前的质量，记为m_1。

（2）计算倾出试剂后的重量范围　根据倾出试剂前的重量和规定称取试剂的重量，计算倾出试剂后的重量范围。

（3）倾出试剂　在接收容器（烧杯或锥形瓶）上方打开瓶盖，用瓶盖轻轻敲击称量瓶口上方，边敲击边倾斜瓶身，通过振动使称量瓶中的试剂直接落在接收容器中。停止倾出试剂时，一边敲击瓶口，一边直立，使瓶口的试剂返回称量瓶内或者落在接收容器中，然后盖好瓶盖。

将称量瓶放回秤盘，观察天平显示值是否在计算的规定范围之内。若相差较远，下次倾出试剂的量可稍多一些；若相差较近，下次倾出试剂的量应少一些，直至减去试剂后的重量落在计算的规定范围之内；若显示值小于范围的最小值，说明敲多了，应该重新称量。

（4）准确称量倾出试剂后的总重量　当减去试剂后的重量落在计算的规定范围之内时，记录为m_2。

（5）试剂的重量　倾出试剂前、后两次称量值之差即为接收容器中试剂的准确重量，记为$W_1 = m_1 - m_2$。

（6）重复上述（1）~（4）四个步骤，即可继续称取第2、3、4……份试剂。

3. 称量后 同直接称量法。

（五）注意事项

（1）使用称量瓶时，不能用手直接拿取，需用洁净的纸条套住称量瓶，左手捏住纸条尾部。也可戴上清洁的细纱手套，以防沾污称量瓶。

（2）称量时所用的称量瓶或其他仪器均需事前洗净、烘干，备用。

三、指定质量称量法

（一）方法概念

指定质量称量法是在干燥洁净的容器中直接加入指定质量试剂的称量方法。该法用于称量指定质量的试剂，一次只能称量一份试剂。

（二）适用范围

适用于称量不易吸湿、在空气中性质稳定的粉末状试剂。

（三）主要用品

电子天平、烧杯、药匙。

（四）操作规程

1. 称量前

（1）电子天平的准备 同直接称量法。

（2）容器的准备 将接收容器洗净、干燥后，置于干燥器中备用。

2. 称量

（1）按下除皮键"Tare"，除皮清零，天平显示0.0000g。

（2）将洁净、干燥的容器置于秤盘上。按下除皮键，除皮清零，显示为0.0000g。

（3）在容器中缓慢加入试剂，显示屏上显示的质量即为加入试剂的质量。

（4）加入试剂至指定的质量。

3. 称量后 同直接称量法。

（五）注意事项

1. 若不慎加入的试剂超过指定质量，应用牛角匙取出多余试剂。

2. 取出的多余试剂应弃去，不要放回原试剂瓶中。

3. 操作时，不能将试剂散落于称量瓶和容器以外的地方。

> **请你想一想**
> 为什么减量称量法中所用的称量瓶要干燥，如果不干燥会造成什么后果？

你知道吗

电子天平的校正方法

电子天平校准方法一般有两种，一种是内校，一种是外校。

1. 内校　①天平应预热，时间大于 1 个小时。②天平应该呈水平状，如不是要调好。③天平称盘没有称量物品时应稳定的显示为零位。④按"CAL"键，启动天平的内部校准功能，稍后电子天平显示"C"，表示正在进行内部校准。⑤当电子天平显示器显示为零位时，说明电子天平已经校准完毕。⑥如果在校正中出现错误，电子天平显示器将显示"Err"，显示时间很短，应该重新清零，重新进行校正。

2. 外校　①天平应预热 1 小时以上。②天平应处于水平状态。③天平称盘没有称量物品时应稳定的显示为零位。④按"CAL"键，启动天平的校准功能。⑤天平的显示器上显示外部校正砝码的重量值。⑥将符合精度要求的标准砝码放在天平的称盘上。⑦当电子天平的显示值不变时，说明外部的校正工作已经完成，可以将标准砝码取出。⑧天平显示零位处于待用状态。⑨如果在校正中出现错误，电子天平显示器将显示"Err"，显示时间很短，应该重新清零，重新进行校正。

实训一　电子天平的称量实训

电子天平是最新一代的天平，直接称量，全量程不需砝码，放上被称物后，在几秒钟内即达到平衡，显示读数、称量速度快，性能稳定，精度高。目前实验室常选用岛津 AUX – 120 电子天平，它采用 UniBloc 传感系统，可靠性能进一步提高。下面介绍它的使用，各键功能如表 3 – 1 所示。

表 3 – 1　岛津 AUX – 120 电子天平各键功能

操作键	在测定中	
	短按时	连续按约 3 秒时
【POWER】	切换动作/待机	切换键探测蜂鸣音的 ON/OFF
【CAL】	进入灵敏度校准或菜单设定	进入灵敏度校准或菜单设定
【O/T】	去皮重（变为零显示）	
【UNIT】	切换测定单位	
【PRINT】	显示值向电子打印机或计算机等外部设备输出	向外部设备输出时刻（AUY 除外）
【1d/10d】	AUW/AUX/AUY	切换 1d/10d 显示（忽略 1 位最小显示）
	AUW – D	切换测定量程

续表

操作键	在菜单选择中	
	短按时	连续按约 30 秒时
【POWER】	返回到上一段的菜单	返回到质量显示
【CAL】	移向下一个菜单项目	
【O/T】	确定菜单，或向下移一段菜单	
【UNIT】	数值设定菜单时，在闪烁位的数值上 +1	
【PRINT】	数值设定菜单时，移动闪烁中的位	
【1d/10d】	不使用	

一、实训目的

1. 掌握电子天平的正确操作方法；直接称量法、减量称量法和固定质量称量法。
2. 熟悉电子天平的维护和保养方法。

二、实训原理

电子天平是基于电磁力平衡原理来称量的天平。在称量过程中可以直接称量，不需要砝码，直接显示读数。具有性能稳定、精度高、操作简便等特点。

三、仪器与试剂

1. **仪器**　岛津 AUX – 120 电子天平、锥形瓶（3 个）、烧杯（4 个）、玻璃珠。
2. **试剂**　基准氧化锌、基准氯化钠。

四、实训内容

（一）称量前准备

1. **清扫**　取下天平罩，用软毛刷清扫秤盘。
2. **检查、调节水平**　查看水平仪的水泡是否在中央，如果偏移，调整水平调节螺丝，使水泡在水平仪的中央。
3. **预热**　接通电源，在"OFF"状态下，预热 1 小时以上。
4. **开启显示器**　按开关键，在"ON"状态下，天平自检完毕后，显示"0.0000g"，方可称量，如果不是"0.0000g"，则按去皮键（Tare）。
5. **校准。**

（二）称量练习

1. **直接称量法**　称量一粒玻璃珠的重量。

项目	第一粒	第二粒	第三粒
m_1（小烧杯）（g）			
m_2（小烧杯 + 玻璃珠）（g）			
m（玻璃珠）$= m_2 - m_1$（g）			

基本步骤：

①打开称量室的玻璃门，将小烧杯放到称量盘上，再将玻璃门关上（使用容器时）。

②待显示稳定后，作为稳定目标的稳定标志"→"，读取显示值并记录数据到表格 m_1。

③打开玻璃门，将玻璃珠放入容器内，关闭玻璃门。

④显示稳定后，读取显示值并记录数据到表格 m_2。

⑤重复步骤①~④2 次，分别测定第二粒和第三粒玻璃珠的质量。

2. 减量法　称取三份基准氧化锌，每份重 0.11~0.13g，精密称定。

项目	第一份	第二份	第三份
m_3（氧化锌 + 称量瓶）－敲出前（g）			
m_4（氧化锌 + 称量瓶）－敲出后（g）			
m（氧化锌质量）$= m_3 - m_4$（g）			

基本步骤：

①打开称量室的玻璃门，将装有氧化锌的称量瓶放到称量盘上，再将玻璃门关上（使用容器时）。

②待显示稳定后，读取显示值并记录数据到表格 m_3。

③计算要称量 0.11~0.13g 氧化锌，敲出后氧化锌和称量瓶的总质量。

④打开玻璃门，取出称量瓶，敲出所需质量的氧化锌；将剩余的氧化锌和称量瓶放回秤盘，关闭玻璃门。

⑤显示稳定后，当读数在第③步的质量范围内时，读取显示值并记录数据到表格 m_4（注意：如果第一次敲出样品后，读数不在所需范围内，则需要重复第④步，直到在所需范围内时进行读数。一般情况下，称量同一份样品敲样次数不超过 3 次）。

⑥重复步骤①~④2 次，分别称定第二份和第三份基准氧化锌的质量。

3. 指定质量称量法　称取三份基准氯化钠，质量分别为 0.1000g、0.2135g、0.5782g，精密称定。

项目	第一份	第二份	第三份
m_5（小烧杯）（g）			
m_6（氯化钠 + 小烧杯）（g）			
m（氯化钠质量）$= m_6 - m_5$（g）	0.1000	0.2135	0.5782

基本步骤：

①打开称量室的玻璃门，将小烧杯放到称量盘上，再将玻璃门关上（使用容器时）。

②待显示稳定后，读取显示值并记录数据到表格 m_5。

③计算要称量 0.1000g 氯化钠，氯化钠和小烧杯的总质量 m_6。

④打开玻璃门，用钥匙将氯化钠慢慢加入小烧杯，直到电子天平的示数显示 m_6。

⑤取出小烧杯，关闭玻璃门，完成第一份样品的称量。

⑥重复步骤①~⑤2 次，分别称定第二份和第三份基准氯化钠的质量。

备注：①请在测定前进行充分的设备预热（至少 1 小时）。②手不能直接接触称量瓶，必须戴手套或用纸条拿称量瓶。③在测定中，除放、取测定物外，玻璃门一定要关上。④向称量室放入与其温度不同的测定物时，会因对流影响测定，请待没有温度差异后进行测定。⑤称量过程中，样品不能洒出容器外。洒出后要及时清理并且重新称量。

五、思考与讨论

1. 在减量称量法中，如果不小心将样品敲出过多，超过了质量范围，应该如何处理？

2. 电子天平的称量原理是什么？

目标检测

一、选择题

1. 当电子天平显示（　　）时，可进行称量。

　　A. 0.0000　　　　　　B. 100.0000　　　　　C. CAL　　　　　　　D. Tare

2. 电子天平的显示器上无任何显示，可能的原因是（　　）。

　　A. 无工作电压　　　　　　　　　　B. 被承载物带静电

　　C. 天平未校准　　　　　　　　　　D. 天平未水平

3. 减量称量法称取试样时，适合于称取（　　）。

　　A. 剧毒的物质

　　B. 易吸湿、易氧化、易与空气中 CO_2 反应的物质

　　C. 液体物质

　　D. 易挥发的物质

4. 将称量瓶置于烘箱中干燥时，应将瓶盖（　　）。

　　A. 横放在瓶口上　　　　　　　　　B. 盖紧

　　C. 取下　　　　　　　　　　　　　D. 放在实验桌的滤纸上

5. 电子天平的称量原理是（　　）。

　　A. 杠杆原理　　　　　　　　　　　B. 伯努利原理

　　C. 泡利不相容原理　　　　　　　　D. 电磁力平衡原理

6. 以下不属于电子天平的特点是（　　）。

　　A. 操作简单　　　　　　　　　　　B. 自动化程度高

　　C. 称量时要用砝码　　　　　　　　D. 自动校准

7. 以下关于电子天平的操作错误的是（　　）。

    A. 开机后直接进行称量

    B. 称量前进行清扫、检查和调节水平等操作

    C. 在移动后进行及时的校正

    D. 称量时要戴手套进行操作

8. 电子天平的校准方法分为（　　）。

    A. 内校和外校　　B. 标准校准　　　　C. 总标准校准　　　　D. 回收校准

9. 电子天平检定周期一般不超过（　　）。

    A. 1 年　　　　　　B. 2 年　　　　　　C. 3 年　　　　　　D. 半年

10. 在国际单位制的基本单位中质量的计量单位是（　　）。

    A. g　　　　　　　B. mg　　　　　　C. kg　　　　　　D. t

二、简答题

1. 如何用减重法精密称取基准邻苯二甲酸氢钾 0.35 ~ 0.40g（精确至 0.0001g）？写出称量步骤。

2. 试述在电子天平使用过程中应注意的事项。

书网融合……

微课 1

微课 2

划重点

自测题

▶▶ 项目四 滴定分析法

学习目标

知识要求

1. **掌握** 滴定分析法的概念、分析原理；滴定分析的反应条件；基准试剂的概念及应具备的条件；滴定液浓度的表示方法；滴定液的配制方法和标定；滴定分析法的计算。
2. **熟悉** 滴定分析法中的滴定方式及其适用范围。
3. **了解** 滴定分析法的分类及特点。

能力要求

1. 会进行常用滴定分析仪器的洗涤、使用及校正。
2. 会滴定液的配制及标定。
3. 会滴定分析操作及滴定结果计算。

任务一 概述

实例分析

实例 4-1 氯化钠注射液含量测定

1. 硝酸银滴定液（0.1mol/L）的配制及标定

【配置】取硝酸银 17.5g，加水适量使溶解成 1000ml，摇匀。

【标定】取在 110℃ 干燥至恒重的基准氯化钠约 0.2g，精密称定，加水 50ml 使溶解，再加糊精溶液（1→50）5ml，碳酸钙 0.1g 与荧光黄指示液 8 滴，用本液滴定至浑浊液由黄绿色变为微红色。每 1ml 硝酸银滴定液（0.1mol/L）相当于 5.844mg 的氯化钠。根据本液的消耗量与氯化钠的取用量，算出本液的浓度，即得。

【贮藏】置于玻璃塞的棕色玻璃瓶中，密闭保存。

2. 含量测定 精密量取本品 10ml，加水 40ml、2% 糊精溶液 5ml、2.5% 硼砂溶液 2ml 与荧光黄指示液 5~8 滴，用硝酸银滴定液（0.1mol/L）滴定。每 1ml 硝酸银滴定液（0.1mol/L）相当于 5.844mg 的氯化钠。

问题 1. 何谓滴定分析法？何谓化学计量点？它与滴定终点有何区别？

2. 何谓标定？基准物质的概念及应具备的条件是什么？

3. 滴定度是什么？滴定结果如何计算？

一、基本术语

滴定分析法是化学定量分析法中最重要的一种分析方法。它是将一种已知准确浓度的试剂溶液（标准溶液）通过滴定管滴加到待测物质的溶液中，直到所加的试剂与待测物质反应完全为止，然后根据滴加的试剂溶液的浓度和体积，按化学反应计量关系计算出待测物质含量的方法。因为这类方法是以测量标准溶液的体积为基础的方法，故又称为容量分析法。

该方法具有操作简便、快速，仪器设备简单，可用于测定多种元素和化合物，特别是在常量组分分析中，相对误差只有 0.1% ~ 0.2%，具有准确度较高、精密度好等优点，因此在生产实践和科学研究中应用广泛。但滴定分析法的灵敏度较低，选择性较差，不适于微量组分分析。

1. 滴定液（也称标准溶液） 是指已知准确浓度的试剂溶液。它的浓度准确与否直接关系到滴定分析结果的准确度。

2. 滴定 将滴定液从滴定管滴加到待测物质溶液中的操作过程称为滴定。

3. 滴定反应 是指标准溶液与待测组分之间发生的化学反应。

4. 化学计量点（理论终点） 当加入的滴定液与被测组分按化学计量关系恰好完全反应时，称滴定反应达到了化学计量点，简称计量点。在计量点时，滴定液与被测组分物质的量的关系等于滴定反应方程式中两者的系数之比。

5. 指示剂 当反应到达化学计量点时，反应液往往没有明显的外观变化，因此，在滴定过程中，通常在被测溶液中加入一种辅助试剂，利用它的颜色变化来指示化学计量点的到达，这种辅助试剂称为指示剂。

6. 滴定终点（实际终点） 在滴定中，指示剂改变颜色，停止滴定的那一点，称为滴定终点。

7. 滴定误差 滴定终点与化学计量点不完全吻合，由此造成的误差称为滴定误差，也称终点误差。终点误差大小由滴定反应的完全程度、指示剂的性能决定。

> **请你想一想**
> 化学计量点与滴定终点有何不同？滴定误差是如何产生的？如何根据滴定分析来求得待测物的含量？

二、基本条件

滴定分析法是以化学反应为基础的分析方法，化学反应类型很多，并不是所有的反应都能用于滴定分析，为使测定结果满足准确度的要求，滴定分析法要求滴定反应须满足以下条件。

1. 待测组分和标准溶液（滴定液）的反应有确定的化学计量关系，即化学反应按一定的化学反应方程式进行，这是定量计算的基础。例如 0.1mol/L 盐酸滴定液测定药用碳酸钠（Na_2CO_3）的含量反应方程式为：

$$Na_2CO_3（待测物）+ 2HCl（滴定液）=\!=\!= 2NaCl + H_2O + CO_2\uparrow$$

Na_2CO_3 与 HCl 的化学计量关系是物质的量之比为 1∶2。

2. 待测组分和滴定液按化学反应式定量完成，通常要求达到 99.9% 以上完成程度。

3. 待测组分和滴定液的反应不受其他杂质的干扰，且无副反应。即被测组分不能和滴定液以外的试剂反应，滴定液也不能和被测组分以外的组分反应，当有干扰物质存在时，可反应前除去或用适当的方法分离或掩蔽，以消除其影响。

4. 滴定反应速率要快，要求反应能瞬间完成，或者能通过提高浓度、加热、加催化剂等适当的方法加快反应的速率。

5. 能够使用适当的方法确定滴定终点，一般采用指示剂来确定终点，合适的指示剂在终点附近变色应清晰、敏锐，且滴定误差 ≤ ±0.1%。对于终点不明显的，也可采用仪器来确定滴定终点的到达。

> **请你想一想**
>
> 是否所有的化学反应都可以用滴定分析法？ 滴定分析法定量分析的前提条件有哪些？

三、类型与滴定方式

(一) 类型

1. 根据滴定反应类型的不同，滴定分析法可分为酸碱滴定法、沉淀滴定法、配位滴定法和氧化还原滴定法四种类型，如表 4-1 所示。

表 4-1　滴定分析法的分类

方法名称	方法概念	适用对象	分析实例
酸碱滴定法	以酸碱中和反应为基础的一种滴定分析法	用于测定能够与酸、碱直接或间接反应的物质的含量	水杨酸的含量测定等；酸值、碱值测定；酸度、碱度检查
沉淀滴定法	以沉淀反应为基础的一种滴定分析法。最常用的是银量法	用于测定无机卤化物、有机卤化物、硫氰酸盐、可溶性银盐等物质的含量	氯化钠注射液的含量测定等
配位滴定法	以配位反应为基础的一种滴定分析法。最常用的是 EDTA 滴定法	用于测定金属盐、配位剂的含量	枸橼酸锌、氢氧化铝的含量测定等
氧化还原滴定法	以氧化还原反应为基础的一种滴定分析法。最常用的有碘量法、高锰酸钾法、亚硝酸钠法	用于测定具有一定氧化性、还原性物质的含量	碘、维生素 C 的含量测定等

2. 根据滴定反应使用的溶剂不同，滴定分析法可分为滴定分析法和非水滴定分析法两大类。

以水为溶剂进行滴定的分析方法通常称为滴定分析法，在非水溶剂中进行滴定的分析方法称为非水滴定分析法，简称非水滴定法。非水滴定分析法根据滴定反应类型不同也可进一步分为非水酸碱滴定法、非水沉淀滴定法、非水配位滴定法和非水氧化还原滴定法四大类。

（二）滴定方式

根据滴定分析操作方式的不同，滴定分析可以分为四类：直接滴定法、剩余滴定法、置换滴定法及间接滴定法。

1. 直接滴定法　是用滴定液直接滴加到待测物质溶液中的一种滴定方法，是最常用和最基本的滴定方式。只要滴定反应能满足滴定分析要求的反应，都可以使用直接滴定法进行滴定。例如，表 4 - 2 中的滴定反应及实例分析中氯化钠注射液含量测定等均属于直接滴定法。

表 4 - 2　直接滴定反应

直接滴定的物质	标准溶液（滴定液）	反应类型
$NaOH$、HAc、Na_2CO_3	HCl	酸碱反应
Ca^{2+}、Mg^{2+}、Al^{3+}	EDTA	配位反应
$C_2O_4^{2-}$、Fe^{2+}	$KMnO_4$	氧化还原反应
Cl^-	$AgNO_3$	沉淀反应

2. 剩余滴定法　也称为回滴定、返滴定，先在待测物质溶液中加入定量且过量的滴定液，待被测组分和滴定液反应完全后，再用另一种滴定液滴定剩余的滴定液，这种滴定方式称为剩余滴定法。剩余滴定法适用于滴定反应速度较慢或反应物是固体或没有适当的指示剂的滴定分析法。

如氢氧化铝的制酸力检查的滴定分析中，氢氧化铝在水中的溶解度很小，先加入定量、过量的 HCl 滴定液，将 Al（OH）$_3$ 反应完全后，再用 NaOH 滴定液滴定剩余的 HCl 滴定液。反应如下：

滴定反应　$Al(OH)_3$（被测组分）$+ 3HCl$（定量、过量滴定液）$== AlCl_3 + 3H_2O$

剩余滴定反应　$NaOH$（另一滴定液）$+ HCl$（剩余滴定液）$== NaCl + H_2O$

3. 置换滴定法　先让待测组分与适当的试剂反应生成定量置换产物，然后用滴定液使置换产物被滴定至终点，依据被测组分、置换产物和滴定液三者之间的化学计量关系进行分析的一种操作形式，这种滴定方式称为置换滴定法。适用于被测组分和滴定液之间计量关系不确定或伴有副反应发生的滴定分析。

如硫酸亚铁中的高铁盐检查中，由于 Fe^{3+} 和 $Na_2S_2O_3$ 两者之间的化学计量关系不确定，可先在酸性条件下使 Fe^{3+} 与 KI 反应，定量生成 I_2，再用 $Na_2S_2O_3$ 滴定液滴定生成的 I_2。

置换反应　$2Fe^{3+} + 2I^- == 2Fe^{2+} + I_2$

滴定反应　$2Na_2S_2O_3 + I_2 == Na_2S_4O_6 + 2NaI$

4. 间接滴定法　是将被测组分通过化学反应生成能与滴定液反应的物质，然后用滴定液滴定至终点，依据被测组分、反应产物和滴定液之间的化学计量关系进行分析的一种操作形式。适用于被测组分和滴定液之间不能发生化学反应的滴定分析法。

如用 $KMnO_4$ 滴定液测定 $CaCl_2$ 的含量，先将 $CaCl_2$ 定量转化为 CaC_2O_4，再定量转变为能与 $KMnO_4$ 滴定液反应的 $H_2C_2O_4$。

转换反应：$\boxed{CaCl_2}$ + NaC_2O_4 ══ $2NaCl_2$ + $CaC_2O_4\downarrow$，CaC_2O_4 + H_2SO_4 ══ $CaSO_4$ + $\boxed{H_2C_2O_4}$

被测组分 　　　　　　　　　　　　　　　　　　　　　转换产物

被测组分与转换产物的物质的量关系：

$$n_{CaCl_2}:n_{H_2C_2O_4}=1:1$$

滴定反应：$\boxed{2KMnO_4}$ + $5H_2C_2O_4$ + $3H_2SO_4$ ══ $2MnSO_4$ + K_2SO_4 + $10CO_2$ + $8H_2O$

滴定液　　转换产物

滴定终点时，滴定液与转换产物的物质的量关系：

$$n_{KMnO_4}:n_{H_2C_2O_4}=2:5$$

四、测定过程

1. 供试品的准备

（1）称（量）取供试品　根据要求，取供试品，精密称定（或精密量取），记为 m_s 或 V_s。

（2）供试品溶液的准备　一般情况下将供试品溶解，加入指示剂。或再加入 pH 调节剂、掩蔽剂、催化剂或加热，制成满足滴定分析要求的溶液。

> **请你想一想**
>
> 　　反应速度较慢或反应物是固体或没有适当的指示剂的化学反应；被测组分和滴定液之间计量关系不确定的化学反应；被测组分和滴定液之间不能发生化学反应，这三种化学反应如何进行滴定分析？

2. 滴定液的准备

（1）根据要求，配制具有准确浓度的滴定液。

（2）将配制好的滴定液装于符合规定的滴定管中，做好滴定前的准备，记录滴定前滴定液的体积为 $V_{初}$。

3. 滴定

（1）将滴定液通过滴定管滴加到供试品溶液中，至滴定终点。

（2）读取滴定终点时滴定管中滴定液的体积，记为 $V_{终}$。

4. 记录与计算　记录内容见表 4 – 3。

表 4 – 3　滴定记录表

供试品名称			规格		批号	
生产厂家						
滴定液名称		$c_{滴定液}$ 或 F 值		温度		
序号	第 1 份		第 2 份		第 3 份	空白
m（倾样前）（g）						
m（倾样后）（g）						
m（样品）（g）						
滴定管初读数（ml）						
滴定管终读数（ml）						

续表

序号	第1份	第2份	第3份	空白
体积校正值（ml）				
溶液温度（℃）				
溶液温度补正值（ml）				
消耗滴定液体积 V（ml）				
被测组分（%）				
平均值（%）				
相对平均偏差（%）				

你知道吗

标准溶液温度补正值

在滴定分析过程中，由于溶液在不同温度下，密度是不一样的，当溶液温度发生变化时，溶液的体积也会变化，从而导致溶液浓度变化，所以要计算滴定液温度补正值。消耗滴定液的体积等于滴定管读数减去滴定管体积校正值，还要减去溶液温度补正值，溶液温度补正值的计算见表 4-4（本表数值是以 20℃ 为标准温度以实测法测出；表中带有 "＋" "－" 号的数值是以 20℃ 为分界，室温低于 20℃ 的补正值均为 "＋"，高于 20℃ 的补正值均为 "－"）。

例如：1L 硫酸溶液〔c（$1/2H_2SO_4$）=1mol/L〕由 25℃ 换算为 20℃ 时，其体积修正值为 -1.5ml，故 40.00ml 换算为 20℃ 时的体积为 $V_{20} = 40.00 - 1.5/1000 \times 40.00 = 39.94$ml。

表 4-4 不同标准溶液浓度的温度补正值

标准溶液种类 补正值/温度℃	水和0.05mol/L以下的各种水溶液	0.1mol/L和0.2mol/L各种水溶液	盐酸溶液 $c(HCl)=$ 0.5mol/L	盐酸溶液 $c(HCl)=$ 1mol/L	硫酸溶液 $c(1/2H_2SO_4)=$ 0.5mol/L；氢氧化钠溶液 $c(NaOH)=$ 0.5mol/L	硫酸溶液 $c(1/2H_2SO_4)=$ 1mol/L；氢氧化钠溶液 $c(NaOH)=$ 1mol/L
5	+1.38	+1.7	+1.9	+2.3	+2.4	+3.6
6	+1.38	+1.7	+1.9	+2.2	+2.3	+3.4
7	+1.36	+1.6	+1.8	+2.2	+2.2	+3.2
8	+1.33	+1.6	+1.8	+2.1	+2.2	+3.0
9	+1.29	+1.5	+1.7	+2.0	+2.1	+2.7
10	+1.23	+1.5	+1.6	+1.9	+2.0	+2.5
11	+1.17	+1.4	+1.5	+1.8	+1.8	+2.3
12	+1.10	+1.3	+1.4	+1.6	+1.7	+2.0

标准溶液种类补正值温度℃	水和0.05mol/L以下的各种水溶液	0.1mol/L和 0.2mol/L各种水溶液	盐酸溶液 $c(HCl) = 0.5mol/L$	盐酸溶液 $c(HCl) = 1mol/L$	硫酸溶液 $c(1/2H_2SO_4) = 0.5mol/L$；氢氧化钠溶液 $c(NaOH) = 0.5mol/L$	硫酸溶液 $c(1/2H_2SO_4) = 1mol/L$；氢氧化钠溶液 $c(NaOH) = 1mol/L$
13	+0.99	+1.1	+1.2	+1.4	+1.5	+1.8
14	+0.88	+1.0	+1.1	+1.2	+1.3	+1.6
15	+0.77	+0.9	+0.9	+1.0	+1.1	+1.3
16	+0.64	+0.7	+0.8	+0.8	+0.9	+1.1
17	+0.50	+0.6	+0.6	+0.6	+0.7	+0.8
18	+0.34	+0.4	+0.4	+0.4	+0.5	+0.6
19	+0.18	+0.2	+0.2	+0.2	+0.2	+0.3
20	0.00	0.00	0.00	0.0	0.00	0.00
21	-0.18	-0.2	-0.2	-0.2	-0.2	-0.3
22	-0.38	-0.4	-0.4	-0.5	-0.5	-0.6
23	-0.58	-0.6	-0.7	-0.7	-0.8	-0.9
24	-0.80	-0.9	-0.9	-1.0	-1.0	-1.2
25	-1.03	-1.1	-1.1	-1.2	-1.3	-1.5
26	-1.26	-1.4	-1.4	-1.4	-1.5	-1.8
27	-1.51	-1.7	-1.7	1.7	-1.8	-2.1
28	-1.76	-2.0	-2.0	-2.0	-2.1	-2.4
29	-2.01	-2.3	-2.3	-2.3	-2.4	-2.8
30	-2.30	-2.5	-2.5	-2.6	-2.8	-3.2
31	-2.58	-2.7	-2.7	-2.9	-3.1	-3.5
32	-2.86	-3.0	-3.0	-3.2	-3.4	-3.9
33	-3.04	-3.2	-3.3	-3.5	-3.7	-4.2
34	-3.47	-3.7	-3.6	-3.8	-4.1	-4.6
35	-3.78	-4.0	-4.0	-4.1	-4.4	-5.0
36	-4.10	-4.3	-4.3	-4.4	-4.7	-5.3

📋 任务二　滴定分析仪器及其使用

滴定分析法中，需要准确测量的实验数据有质量和体积。除使用分析天平称取质量外，滴定分析法中用于准确测量体积的量器有容量瓶、移液管、滴定管。此外还需使用滴定反应容器如锥形瓶、具塞锥形瓶、碘量瓶等，以及一些常用玻璃仪器如烧杯、量筒等。正确、规范地使用滴定分析仪器是运用滴定分析法进行分析检验的基本要求。

一、移液管和吸量管的使用 📱微课1

（一）移液管和吸量管的规格及表示法

移液管和吸量管都是用于精确移取一定体积的液体的精密量器。移液管是一根细长而中部膨大的玻璃管，在管上部有一环形刻度线，俗称胖肚移液管，正规名称为"单标线吸量管"。膨大部分标有容积、温度、Ex、"快"或"吹"等字样。常有5ml、10ml、20ml、25ml、50ml等规格。在标明的温度下，溶液的弯月面与移液管标线相切，让溶液按一定的方法自由流出，则流出的体积与管上标明的体积相同。吸量管是一根具有分刻度的直形玻璃管，又称为刻度吸管。它的规格有10ml、5ml、2ml、1ml等，它可以准确移取刻度之内的任意体积，使用较灵活。如图4-1为吸量管，图4-2为移液管（即单标线吸量管）。

（二）移液管和吸量管的使用

1. 洗涤 洗涤前，应检查移液管管口和尖嘴有无破损，无破损的移液管才能使用。移液管和吸量管可以吸取少量铬酸洗液洗涤，也可以将移液管和吸量管浸泡在铬酸洗液中洗涤。

洗液洗涤移液管前先用自来水冲洗一次，然后插入洗液中，用"吸液"的方法，用洗耳球将洗液慢慢吸至管容积约1/4处，食指按住管口将移液管横放后松开，边缓缓转动边使管口降低让洗液流布全管，然后将洗液放回原瓶。再用自来水冲洗，蒸馏水荡洗，最后用洗瓶冲洗外壁，用滤纸擦去管外的水。移液管洗涤要求内壁和下部的外壁不挂水珠。

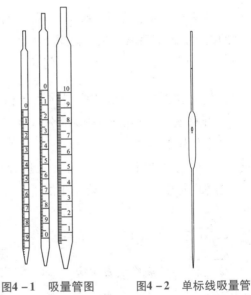

图4-1　吸量管图　　图4-2　单标线吸量管

2. 润洗 先用滤纸将移液管尖端内外的水除去，然后用右手拿移液管（吸量管），左手拿洗耳球，右手大拇指和中指拿住移液管（吸量管）刻线以上处，食指在管口上方（注意这里坚决不能使用大拇指），随时准备按住管口，另外两指辅助拿住移液管（吸量管）。在移液管（吸量管）中吸入少量待移取的溶液，然后平放移液管，双手平托并转动移液管，边转动边倾斜，使溶液将整个移液管内壁全部润湿，最后从下端放出，重复2~3次。

3. 吸液　将移液管插入液面以下 1～2cm 处，插入太浅易出现吸空，插入太深会使管外壁黏附太多的溶液，影响移取溶液的准确度，将溶液吸至刻度线以上，迅速用食指堵住管口，用滤纸片将管尖外部溶液吸干。

4. 调节液面　左手改拿干净的小烧杯并倾斜约30°，竖立移液管，使管尖与小烧杯内壁紧贴，眼睛与刻度线平视，稍松示指或右手拇指和中指微微转动移液管，使液面缓慢下降，直到视线平视时弯月面最低点与刻度标线相切，这时立即用示指堵紧管口。

5. 放液　左手拿接收容器并使其倾斜成45°左右，将移液管垂直置于接收溶液的容器（如锥形瓶）中，尖嘴紧贴容器壁，放松示指，使溶液自由流出，待溶液全部流出再等 10～15 秒后，将移液管紧贴容器壁自转3圈后取出移液管（图4-3）。

6. 使用注意事项

（1）移液管只能用于精密量取标示体积的溶液；吸量管则可用于精密量取满刻度以下的任一体积的溶液。

（2）移液管吸取溶液时，眼睛应观察管内液面上升的高度，同时观察管尖不得露出液面。

（3）调节液面时，眼睛应与刻度线保持水平。

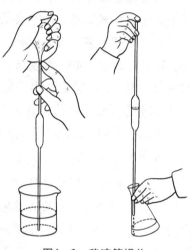

图4-3　移液管操作

（4）放出溶液时，溶液流完后应再停留 110～15 秒后移开移液管，移液管尖端部分残余的液体，除注明"吹"外不得吹出。

（5）用后应立即清洗，移液管（吸量管）是具有精确刻度的量器，不能放在烘箱中烘干。

请你想一想

移液管和吸量管用后应立即清洗，清洗后能放入烘箱中烘干吗？为什么？应该怎样放置干燥？

二、滴定管的使用

（一）滴定管的规格及表示法

滴定管是用于控制滴加滴定液的速度和用量，并准确测量消耗滴定液的体积的仪器。按用途分为酸式滴定管、碱式滴定管、聚四氟活塞的滴定管，如图 4-4 所示。酸式滴定管用于盛放酸、酸性及氧化性滴定液；碱式滴定管用于盛放碱、碱性及还原性滴定液；装有聚四氟活塞的滴定管可用于盛放各种性质的滴定液。按材质分为白色和棕色滴定管。按体积分为常量、半微量、微量滴定管。常量分析

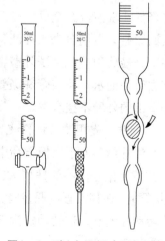

图4-4　酸（左）碱（右）滴定管

所用的滴定管有 25ml、50ml 两种规格；半微量分析和微量分析中所用的滴定管有 10ml、5ml、2ml、1ml 等规格。本书介绍的滴定管的标称容量为 50ml，其最小刻度为 0.1ml，读数时可估计到 0.01ml。

（二）滴定管的使用

1. 检漏　在滴定管中装入自来水，置于滴定管夹上 2 分钟，用干燥的滤纸检查尖嘴和旋塞两端是否有水渗出，若无，将旋塞旋转 180°，再静止 2 分钟，再次检查是否有水渗出。若不漏水且旋塞转动灵活，即可使用，否则应该在旋塞和旋塞套上均匀涂抹凡士林。

2. 洗涤　将检漏合格的滴定管选择适宜的方法洗涤干净。一般用铬酸洗液洗涤，先将酸式滴定管中水沥干，倒入 10ml 左右铬酸洗液（碱式滴定管应先卸下乳胶管和尖嘴，套上一个稍微老化不能使用的乳胶管，再倒入洗液，在小烧杯中用洗液浸泡尖嘴和玻璃珠），双手手心朝上慢慢倾斜，尽量放平管身，并旋转滴定管，使洗液浸润整个滴定管内壁，然后将洗液放回洗液瓶中。待铬酸洗液沥干后，分别用自来水、纯化水依次洗涤，少量多次洗涤。

3. 润洗　目的是防止装入滴定管的滴定液被稀释。滴定管用少量滴定液洗涤 2 ~ 3 次，润洗方法与铬酸洗液洗涤滴定管相同，洗涤完毕的溶液从下管口放出。

4. 装滴定液　自滴定管上端装滴定液至零刻度以上。滴定液须从试剂瓶直接倒入滴定管，不要借助烧杯及漏斗等中转容器，以免滴定液的二次污染及浓度改变。

5. 排气泡　排出下端尖嘴至活塞或玻璃珠之间的空气，酸式滴定管和聚四氟乙烯滴定管排气泡的方法是装满滴定液后，右手拿滴定管上部无刻度部分并使滴定管倾斜 45°，左手迅速打开活塞，使溶液冲出管口，反复数次，一般可以除去气泡，同时可以轻轻抖动滴定管管身，让气泡快速冲出；碱式滴定管的排气，右手拿滴定管上端，并使管稍向右倾斜，左手使乳胶管向上弯曲翘

图 4 - 5　碱式滴定管排气操作

起约 45°，拇指和示指挤捏玻璃珠外侧稍上部位乳胶管，使溶液从出口处喷出而除去气泡，再一边捏乳胶管一边把乳胶管放直，如图 4 - 5 所示。注意待乳胶管放直后，再松开拇指和示指，否则出口管仍会有气泡。

6. 调节至零刻度　自滴定管上端装滴定液至零刻度以上。用拇指和示指握住滴定管液面以上部位，使滴定管悬垂，保持视线与 0.00ml 刻度平视。从下端放出滴定液，直至凹液面的最低点与零刻度线相切。

7. 滴定姿势　滴定时，将滴定管垂直地夹在滴定管架上。操作者面对滴定管可坐着也可站着，滴定管高度要适宜。左手控制滴定管滴定溶液，右手振摇锥形瓶。

（1）使用酸式滴定管时，左手控制滴定管，无名指和小指向手心弯，无名指轻轻靠住出口玻璃管，拇指和示指、中指分别放在活塞柄上、下，控制活塞转动，如图 4 - 6 所示。应注意，不要向外用力，以免推出活塞造成漏水，应使活塞稍有一点向心的回

力。当然不要过分向里用力，以免造成活塞旋转困难。

（2）使用碱式滴定管时，仍以左手控制滴定管，拇指在前示指在后，其余三指辅助夹住出口管。用拇指和示指捏在玻璃珠所在部位，通常向右边挤捏玻璃珠外侧偏上方的乳胶管，使溶液从玻璃珠旁空隙处流出，如图4-7所示。注意不要用力捏在玻璃珠的中心位置，也不要使玻璃珠上下移动，不要捏玻璃珠下部胶管，以免空气倒吸，影响读数结果。

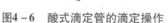

图4-6　酸式滴定管的滴定操作　　图4-7　碱式滴定管的滴定操作

（3）滴定操作可在锥形瓶或烧杯内进行。在锥形瓶中进行滴定时，用右手的拇指、示指和中指拿住锥形瓶，其余两指辅助在下侧，使瓶底离滴定台高2~3cm，滴定管下端伸入瓶口约1cm。左手控制滴定管，按前述方法，边滴加溶液，边用右手手腕旋转摇动锥形瓶，使溶液作圆周运动，摇动锥形瓶时，要有一定的速度，不能摇得太慢，以免影响化学反应速度；左手不能离开活塞，不能"放任自流"；要注意观察滴落点周围颜色的变化，不要只看滴定管的刻度变化，而不顾滴定反应的进行；滴定速度开始可稍快，呈"见滴成串珠状"，这时的速度约10ml/min，即3~4滴/秒，而不要滴成"水线"，这样，滴定速度太快了。快到滴定终点时，要一边摇动，一边逐滴地滴入，甚至是半滴地加入。用酸式滴定管时，可轻轻转动旋塞，使溶液悬挂在出口管嘴上，形成半滴，用锥形瓶内壁将其沾落，再用洗瓶吹洗。对于碱式滴定管，加入半滴溶液时应先轻挤乳胶管使溶液悬挂在出口管嘴上，再松开拇指与示指，用锥形瓶内壁将其沾落，再用洗瓶吹洗。在烧杯中滴定时，将烧杯放在滴定台上，调节滴定管的高度，使其下端伸入烧杯1~2cm。滴定管下端应在烧杯中心的左后方处（放在中央影响搅拌，离杯壁过近不利搅拌均匀）。左手滴加溶液，右手持玻璃棒搅拌溶液。玻璃棒作圆周搅动，不要碰到烧杯壁和底部。当滴至终点只滴加半滴溶液时，用玻璃棒下端承接此悬挂的半滴溶液于烧杯中，但玻璃棒只能接触液滴，不能接触管尖，其余操作同前所述。

滴定通常在锥形瓶中进行，而溴酸钾法、碘量法（滴定碘法）等最好在碘量瓶中进行反应和滴定。碘量瓶是带有磨口玻璃塞和水槽的锥形瓶，喇叭形瓶口与瓶塞柄之间形成一圈水槽，槽中加纯水可形成水封，防止瓶中溶液生成的气体等逸失。反应一定时间后，打开瓶塞，水即流下并同时冲洗瓶塞和瓶壁，接着进行滴定。

8. 滴定管的读数 读数时，滴定管管尖不能挂液滴，管嘴须无气泡；否则，无法准确读数。一般读数时要遵守如下原则。

（1）应将滴定管从滴定管夹上取下，用右手大拇指和示指捏住玻璃管上部无刻度处，其他手指辅助在旁，使滴定管保持垂直，然后读数。

（2）由于水的附着力和内聚力的作用，滴定管内液面呈弯月形，无色和浅色溶液比较清晰，读数时，应读弯月面下缘实线的最低点，视线、刻度与弯月面下缘实线的最低点应在同一平面上，如图4-8所示。对于有色溶液（如高锰酸钾、碘等）其弯月面不够清晰，读数时，视线与弯月面两侧的最高点相切，这样比较容易读准。但一定要初读数与终读数采用同一标准。

（3）为了便于读数准确，在管装满或放出溶液后，必须等1~2分钟，使附着在内壁的溶液流下来后，再读数。

（4）必须读至小数点后第二位，即要求估计到0.01ml。正确估计0.01ml读数的方法很重要。滴定管上两个小刻度之间为0.1ml，要求估计十分之一的值，对于一个分析工作者来说是要进行严格训练的。为此，可以这样来估计：当液面在两小刻度中间为0.05ml；若液面在两小刻度的三分之一处为0.03ml或0.07ml；若液面在两小刻度的五分之一处为0.02ml或0.08ml等。

（5）对于有蓝线的滴定管，读数方法与上述相同，两边凹液面交在蓝线上的交点即为读数。

（6）初学者可采用黑白板练习读数。读数时，将纸板放在滴定管背后，使黑色部分在弯月面下面约1cm处，此时即可看到弯月面的反射层全部成为黑色，然后，读此黑色弯月面下缘的最低点，如图4-9所示。对于有色溶液需读弯月面两侧的最高点时，要用白色纸板作为背景。基本掌握读数方法后，可不要求借助黑白纸板进行读数。

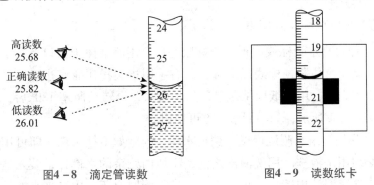

图4-8 滴定管读数　　图4-9 读数纸卡

（7）进行滴定操作时，最好每次滴定都从0.00ml或接近0开始，这样可以减少滴定管刻度不均匀引起的误差。

滴定结束后，滴定管内的溶液应弃去，不要倒回原瓶中，以免沾污操作溶液。洗净滴定管，用蒸馏水充满全管，夹在滴定管架上，上口用一微量烧杯或试管罩住，备用或倒尽水后收在仪器柜中。

9. 特别提示

（1）酸式滴定管漏液时，应将活塞拔出，用滤纸擦干活塞和活塞套，在活塞两端均匀涂上一薄层凡士林，插入活塞套，向一个方向转动至整个活塞均匀透明即可。

（2）涂凡士林时，滴定管应平放以免管内水分流入活塞套。涂油后的滴定管应再检漏。

（3）碱式滴定管漏液时，可调节玻璃珠位置或更换乳胶管。

（4）因为在滴定管架上不能确保滴定管处于垂直状态而造成读数误差，所以读数时应将滴定管从滴定管架上取下，用拇指和示指握住滴定管上部，使滴定管悬垂。

> **请你想一想**
>
> 1. 酸式滴定管、碱式滴定管、聚四氟活塞的滴定管各适用于装什么溶液？什么情况下须使用棕色滴定管？
>
> 2. 滴定管尖端为什么要排气？如何排除？

三、容量瓶的使用

（一）容量瓶的规格及表示方法

容量瓶（药典中为量瓶）是一种细颈梨形的平底玻璃瓶，瓶上标有容积、温度、In 等字样，表示容量瓶是量入式容量分析仪器，瓶颈上有一条标线（图 4-10）。它用于准确配制和定量稀释溶液的精密量器。常用规格有 10ml、25ml、50ml、100ml、250ml、500ml、1000ml 等。容量瓶带有磨口玻璃塞，可用塑料绳固定在瓶颈。

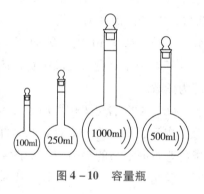

图 4-10　容量瓶

（二）容量瓶的洗涤及其使用

1. 检漏　加自来水到标线附近，盖好瓶塞后，用滤纸擦干瓶口。左手用示指或掌心顶住塞子，其余拿住瓶颈标线以上部分，右手用指尖托住瓶底边缘。将瓶倒立 2 分钟，再将瓶倒回直立，用滤纸擦拭瓶口，如不漏水，再转动瓶塞 180°后，再倒立 2 分钟检查，如图 4-11 所示，如不漏水，方可使用。

2. 洗涤　先用自来水涮洗内壁，倒出水后，内壁如不挂水珠，即可用蒸馏水涮洗备用，否则必须用洗液洗。用洗液洗之前，将瓶内残余的水倒掉，装入适量洗液，转动容量瓶，使洗液润洗内壁后，稍停一会，将其倒回原瓶，用自来水冲洗，最后用少量蒸馏水荡洗内壁 2~3 次。

3. 溶液的配制

（1）溶解　将已准确称量的固体置于已洗净的小烧杯中，加入适量溶剂溶解，如果固体不易溶解，可适当加热促进其溶解，但应注意冷却至室温后方可转入容量瓶中。

（2）转移　左手将洁净的玻璃棒插入检漏合格、洗涤干净的容量瓶中，玻璃棒下端位于瓶口以下、刻度线以上，贴紧容量瓶内壁，同时玻璃棒上部要离开瓶口，不要碰到瓶口。右手拿烧杯，将烧杯尖嘴贴紧玻璃棒，使溶液顺玻璃棒、沿瓶内壁流入容量瓶内，如图 4-12 所示。烧杯中溶液流完后，将烧杯沿玻璃棒稍微向上提起，同时使烧杯直立，再将玻璃棒放回烧杯。用蒸馏水洗玻璃棒和烧杯内壁，如前法将洗涤液转移至容量瓶中，一般应重复 3 次以上，以保证定量转移。

（3）预混匀　当加水至容量瓶约 2/3 容积时，用手指夹住瓶塞，将容量瓶拿起，旋转摇动几周，使溶液初步混匀（注意此时不能加塞倒立摇动）。

（4）稀释、定容　继续加水至距离标线约 1cm，等 1~2 分钟，使附在瓶颈内壁的溶液流下后，再用胶头滴管加水。加水到溶液的弯月面下缘与标线相切为止（有色溶液亦同）。

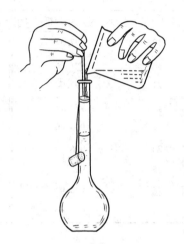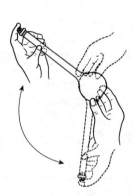

图4-11　容量瓶的检漏　　　图4-12　溶液的转移　　　图4-13　溶液的摇匀

（5）摇匀　盖紧瓶塞，倒转容量瓶，使气泡上升到顶部后，再摇动数次，如此反复十次左右，如图 4-13 所示。放正容量瓶（此时因一部分溶液附于瓶塞附近，瓶内液面略低于标线，不应补加水至标线），打开瓶塞，使瓶塞周围溶液流下，重新塞好瓶塞后，再倒转振摇 1~2 次，使溶液全部混匀。容量瓶直立后，溶液凹液面在标线以下，属正常现象，不须再加水至刻度线，这是由溶液渗入磨口与瓶塞缝隙中引起的。

4. 特别提示

（1）容量瓶为精密量器，不得长期存放溶液，不能加热，使用前应先检漏。

（2）棕色容量瓶用于配制遇光不稳定的溶液。

请你想一想

1. 容量瓶使用后应立即清洗，清洗后能放入烘箱中干燥吗？什么情况下要用棕色容量瓶？

2. 容量瓶定容混合摇匀后，溶液凹液面在标线以下，此时能再加水至刻度线吗？为什么？

（3）定容时，左手拿住容量瓶的刻度线以上的部位，容量瓶自然下垂，右手拿滴管，眼睛与刻度线保持水平。

（4）容量瓶长期不使用时，应该洗净，把塞子用纸垫上，以防时间久后，塞子打不开。

四、滴定分析仪器的校正

滴定管、容量瓶、移液管作为滴定分析中的精密量器，容量仪器的容积并不经常与它所标示的大小完全符合，因此在实际工作中，特别是在准确度要求较高的分析中，使用前必须对以上3种容器进行校正，并附校正值或校正曲线。

滴定分析仪器采用称量法进行校正。通过称量量器中所容纳或放出的纯水的重量，根据空气中纯水的密度（表4-5）计算任一温度下纯水的准确体积，与仪器标示体积的差值即为该仪器的校正值。

表4-5 在空气中不同温度时纯水的密度

温度（℃）	1L 水在空气中的重量（g）	温度（℃）	1L 水在空气中的重量（g）	温度（℃）	1L 水在空气中的重量（g）
10	998.39	19	997.34	28	995.44
11	998.31	20	997.18	29	995.18
12	998.23	21	997.00	30	994.91
13	998.14	22	996.80	31	994.64
14	998.04	23	996.60	32	994.34
15	997.93	24	996.38	33	994.06
16	997.80	25	996.17	34	993.75
17	997.65	26	995.93	35	993.45
18	997.51	27	995.69		

（一）滴定管的校正

1. 将洗净的滴定管擦干外壁，倒挂在滴定管架上控干5分钟以上，然后装入纯化水（加入水的温度应当与室温相同）至零刻度线上约5mm处，15秒后调至零刻度。

2. 精密称定一洁净、干燥的具有玻璃塞的锥形瓶重量，称准至0.001g。

3. 按滴定时常用速度将滴定管内的水分段（0.00→5.00，0.00→10.00，0.00→15.00，0.00→20.00，0.00→25.00⋯⋯⋯）滴加到已称重的碘量瓶中（水不能沾湿磨砂口处），盖紧瓶塞，精密称定，并记录，两次质量之差即为放出的水的质量。

4. 计算放出的每一段水的重量。

5. 根据水温，查出对应温度下水的密度，计算各段水的体积。

6. 各段水的体积与滴定管上读取体积之差记为滴定管的校正值。

7. 以滴定管的标示体积值为横坐标，校正值为纵坐标，绘制滴定管的校正曲线。

例如：在21℃时由滴定管（0→5刻度段）上读取的滴定液的体积是5.04ml，其质量为5.0024g，查表得出21℃时每升水的质量是997.00g，即0.99700g/ml，则21℃时其实际体积为：

$$V_{实} = \frac{m}{\rho} = \frac{5.0024}{0.99700} = 5.02 \text{（ml）}$$

$$V_{校} = V_{实} - V_{读} = 5.02 - 5.04 = -0.02ml$$

滴定管 0～5ml 的体积校正值为 -0.02ml。

（二）移液管的校正

1. 精密称取一洁净、干燥的碘量瓶的重量，称准至 0.001g，记录。

2. 用待校正的移液管精密量取标示的体积，放入碘量瓶内，不得沾湿瓶口，马上盖盖。

3. 精密称定碘量瓶的重量，记录。

4. 测量水温，查找该温度下纯水的密度。

5. 根据上法计算移液管的真实体积，与标示体积之差为即为校正值。

（三）容量瓶的校正

1. 精密称取一洁净、干燥的容量瓶的重量，称准至 0.001g，记录。

2. 在容量瓶中加纯水至刻度线，不得沾湿瓶口，马上盖盖。

3. 精密称定容量瓶的重量，记录。

4. 测量水温，查找该温度下纯水的密度。

5. 根据上法计算容量瓶的真实体积，与标示体积之差为即为校正值。

请你想一想

1. 滴定分析法中需要使用哪些仪器？用途是什么？如何正确使用？

2. 滴定分析仪器的洗涤方法有哪些？洗净的标准是什么？

3. 滴定分析中使用的容量分析仪器滴定管、容量瓶、移液管，在使用前为什么必须对以上 3 种容器进行校正？

任务三　滴定液

实例分析

实例 4-2　重铬酸钾滴定液（0.01667mol/L）的配制　取基准重铬酸钾，在 120℃ 干燥至恒重后，称取 4.903g，置于 1000ml 量瓶中，加水适量使溶解后并稀释至刻度，摇匀，即得。

实例 4-3　硫氰酸铵滴定液（0.1mol/L）的配制

配制　取硫氰酸铵 8.0g，加水使溶解成 1000ml，摇匀。

标定　精密量取硝酸银滴定液（0.1mol/L）25ml，加水 50ml、硝酸 2ml 与硫酸铁铵指示液 2ml，用本液滴定至溶液微显浅棕红色，经剧烈振摇后仍不褪色，即为终点。根据本液的消耗量算出本液的浓度，即得。

问题　1. 滴定液的浓度表示形式有几种？分别是什么？

2. 什么是物质的量浓度？为什么它是滴定液浓度的基本表示形式？如何计算？

3. 重铬酸钾滴定液为什么不需要标定而硫氰酸铵滴定液需要标定？

一、概述

滴定液也称标准溶液，是一种已知准确浓度的溶液，滴定液浓度的准确与否直接关系到滴定分析结果的准确度。滴定分析法中，滴定终点时测量得到的实验数据是消耗滴定液的体积，必须结合滴定液的准确浓度才能计算被测组分的含量。滴定液的浓度有物质的量浓度、滴定度和校正因子三种表示形式。

（一）物质的量浓度

1. 概念　物质的量浓度是滴定液浓度的基本表示形式。物质的量浓度是指在单位体积的溶液中所含溶质的物质的量，用符号 c_T 表示，单位为 mol/L。其计算公式为：

$$c_T = \frac{n_T}{V}$$

式中，c_T 为 T 物质的物质的量浓度，单位是 mol/L；n_T 为溶质 T 的物质的量，单位是 mol；V 为溶液的体积，单位是 L。

2. 物质的量浓度的相关计算

（1）根据称取溶质的质量和配制溶液的体积计算溶液的物质的量浓度，计算公式为：

$$c_T = \frac{n_T}{V} = \frac{m}{M_T \times V}$$

如实例 4-3 中，称取基准重铬酸钾试剂的质量为 4.903g，配制溶液的体积为 1000ml，则配制的重铬酸钾滴定液的物质的量浓度计算如下：

$$c_{K_2Cr_2O_7} = \frac{n_{K_2Cr_2O_7}}{V} = \frac{m}{M_{K_2Cr_2O_7} \times V} = \frac{4.903}{294.18 \times 1000 \times 10^{-3}} = 0.01667 \text{（mol/L）}$$

（2）根据溶液的浓度和体积计算溶液中含有溶质的物质的量，计算公式为：

$$n_T = c_T \times V$$

如 1000ml 浓度为 0.01667mol/L 的重铬酸钾滴定液中，含重铬酸钾的物质的量计算如下：

$$n_{K_2Cr_2O_7} = c_{K_2Cr_2O_7} \times V = 0.01667 \times 1000 \times 10^{-3} = 0.01667 \text{（mol）}$$

（3）根据配制溶液的物质的量浓度和体积计算应称取溶质的质量，计算公式为：

$$m = n_T \times M_T = c_T \times V \times M_T$$

如要求配制重铬酸钾滴定液浓度为 0.01667mol/L，体积为 1000ml，则应称取基准重铬酸钾的质量计算如下：

$$m = n_{K_2Cr_2O_7} \times M_{K_2Cr_2O_7} = c_{K_2Cr_2O_7} \times V \times M_{K_2Cr_2O_7}$$
$$= 0.01667 \times 1000 \times 10^{-3} \times 294.18 = 4.903 \text{（g）}$$

（4）根据量取浓溶液的浓度和体积计算稀释后溶液的物质的量浓度，计算公式为：

$$c_{T(稀)} = \frac{c_{T(浓)} V_{T(浓)}}{V_{T(稀)}}$$

如精密量取 0.1005mol/L 的 NaOH 滴定液 10ml 至 100ml 容量瓶中，加水稀释至刻度线，则稀释后的 NaOH 滴定液的物质的量浓度计算如下：

$$c_{NaOH(稀)} = \frac{c_{NaOH(浓)} V_{NaOH(浓)}}{V_{NaOH(稀)}} = \frac{0.1005 \times 10}{100} = 0.01005 \ (mol/L)$$

（二）滴定度

1. 概念　在实际检验工作中，对于同一品种药品进行批量检验时，滴定液的物质的量浓度、终点时滴定液和被测组分物质的量关系、被测组分的摩尔质量都是不变的，若直接利用滴定液的体积和被测组分的质量的关系，计算被测组分的含量会变得十分简单和方便。为此，引入滴定液浓度的实际使用形式即滴定度。

滴定度是指每 1ml 物质的量浓度为 c_T mol/L 的滴定液（T）相当于被测组分（B）的质量。用符号 T_T（c_T）/B 表示，单位是 g/ml，药典中通常使用 mg/ml。计算公式为：

$$T_{T(c_T)/B} = \frac{b}{t} \times c_T \times 1 \times 10^{-3} \times M_B$$

式中，t 和 b 分别为物质 T 与物质 B 反应方程式中的系数，M_B 为 B 的摩尔质量。

如 $T_{AgNO_3(0.1002)/NaCl} = 56.61$（mg/ml）表示 1ml 浓度为 0.1002mol/L 的 $AgNO_3$ 滴定液相当于 56.61mgNaCl。也就是每毫升 0.1002mol/L 的 $AgNO_3$ 滴定液能与 56.61mg NaCl 恰好完全反应。

2. 滴定度的相关计算

（1）根据滴定液物质的量浓度计算其滴定度。实例 4-1 氯化钠注射液的含量测定中，$AgNO_3$ 滴定液的滴定度计算如下：

$$T_{AgNO_3(0.1)/Cl} = \frac{1}{1} \times 0.1 \times 1 \times 10^{-3} \times 35.45 = 0.03545 \ (g/ml) \ = 35.45 \ (mg/ml)$$

（2）根据滴定液的滴定度和终点时消耗滴定液的体积计算试样中被测组分的质量，计算公式为：

$$m_B = V_{T(终点)} \times T_{T(C)/B}$$

如用滴定度为 56.61mg/ml 的 $AgNO_3$ 滴定液（0.1002mol/L）测定氯化钠注射液含量，终点时消耗滴定液 28.35ml，则试样中 NaCl 的质量为：

$$m_{NaCl} = V_{AgNO_3(终点)} \times T_{AgNO_3(0.1002)/NaCl} = 28.35 \times 56.61 = 1.605 \ (g)$$

（三）校正因子

1. 概念　对于同一品种药品进行批量检验时，每次配制的滴定液不可能也没有必要完全相同；作为药品检验标准，药典只给出一个标示浓度的滴定度。由滴定度的计算公式可知，两个不同浓度滴定液的滴定度的比值等于浓度的比值，故引入校正因

> **请你想一想**
>
> 1. 什么是滴定度？为什么用它来表示滴定液的浓度？如何计算滴定液的滴定度？
>
> 2. 什么是校正因子？为什么用它来表示滴定液的浓度？如何使用？

子的概念。药品检验工作中，滴定液的实际浓度常用校正因子来表示。校正因子是指滴定液的实际浓度和标示浓度的比值，用符号 F 表示，其计算公式为：

$$F = \frac{c_{\text{实际}}}{c_{\text{标示}}}$$

2. 校正因子的相关计算

（1）计算实际浓度滴定液的校正因子。如实例 4 – 1 氯化钠注射液含量测定中，$AgNO_3$ 滴定液的标示浓度为 0.1mol/L，并非测量值。若配制的 $AgNO_3$ 滴定液实际准确浓度为 0.1032mol/L，则该滴定液的校正因子计算如下：

$$F = \frac{c_{\text{实际}}}{c_{\text{标示}}} = \frac{0.1032}{0.1} = 1.032$$

（2）根据标示浓度滴定液的滴定度计算实际浓度滴定液的滴定度，计算公式为：

$$T_{\text{T}(C_{\text{实际}})/\text{B}} = F \times T_{\text{T}(C_{\text{标示}})/\text{B}}$$

如实例 4 – 1 氯化钠注射液的含量测定中，若配制的 $AgNO_3$ 滴定液的校正因子为 1.032，则该滴定液的滴定度计算如下：

$$T_{AgNO_3(0.1004)/Cl} = F \times T_{AgNO_3(0.1)/Cl} = 1.032 \times 35.45 = 36.58 \text{（mg/ml）}$$

二、滴定液的配制

（一）直接配制法

滴定液的直接配制法是指直接配制成准确浓度的滴定液的方法。直接配制法配制滴定液，现配现用，其浓度可直接计算；但须使用基准试剂，配制成本较高，且配制体积受到容量瓶的限制。

1. 基准试剂　是指用于直接配制滴定液和标定滴定液使用的试剂，又称基准物质，常用的基准试剂，见表 4 –6。作为基准试剂，须具备以下条件。

（1）试剂纯度足够高，要求在 99.99% 以上。

（2）试剂的组成与化学式完全相符。若含结晶水，如 $H_2C_2O_4 \cdot 2H_2O$、$Na_2B_4O_7 \cdot 10H_2O$ 等，其结晶水的含量均应符合化学式。

（3）在空气中性质稳定，不易分解、不易风化、不易吸收空气中的水分、不易与空气中的 O_2 及 CO_2 反应。

（4）试剂最好有较大的摩尔质量，以减小称量误差。

表 4 –6　《中国药典》（2020 年版）中使用的基准试剂

名称	化学式	化学式量	使用前处理方法	用途
无水碳酸钠	Na_2CO_3	105.99	270~300℃干燥至恒重	标定盐酸、硫酸滴定液
苯甲酸	C_6H_5COOH	121.11	五氧化二磷减压干燥至恒重硅胶常压干燥 24h	标定甲醇钠滴定液标定氢氧化四丁基铵滴定液
邻苯二甲酸氢钾	$C_6H_4(COOH)COOK$	204.22	105℃干燥至恒重	标定氢氧化钠、高氯酸滴定液
氧化锌	ZnO	81.39	约 800℃炽灼至恒重	标定 EDTA 滴定液
氯化钠	$NaCl$	58.14	110℃干燥至恒重	标定硝酸汞、硝酸银滴定液
对氨基苯磺酸	$C_6H_7NO_3S$	173.19	120℃干燥至恒重	标定亚硝酸钠滴定液

续表

名称	化学式	化学式量	使用前处理方法	用途
草酸钠	$Na_2C_2O_4$	134.00	105℃干燥至恒重	标定高锰酸钾滴定液
重铬酸钾	$K_2Cr_2O_7$	294.18	120℃干燥至恒重	直接配制滴定液,标定硫代硫酸钠滴定液
三氧化二砷	As_2O_3	197.84	105℃干燥至恒重	标定硫酸铈滴定液
碘酸钾	KIO_3	214.00	105℃干燥至恒重	直接配制滴定液

2. 配制方法　准确称取一定量的基准物质,溶解后定量转移入容量瓶中,加纯化水稀释至刻度,摇匀即可。根据称取的基准物质的质量和容量瓶的容积计算出其准确浓度。

(1) 计算　配制规定浓度和体积的滴定液所需的基准试剂的准确质量,计算公式为:

$$m = nM = cVM$$

如用 250ml 容量瓶配制 0.01000mo/L EDTA 滴定液,需称取基准 EDTA (M = 372.24g/mol) 的质量为:

$$m = 0.01000mol/L \times 0.250L \times 372.24g/mol = 0.9306g$$

(2) 精密称取基准试剂　用指定质量称量法称取指定质量的基准试剂于干燥洁净的烧杯中,使用分析天平(感量为 0.1mg)。

(3) 溶解　在烧杯中加适量溶剂搅拌溶解。必要时,加热使溶解。

(4) 定量转移　左手将洁净的玻璃棒插入检漏合格、洗涤干净的容量瓶中,玻璃棒下端位于瓶口以下、刻度线以上,贴紧容量瓶内壁,同时玻璃棒要离开瓶口,右手拿烧杯,将烧杯尖嘴贴紧玻璃棒,使溶液顺玻璃棒、沿瓶内壁流入容量瓶内,将烧杯中的溶液全部转移至容量瓶中,然后使用少量的蒸馏水洗涤烧杯、玻璃棒 2~3 次,洗涤液同法转移到容量瓶中。

(5) 定容　加溶剂至液面最低点与容量瓶刻度线相切。

(6) 均匀　盖好瓶盖,上下翻转数次,混合均匀。

3. 计算　根据称取基准试剂的质量和配制的体积,计算配制滴定液的浓度,计算公式为:

$$c = \frac{m}{MV}$$

如准确称取基准重铬酸钾 1.2208g,溶解后定量转移至 250ml 容量瓶中,则此重铬酸钾滴定液的浓度为:

$$c = \frac{m}{MV} = \frac{1.2208g}{294.18g/mol \times 0.250L} = 0.01660mol/l$$

4. 注意事项

(1) 基准试剂须按照药典规定干燥恒重后,精密称定。

（2）溶解过程中防止溶质溅失。若需加热，必须放冷至室温后方可转移。

（3）也可以使用减重称量法精密称取基准试剂，配制后的准确浓度应在规定的范围之内。

（二）间接配制法

滴定液的间接配制法是先将滴定液配制成与标示浓度近似浓度的溶液，再用基准物质或另一种已知准确浓度的滴定液来测定其准确浓度，称这种操作过程为标定。间接配制法使用分析天平（感量 $0.01\mathrm{g}$），分析纯化学试剂，在量筒或烧杯中定容即可。

三、滴定液的标定

滴定液的标定是用基准试剂或另一种已知准确浓度的滴定液，通过滴定确定滴定液的准确浓度的操作过程。常用的标定法有以下两种。

（一）基准物质标定法

精密称取一定量的基准试剂，溶解后用待标定的滴定液进行滴定，根据基准物质的质量与消耗的滴定液的体积来计算出待标定溶液的准确浓度，标定步骤如下。

1. 基准试剂的准备　精密称取基准试剂于锥形瓶中，溶解，加指示剂。

2. 滴定液的准备　将滴定液装于滴定管中，调节至零刻度。

3. 滴定　滴定至终点，记录消耗滴定液的体积。

4. 记录与计算　根据终点时基准试剂和滴定液的计量关系，由基准试剂的质量和消耗滴定液的体积计算滴定液的准确浓度。

5. 数据处理　计算测定结果的相对平均偏差；计算标定结果。

6. 结论　给出滴定液准确的物质的量浓度或校正因子。

（二）比较法标定

用已知准确浓度的滴定液与被标定滴定液相反应，根据两种溶液所消耗的体积和已知滴定液的准确浓度，计算出被标定滴定液的浓度，操作过程如下。

1. 量取一定体积的已知准确浓度的滴定液　精密量取已知浓度滴定液于锥形瓶中，加指示剂或装于滴定管中。

2. 待标定滴定液的量取　将滴定液装于滴定管中，调节至零刻度。或精密量取一定体积于锥形瓶中。

3. 滴定　滴定至终点，记录消耗滴定液的体积。

4. 记录与计算　根据终点时两者之间的计量关系，由另一种滴定液的量和消耗滴定液的体积计算滴定液的准确浓度。

5. 数据处理　计算测定结果的相对平均偏差；计算标定结果。

6. 结论　给出滴定液准确的物质的量浓度或校正因子。

滴定液的标定法配制记录表如下。

xxxx 制药股份有限公司
滴定液配制、标定记录

滴定液名称　　　　　　配制数量　　　　　　配制日期　　年　　月　　日
基准试剂名称　　　　　标定温度　　℃　　　标定日期　　年　　月　　日
指示液名称　　　　　　复标温度　　℃　　　复标日期　　年　　月　　日

配制方法

标定记录与计算

1. 基准试剂称量记录和消耗滴定液体积记录

2. 滴定液浓度和精密度计算

3. 结果计算

复标记录与计算

1. 基准试剂称量记录和消耗滴定液体积记录

2. 复标浓度和精密度计算

3. 结果计算

初标与复标精密度计算

结论：本滴定液的物质的量浓度或 F 值为

配制人　　　　　　　标定人　　　　　　　复标人

你知道吗

药品检验对于滴定液的相关规定

1. 浓度要求　精密标定的滴定液用"XXX 滴定液（YYYmol/L）"表示，如氢氧化钠滴定液（0.1mol/L），其中 0.1mol/L 为标示浓度，并非滴定液的实际浓度；实际浓度值保留四位有效数字。

2. 溶剂用水　所用溶剂"水"，系指蒸馏水或去离子水，应符合《中国药典》（2020 年版）"纯化水"项下的规定。

3. 配制浓度较小的溶液　配制浓度≤0.02mol/L 的滴定液时，除另有规定外，于临用前精密量浓度≥0.1mol/L 的滴定液适量，加新沸过的冷水或规定的溶剂定量稀释至相应的体积，浓度可直接计算。

4. 滴定液的浓度值　间接配制法配制的滴定液的浓度值应为其标示浓度值的 0.95 ~ 1.05 倍。

5. 配制中使用的分析天平及其砝码、容量瓶、移液管、滴定管均应经过检定合格；其校正值与标示值之比的绝对值 >0.05% 时，应在计算中采用校正值予以补偿。

6. 标定　标定工作应由初标者（一般为配制者）和复标者在相同条件下各做平行试验 3 份；各项原始数据经校正后，根据公式分别进行计算；3 份平行试验结果的相对平均偏差，除另有规定外，不得大于 0.1%；初标平均值和复标平均值的相对偏差也不得大于 0.1%；标定结果按初标、复标的平均值计算。

7. 澄清度　配制成的滴定液必须澄清，必要时可过滤。

8. 贮藏　配制后应按《中国药典》规定的［贮藏］条件贮存，并在贮存瓶外贴上标签，如表 4-7 所示。

表 4-7　滴定液贮存瓶标签表

XXX 滴定液（YYYmol/L）

配制或标定日期	室温	浓度或校正因子 F 值	配制人	标定人	复标人

任务四　滴定分析法的计算

一、计算的依据

被测组分和滴定液之间的化学计量关系是滴定分析结果的计算依据，被测组分（B）和滴定液（T）的反应方程式为：

$$bB（被测组分）+tT（滴定液）=pP（滴定反应产物）$$

当反应定量完成达到计量点时，被测组分和滴定液的物质的量之比等于滴定反应方程式中两者的系数之比，数学表示式为：

$$\frac{n_B}{n_T}=\frac{b}{t}$$

即 $c_B \times V_B = \frac{b}{t}c_T \times V_T$ 或 $\frac{m_B}{M_B}=\frac{b}{t}c_T \times V_T$

1. 滴定终点时，消耗滴定液的物质的量　根据滴定液的浓度和终点时消耗滴定液的体积，计算如下：

$$n_T = c_T \cdot V_{T(终点)}$$

2. 与滴定液反应的被测组分的物质的量　根据被测组分和滴定液之间的化学计量关系，与滴定液反应的被测组分的物质的量计算如下：

$$n_B = \frac{b}{t} \times n_T$$

二、计算的基本公式

（一）滴定液标定计算的公式

当待标定滴定液 T 与基准物质或另一种滴定液 B 反应完全到达化学计量点时，标定的计算如下：

$$c_T = \frac{t}{b} \times \frac{m_B}{M_B \times V_T}$$

$$c_T = \frac{t}{b} \times \frac{c_B \times V_B}{V_T}$$

（二）待测组分质量计算的公式

由 $n_B = m_B/M_B$，得出被测组分的质量等于被测组分和滴定液之间的化学计量关系、滴定液的浓度、终点时消耗滴定液的体积、被测物质的摩尔质量的乘积，计算如下：

$$n_B = \frac{b}{t} \times n_T$$

$$\frac{b}{t} \times n_T = m_B/M_B \Rightarrow m_B = \frac{b}{t} \times n_T \times M_B \Rightarrow m_B = \frac{b}{t} \times c_T \times V_{T(终点)} \times M_B$$

（三）待测组分的质量分数计算的公式

根据滴定液的浓度和终点时消耗的体积计算待测组分的质量在试样中所占的百分比例计算如下：

$$B\% = \frac{m_B}{m_S} \times 100\% = \frac{\frac{b}{t} \times c_T \times V_{T(终点)} \times M_B}{m_S} \times 100\%$$

若已知滴定液的滴定度，则 $m_B = T_{T(c实际)/B} \times V_T$，在实际工作中要根据标示滴定度计算实际滴定度 $T_{T(c实际)/B} = F \times T_{T(c标示)/B}$，校正因子 $F = \frac{c_{实际}}{c_{标示}}$。则被测组分在试样中所占的百分比例计算为：

$$B\% = \frac{T_{T(c实际)/B} \times V_T}{m_S} \times 100\% = \frac{T_{T(c标示)/B} \times F \times V_T}{m_S} \times 100\%$$

（四）被测物以 mg/L 表示的计算公式如下：

$$B\% = \frac{m_B}{V_S} \times 100\% = \frac{\frac{b}{t} \times c_T \times V_{T(终点)} \times M_B}{V_S} \times 100\% = \frac{T_{T(c标示)/B} \times F \times V_T}{V_S} \times 100\%$$

三、计算示例

（一）滴定液标定的计算

用基准 NaCl 标定 AgNO₃ 滴定液，称取基准 NaCl 0.1583g，滴定至终点时消耗 Ag-

NO_3 滴定液 27.85ml，则该滴定液的浓度为：

反应为：$NaCl + AgNO_3 \rightleftharpoons AgCl \downarrow + NaNO_3$

终点时：$\dfrac{n_{NaCl}}{n_{AgNO_3}} = \dfrac{1}{1}$

$$c_{AgNO_3} = \frac{1}{1} \times \frac{m_{NaCl}}{M_{NaCl} \times V_{AgNO_3}} = \frac{0.1583}{56.5 \times 27.85 \times 10^{-3}} = 0.1006 \ (mol/L)$$

用准确浓度为 0.1006mol/L 的 $AgNO_3$ 滴定液标定 NH_4SCN 滴定液，精密量取 $AgNO_3$ 滴定液 25.00ml，滴定至终点时消耗 NH_4SCN 滴定液 25.10ml，则 NH_4SCN 滴定液的浓度为：

反应为：$AgNO_3 + NH_4SCN \rightleftharpoons AgSCN \downarrow + NH_4NO_3$

终点时：$\dfrac{n_{NH_4SCN}}{n_{AgNO_3}} = \dfrac{1}{1}$

$$c_{NH_4SCN} = \frac{1}{1} \times \frac{c_{AgNO_3} \times V_{AgNO_3}}{V_{NH_4SCN}} = \frac{0.1006 \times 25.00}{25.10} = 0.1002 \ (mol/L)$$

（二）待测组分质量的计算

用基准 NaCl 标定浓度为 0.1000mol/L 的 $AgNO_3$ 滴定液时，若消耗该滴定液 30ml，应称取基准 NaCl 多少克？

反应为：$NaCl + AgNO_3 \rightleftharpoons AgCl \downarrow + NaNO_3$

终点时：$\dfrac{n_{NaCl}}{n_{AgNO_3}} = \dfrac{1}{1}$

$$m_B = \frac{b}{t} \times c_T \times V_T \times M_B = \frac{1}{1} \times 0.1000 \times 0.03 \times 58.44 = 0.1753 \ (g)$$

（三）待测组分质量分数的计算

原料药氯化钠含量测定：精密称取氯化钠 0.1211g，加水 50ml 溶解后，加 2% 糊精溶液 5ml、2.5% 硼砂溶液 2ml 与荧光黄指示液 5~8 滴，用硝酸银滴定液（0.1021mol/L）滴定至终点时消耗了 20.04ml。每 1ml 硝酸银滴定液（0.1mol/L）相当于 5.844mg 的 NaCl。计算如下：

$$B\% = \frac{T_{(C_{实际})/B} \times V_T}{m_S} \times 100\% = \frac{T_{(C_{标示})/B} \times F \times V_T}{m_s} \times 100\%$$

$$= \frac{5.844 \times \dfrac{0.1021}{0.1} \times 20.04}{0.1211 \times 1000} \times 100\% = 98.7\%$$

（四）被测物以 g/L 表示的计算

氯化钠注射液中氯化钠的含量测定：精密量取注射液 10.00ml，用浓度为 0.1032mol/L 的 $AgNO_3$ 滴定液滴定至终点时消耗了 15.04ml，每 1ml 硝酸银滴定液（0.1mol/L）相当于 5.844mg 的 NaCl。氯化钠的含量计算如下：

$$NaCl\% = \frac{T_{AgNO_3(0.1)/NaCl} \times F \times V_{AgNO_3}}{V_S} = \frac{5.844 \times \frac{0.1032}{0.1} \times 15.04}{10} = 9.07 \text{（mg/ml）}$$

$$= 0.907\%$$

请你想一想

如果滴定液的标定及滴定待测组分的滴定在相同条件下操作，是否可以通过减少称量误差、指示剂的选择与用量、滴定液及滴定管的正确标定来提高滴定分析的准确度及精密度？

实训二　滴定分析仪器的洗涤及使用练习

一、实训目的

1. 掌握滴定分析仪器的操作方法，并能熟练操作。
2. 熟悉滴定分析仪器的洗涤、干燥方法。

二、实训原理

滴定分析用的仪器的清洗洁净程度及正确使用直接关系测定结果的准确度和精密度，所以在进行滴定分析实验之前，对玻璃仪器的清洗是一项最基本的操作。滴定分析玻璃仪器清洁常用的方法有：用洗衣粉、皂粉、去污粉或者用硝酸溶液（1：3）浸泡洗涤的方法，玻璃器皿的内壁玷污严重，一般多为采用铬酸洗液（重铬酸钾和浓硫酸）浸泡的方式完成玻璃仪器的洗涤，铬酸洗液腐蚀性极强，使用时戴好橡胶手套，不要将铬酸洗液溅于裸露的皮肤之上，自然晾干即可。洗净的仪器壁上不挂水珠，把仪器倒转过来，水顺玻壁流下，玻壁上只留下一薄层均匀的水膜。

三、仪器与试剂

1. 仪器　移液管（20ml）、吸量管、容量瓶250ml（1 个）、滴定管、烧杯100ml（1 个）、锥形瓶（2 个）、洗耳球（1 个）。

2. 试剂　洗衣粉、铬酸洗液、纯化水。

四、实训步骤

（一）滴定分析仪器的洗涤

1. 洗衣粉清洗　将一定量的洗衣粉倒入烧杯中，加入热水，使洗衣粉溶解，制成洗衣粉溶液，再用各种类型的毛刷蘸取洗衣粉溶液分别清洗锥形瓶、烧杯，用自来水冲洗干净后，再用纯化水洗涤三次，倒置自然晾干即可。

2. 铬酸洗液清洗　污染严重的玻璃仪器和移液管、吸量管、容量瓶、滴定管使用铬酸洗液清洗，将铬酸洗液沿器皿瓶口倾倒入玻璃器皿中，大约体积三分之一时停止，轻轻旋转并倾斜玻璃器皿，使铬酸洗液比较均匀的浸润玻璃器皿的内壁，浸泡完后将铬酸洗液倒回原试剂瓶中，用自来水将残留的铬酸洗液冲洗干净，再用纯化水洗涤三次，倒置自然晾干即可。

3. 特别提示

（1）使用洗液前，应先用水和肥皂液将仪器洗一下，然后尽量使仪器内的水去掉，以免冲淡洗液。

（2）洗液具有很强的腐蚀性，会灼伤皮肤和腐蚀衣物，使用时必须特别小心，如果不慎把洗液洒在皮肤、衣物和实验桌上，应立即用水冲洗。

（3）洗液的颜色如已变为绿色，则说明其中重铬酸钾已还原为硫酸铬。此洗液已不再具有去污能力，不能继续使用。

（二）移液管和吸量管的使用

用纯化水代替溶液按以下步骤进行移液管和吸量管使用的练习，反复练习直到能准确移取溶液为止。

序号	步骤	操作内容
1	润洗	右手持移液管，左手持洗耳球，在移液管中吸入少量待移取的溶液，然后平放移液管，双手平托并转动移液管，边转动边倾斜，使溶液将整个移液管内壁全部润湿，最后从下端放出，重复 2~3 次
2	吸液	将溶液吸至刻度线以上，迅速用示指堵住管口，用滤纸片将管尖外部溶液吸干
3	调节液面	眼睛与刻度线平视，稍松示指，使液面的最低点与刻度线相切
4	放液	移液管竖直，下端贴紧容器内壁，容器稍倾斜，松开食指使自然流出，流完后停留 15~30s 取出移液管

（三）容量瓶的使用

取洗净的 250ml 容量瓶和 100ml 烧杯各一个，用纯化水按以下操作步骤进行容量瓶的使用练习。

序号	步骤	操作内容
1	检漏	在容量瓶中装入纯化水至刻度线，用示指压住瓶盖，倒立 2 分钟，塞子周围不能漏水
2	定量转移	烧杯内盛纯化水约半杯，左手将洁净的玻璃棒插入容量瓶中，玻璃棒下端位于瓶口以下、刻度线以上，贴紧容量瓶内壁，同时玻璃棒要离开瓶口，右手拿烧杯，将烧杯尖嘴贴紧玻璃棒，使溶液顺玻璃棒、沿瓶内壁流入容量瓶内，将烧杯中的水全部转移至容量瓶中
3	定容	加纯化水至接近刻度线时，用胶头滴管滴加至液面最低点与容量瓶刻度线相切
4	混合	盖好瓶塞，上下翻转数次，混合均匀

（四）滴定管的使用

按照以下步骤进行滴定管的使用练习，要求每次消耗的 0.1mol/L 氢氧化钠滴定液体积相差不得超过 0.04ml。

序号	步骤	操作内容
1	检漏	在滴定管中装入纯化水，置于滴定管夹上2分钟，不得有水滴下
2	润洗	将滴定管用少量0.1mol/L氢氧化钠滴定液润洗2~3次
3	装滴定液	自滴定管上端装0.1mol/L氢氧化钠滴定液至零刻度以上
4	排气泡	排出下端尖嘴至活塞或玻璃珠之间的空气
5	调节至零刻度	排出下端尖嘴至活塞或玻璃珠之间的空气
6	滴定	精密量取0.1mol/L盐酸溶液20ml，至锥形瓶中，在锥形瓶中加酚酞指示剂2滴。左手控制滴定速度、右手转动锥形瓶，滴定至溶液由无色变为淡红色且在半分钟内不褪即为终点
7	读数	自滴定管上读取消耗滴定液的体积，记录

五、思考与讨论

1. 移液管、容量瓶、滴定管、锥形瓶、烧杯洗净后哪些只能自然晾干，哪些可以放入烘箱中烘干？

2. 移液管尖端部分残余的液体，能用洗耳球吹出吗？容量瓶能作贮存溶液的容器吗？

3. 为什么滴定管要进行排气？

实训三 重铬酸钾滴定液（0.01667mol/L）的配制

一、实训目的 📱 微课2

1. 理解基准试剂的概念和要求。
2. 学会用基准试剂直接配制滴定液。
3. 能正确使用容量瓶配制溶液液。

二、实训原理

重铬酸钾的组成与化学式相符，性质稳定，纯度高，有较大的摩尔质量（294.18g/mol），是一种典型的常用基准物质，因此配制重铬酸钾滴定液时只需直接配制，不需要标定。

根据公式 $m = nM = cVM$ 计算出配制一定体积的重铬酸钾滴定液所需称取基准试剂重铬酸钾的质量，在一定体积的容量瓶中溶解，定容，再根据 $c = \dfrac{m}{MV}$，称取重铬酸钾基准试剂的质量和配制溶液的体积，计算出配制的重铬酸钾滴定液的浓度。

三、仪器与试剂

1. 仪器 试剂瓶（250ml）、烧杯（100ml）、玻璃棒、容量瓶（250ml）、分析天平

（感量为 0.1mg）。

2. 试剂 基准试剂重铬酸钾、纯化水。

四、实训步骤

将 250ml 容量瓶、烧杯、玻璃棒洗净，容量瓶检漏后备用。

（1）计算 计算出配制 250ml 的重铬酸钾滴定液所需称取基准试剂重铬酸钾的质量为 $m = 0.01667 \times 0.25 \times 294.18 = 1.2260g$

（2）溶解 精密称取重铬酸钾约 1.2260g，至 100ml 烧杯中，加入纯化水用玻璃棒搅拌溶解。

（3）定量转移 左手将洁净的玻璃棒插入容量瓶中，玻璃棒下端位于瓶口以下、刻度线以上，贴紧容量瓶内壁，同时玻璃棒要离开瓶口，右手拿烧杯，将烧杯尖嘴贴紧玻璃棒，使溶液顺玻璃棒、沿瓶内壁流入容量瓶内，将烧杯中的溶液全部转移至容量瓶中，然后使用少量的蒸馏水洗涤烧杯、玻璃棒 2~3 次，洗涤液同法转移到容量瓶中，至容量瓶三分之一处摇匀。

（4）定容 加蒸馏水至接近刻度线时，用胶头滴管滴加至液面最低点与容量瓶刻度线相切。

（5）混合 盖好瓶塞，上下翻转数次，混合均匀倒入试剂瓶。

（6）浓度计算 再根据称取重铬酸钾基准试剂的质量和配制溶液的体积计算出配制的重铬酸钾滴定液的浓度。

（7）写滴定液配制标签 并贴于滴定液试剂瓶上，并填写滴定液配制记录。

序号	项目	数据
1	倒出前总重（g）	
2	倒出后总重（g）	
3	重铬酸钾的质量（g）	
4	重铬酸钾溶液的浓度（mol/L）	

五、思考与讨论

1. 为什么要使用基准试剂重铬酸钾？为什么重铬酸钾滴定液不用标定？
2. 滴定液配制后有效期为多长时间？

目标检测

一、选择题

1. 用浓度为 c mol/L 的滴定液 A 滴定被测组分 B 时，滴定度应表示为（   ）。

A. c_A B. $t_{A(c)/B}$ C. $t_{B/A(c)}$ D. c_B

2. 用摩尔浓度表示滴定液的浓度时，其有效数字应为（　　　）。

  A. 1 位　　　　　　B. 2 位　　　　　　C. 3 位　　　　　　D. 4 位

3. 滴定过程中，根据指示剂颜色的转变而停止滴定时称为（　　　）。

  A. 滴定终点　　　　　　　　　　B. 化学计量点

  C. 指示剂的理论变色点　　　　　D. 实际变色点

4. 用基准物质或另一种已知准确浓度的滴定液通过滴定的方法确定滴定液准确浓度的操作过程叫（　　　）。

  A. 滴定　　　　　B. 标定　　　　　C. 配制　　　　　D. 定容

5. 滴定分析中用于精密移取液体的仪器是（　　　）。

  A. 滴定管　　　　B. 移液管　　　　C. 容量瓶　　　　D. 锥形瓶

6. 滴定分析中用于滴加滴定液至终点并测量消耗滴定液体积的仪器是（　　　）。

  A. 滴定管　　　　B. 移液管　　　　C. 容量瓶　　　　D. 锥形瓶

7. 滴定分析中用于直接配制滴定液的仪器是（　　　）。

  A. 滴定管　　　　B. 移液管　　　　C. 容量瓶　　　　D. 锥形瓶

8. 滴定分析计算的依据是化学计量点时的（　　　）。

  A. 滴定液体积和供试品质量的关系

  B. 滴定液体积和滴定液浓度的关系

  C. 滴定液物质的量和被测组分物质的量的关系

  D. 滴定液浓度和供试品质量的关系

9. 滴定度反映了（　　　）之间的关系。

  A. 滴定液体积和物质的量

  B. 滴定液体积和被测组分质量

  C. 滴定液浓度和被测组分质量

  D. 滴定液体积和供试品质量

10. 用于直接配制滴定液的试剂是（　　　）。

  A. 分析纯试剂　　　　　　　　　B. 优级纯试剂

  C. 基准试剂　　　　　　　　　　D. 化学纯试剂

二、计算题

1. 精密称取基准物质 NaCl 0.1745g，标定 $AgNO_3$ 滴定液（0.1mol/L），滴定至终点时消耗该滴定液 30.02ml，求 $AgNO_3$ 滴定液的浓度。

2. 氢氧化钠滴定液（1mol/L）的标定：精密称定在 105℃ 干燥至恒重的基准邻苯二甲酸氢钾 6.0124g，加新沸过的冷水 50ml，振摇，使其尽量溶解，加酚酞指示液 2 滴，用氢氧化钠滴定液（1mol/L）滴定在接近终点时，应使邻苯二甲酸氢钾完全溶解，滴定至溶液显粉红色，消耗滴定液 29.52ml。每 1ml 氢氧化钠滴定液（1mol/L）相当于 204.2mg 的邻苯二甲酸氢钾。根据本液的消耗量与邻苯二甲酸氢钾的取用量，算出本液的浓度。

3. 精密称定 KCl 约 0.1522g，加水 50ml 溶解后，加 2% 糊精溶液 5ml、2.5% 硼砂溶液 2ml 与荧光黄指示液 5～8 滴，用硝酸银滴定液（0.1012mol/L）滴定，终点时消耗滴定液 20.45ml。每 1ml 硝酸银滴定液（0.1mol/L）相当于 7.455mg 的 KCl，求 KCl 的含量。

书网融合……

微课 1　　　　微课 2　　　　划重点　　　　自测题

▶▶ 项目五 酸碱滴定法

学习目标

知识要求

1. **掌握** 酸碱滴定的基本原理、滴定条件及酸碱指示剂的选择原则；酸碱滴定液的配制与标定方法；直接滴定法的应用。

2. **熟悉** 酸碱指示剂的变色原理、变色范围；酸碱滴定的类型。

3. **了解** 混合指示剂作用原理；酸碱间接滴定法的应用。

能力要求

1. 能按照规定配制和标定盐酸滴定液、氢氧化钠滴定液。

2. 能学会配制缓冲溶液和酸碱指示剂；会选择滴定方式进行物质含量的测定。

3. 会记录实验数据及对结果进行计算评价。

实例分析

实例 5-1 阿司匹林的含量测定 取本品约 0.4g，精密称定，加中性乙醇（对酚酞指示液显中性）20ml 溶解后，加酚酞指示液 3 滴，用氢氧化钠滴定液（0.1mol/L）滴定。每 1ml 氢氧化钠滴定液（0.1mol/L）相当于 18.02mg 的 $C_9H_8O_4$。

问题 1. 何谓酸碱滴定法？各类型酸碱滴定的特点是什么？

2. 酸碱指示剂选择的依据是什么？滴定终点是如何确定的？

3. 常用酸碱滴定液有哪些？浓度如何表示？

酸碱滴定法是以酸碱中和反应为基础，利用强酸、强碱为滴定液，直接或间接测定能与酸碱反应的物质的分析方法，是滴定分析法中应用最广的方法，是学习其他滴定分析法的基础。

任务一 酸碱指示剂

一、变色原理和变色范围

（一）变色原理

酸碱指示剂是指在酸碱滴定中使用的指示剂。酸碱指示剂一般是弱的有机酸或有机碱，它们都有明显不同颜色的互变异构体：酸式结构和碱式结构。当溶液 pH 改变时，指示剂失去质子，由酸式结构变为碱式结构，或得到质子，由碱式结构变为酸式结构，因而溶液颜色也发生相应的变化。以甲基橙、酚酞为例：

黄色(碱式结构)　　　　　　　　　红色(酸式结构)

无色(酸式结构)　　　　　红色(碱式结构)

请你想一想

酸碱指示剂的变色与溶液的 pH 有关。 是否溶液 pH 稍有变化或任意改变，都能引起指示剂的颜色变化呢?

（二）理论变色点和变色范围

若以 HIn 表示指示剂的酸式结构，具有酸式色，In⁻ 表示指示剂的碱式结构，具有碱式色。它们的电离平衡式为：

$$HIn \rightleftharpoons H^+ + In^-$$
酸式结构（酸式色）　　　　碱式结构（碱式色）

电离平衡常数为：

$$K_{HIn} = \frac{[H^+][In^-]}{[HIn]} \quad 即 \frac{K_{HIn}}{[H^+]} = \frac{[In^-]}{[HIn]}$$

由于在一定温度下，指示剂的 K_{HIn} 值为一常数，因此指示剂溶液的 $[H^+]$ （或 pH）决定了 $[HIn]$ 与 $[In^-]$ 的相对大小，进而决定了指示剂溶液的颜色。

从理论上讲，当 $[H^+] = K_{HIn}$，即 pH = pK_{HIn} 时，$[HIn] = [In^-]$，此时，溶液呈现酸式色和碱式色的混合色；当 $[H^+] < K_{HIn}$，即 pH > pK_{HIn} 时，$[HIn] < [In^-]$，此时，溶液呈现碱式色；当 $[H^+] > K_{HIn}$，即 pH < pK_{HIn} 时，$[HIn] > [In^-]$，此时，溶液呈现酸式色。故将 $[H^+] = K_{HIn}$，即 pH = pK_{HIn} 这一点，称为指示剂的理论变色点，常将其视作滴定终点。

在实际情况中，人的眼睛只有当一种结构的浓度是另一种结构浓度的10倍或10倍以上时，才能看到浓度较大的那种结构的颜色。

当 $[HIn]/[In^-] \geqslant 10$ 时，看到的是酸式色，这时 pH $\leqslant$ pK_{HIn} - 1；

当 $[HIn]/[In^-] \leqslant 1/10$ 时，看到的是碱式色，这时 pH $\geqslant$ pK_{HIn} + 1；

当 $1/10 \leqslant [HIn]/[In^-] \leqslant 10$ 时，看到的是它们混合色称为过渡色，这时 pK_{HIn} - 1 $\leqslant$ pH $\leqslant$ pK_{HIn} + 1。

即当溶液的 pH 由 $pK_{HIn}-1$ 变化到 $pK_{HIn}+1$，人的眼睛能够明显观察到指示剂颜色由酸式色到碱式色的变化；反之，当溶液的 pH 由 $pK_{HIn}+1$ 变化到 $pK_{HIn}-1$，人的眼睛能够明显感受到指示剂颜色由碱式色到酸式色的变化。因此，pH 范围 $pK_{HIn}-1 \sim pK_{HIn}+1$，即 $pH=K_{HIn}\pm1$，称为指示剂的理论变色范围。

注意，指示剂的实际变色范围一般通过实验得出，由于人的眼睛对颜色的敏感程度不同，故实际变色范围和理论变色范围有出入。例如，甲基橙理论变色范围为 2.4 ~ 4.4，但由于人眼对红色敏感，所以当 pH = 3.1 时，即可观察到酸式色。

常用的酸碱指示剂及其变色范围见表 5 – 1。

表 5 – 1　　《中国药典》(2020 年版) 中使用的酸碱指示液

名称	酸式色	碱式色	变色范围
结晶紫	黄色	绿色	0 ~ 1.8
橙黄Ⅳ	红色	黄色	1.4 ~ 3.2
溴酚蓝指示液	黄色	蓝绿色	2.8 ~ 4.6
二甲基黄指示液	红色	黄色	2.9 ~ 4.0
刚果红指示液	蓝色	红色	3.0 ~ 5.0
甲基橙指示液	红色	黄色	3.1 ~ 4.4
乙氧基黄叱精指示液	红色	黄色	3.5 ~ 5.5
茜素磺酸钠指示液	黄色	紫色	3.7 ~ 5.2
甲基红指示液	红色	黄色	4.4 ~ 6.2
石蕊指示液	红色	蓝色	4.5 ~ 8.0
溴甲酚紫	黄色	紫色	5.2 ~ 6.8
溴麝香草酚蓝指示液	黄色	蓝色	6.0 ~ 7.6
中性红指示液	红色	黄色	6.8 ~ 8.0
酚磺酞指示液	黄色	红色	6.8 ~ 8.4
甲酚红指示液	黄色	红色	7.2 ~ 8.8
间甲酚紫指示液	黄色	紫色	7.5 ~ 9.2
酚酞指示液	无色	红色	8.0 ~ 10.0
萘酚苯甲醇指示液	黄色	绿色	8.5 ~ 9.8
麝香草酚酞指示液	无色	蓝色	9.3 ~ 10.5
耐尔蓝指示液	蓝色	红色	10.1 ~ 11.1
孔雀绿指示液	黄色	绿色	0.0 ~ 2.0
	绿色	无色	11.0 ~ 13.5
麝香草酚蓝指示液	红色	黄色	1.2 ~ 2.8
	黄色	紫蓝色	8.0 ~ 9.6

二、影响酸碱指示剂变色范围的因素

指示剂变色范围越窄，指示剂变色就越敏锐，这样在计量点附近，溶液的 pH 稍有改变，指示剂立即变色而指示滴定终点。影响指示剂变色范围的主要因素有温度、溶剂、指示剂的用量、滴定程序等。

1. 温度　温度不同，指示剂的电离平衡常数值 K_{HIn} 不同，故指示剂的变色范围不同。如甲基橙，在 18℃时变色范围为 3.1～4.4，在 100℃时，则为 2.5～3.7。

2. 溶剂　在不同的溶剂中，指示剂的电离平衡常数值 pK_{HIn} 不同，故指示剂的变色范围不同。如甲基橙，在水溶液中 $pK_{HIn}=3.4$，在甲醇中 $pK_{HIn}=3.8$。

3. 指示剂的用量　对于双色指示剂，指示剂的用量少一点或多一点都可以。但指示剂的用量大也不宜太多，否则，颜色变化不敏锐，且指示剂本身也会消耗滴定液从而带来较大的误差。对于单色指示剂，例如酚酞，它的酸式色无色，碱式色呈红色，指示剂的用量多少，会影响指示剂的变色范围。如在 50～100ml 溶液中加入 0.1% 酚酞 2～3 滴，在 pH≈9 时出现微红，加入 10～15 滴，则在 pH≈8 时出现微红。

4. 滴定程序　指示剂由浅色变为深色或更鲜艳颜色，颜色变化明显，人眼容易观察辨认，故应根据计量点前后酸碱变化的程序，选择颜色变化明显的指示剂。例如用 NaOH 滴定 HCl，若用酚酞，终点颜色由无色变为浅红色，人眼能及时察觉判断终点，减少误差；若用甲基橙作指示剂，终点颜色由红色变为橙色，色差较小，难以辨认而带来误差。因此，酸滴定碱时宜选用甲基橙，碱滴定酸时宜选用酚酞。

三、混合酸碱指示剂

在酸碱滴定中，有时使用单一指示剂变色不敏锐或是需要将滴定终点限制在很窄的 pH 范围内，以保证滴定的准确度，这时可采用混合指示剂。混合指示剂可缩小变色范围，加大色差，提高酸碱指示剂的变色敏锐性。混合指示剂有两种配制方法，一种是在指示剂中加入一种惰性染料组成的，如甲基橙单独使用时，红、橙、黄三种颜色之间的过渡难被人眼辨认，而甲基橙 + 靛蓝，终点在紫色、浅灰色、绿色之间过渡，人眼很容易觉察，变色敏锐；另一种是两种或两种以上的指示剂混合而成，如溴甲酚绿 + 甲基红，终点在橙色、浅灰色、绿色三种颜色之间过渡，由于变色点（pH≈5.1）的浅灰色近于无色，因而使颜色在这时候发生突变，变色敏锐。《中国药典》（2020 年版）中使用的混合指示剂有甲基红 – 溴甲酚绿混合指示液、甲基红 – 亚甲蓝混合指示液、二甲基黄 – 亚甲蓝混合指示液、二甲基黄 – 溶剂蓝 19 混合指示液、甲基橙 – 二甲苯 FF 蓝混合指示液、甲基橙 – 亚甲蓝混合指示液、甲酚红 – 麝香草酚蓝混合指示液、喹哪啶红 – 亚甲蓝混合指示液。

任务二 酸碱滴定曲线和指示剂的选择

酸碱滴定时，选择合适的指示剂，减小滴定误差，就有必要研究整个滴定过程中溶液 pH 的变化，特别是在计量点附近溶液 pH 的改变。以加入滴定液的体积为横坐标，以溶液的 pH 为纵坐标所绘制的曲线称为酸碱滴定曲线，此曲线反映了酸碱滴定过程中溶液 pH 的变化情况。常见酸碱滴定有强碱强酸的相互滴定、强碱滴定弱酸或强酸滴定弱碱、强碱滴定多元酸或强酸滴定多元碱等三种类型。下面就通过各类型滴定曲线来展示滴定过程中溶液 pH 随滴定液体积增加而变化的情况，进而讨论选择指示剂的原则及被测物质能否准确滴定的条件。

一、强酸、强碱的滴定

（一）强酸的滴定

以 NaOH 滴定液（0.1000mol/L）滴定 20.00ml 0.1000mol/L 的 HCl 溶液为例，讨论强碱滴定强酸溶液 pH 的变化情况。

1. 滴定过程

（1）滴定前 溶液的酸度等于 HCl 的原始浓度，即 $[H^+] = 0.1000mol/L$，pH = 1.00。

（2）滴定开始至计量点前 溶液的酸度取决于剩余 HCl 的浓度。例如，当滴入 NaOH 18.00ml 时，$[H^+] = 0.1000mol/L \times 2.00ml/(20.00ml + 18.00ml) = 5.26 \times 10^{-3} mol/L$，pH = 2.28；当滴入 NaOH 19.98ml 时，$[H^+] = 0.1000mol/L \times 0.02ml/(20.00ml + 19.98ml) = 5.00 \times 10^{-5} mol/L$，pH = 4.30。

（3）化学计量点时 当滴入 NaOH 20.00ml 时，溶液呈中性，$[H^+] = [OH^-] = 1.00 \times 10^{-7} mol/L$，pH = 7.00。

（4）化学计量点后 溶液的碱度取决于过量 NaOH 的浓度。例如，当滴入 NaOH 20.02ml 时，$[OH^-] = 0.1000mol/L \times 0.02ml/(20.00ml + 20.02ml) = 5.0 \times 10^{-5} mol/L$，pOH = 4.30，pH = 9.70。

照此逐一计算，滴定过程溶液的 pH 变化见表 5-2。

表 5-2 用 NaOH 滴定液（0.1000mol/L）滴定 20.00ml 0.1000mol/L HCl 溶液的 pH 变化（25℃）

滴定过程	加入的 NaOH		剩余的 HCl		溶液的组成	溶液 $[H^+]$ 或 $[OH^-]$ 计算公式	溶液 $[H^+]$ mol/L	溶液 pH
	体积（ml）	%	体积（ml）	%				
滴定前	0.00	0	20.00	100	HCl	$[H^+] = c_{HCl}$	0.1000	1.00
滴定开始至计量点前 0.1%	18.00	90.0	2.00	10.0	HCl + NaCl	$[H^+] =$ $\dfrac{20.00 - V_{NaOH}}{V_{NaOH} + 20.00} \times 0.1000$	5.26×10^{-3}	2.28
	19.80	99.0	0.20	1.0			5.02×10^{-4}	3.30
	19.98	99.9	0.02	0.1			5.00×10^{-5}	4.30*
计量点时	20.00	100	0.00	0	NaCl	$[H^+] = \sqrt{K_W}$	1.00×10^{-7}	7.00**

续表

滴定过程	加入的NaOH		剩余的HCl		溶液的组成	溶液[H$^+$]或 [OH$^-$]计算公式	溶液[H$^+$] mol/L	溶液pH
	体积（ml）	%	体积（ml）	%				
计量点后 0.1%至以后	20.02	100.1				$[OH^-]=$	2.00×10^{-10}	9.70 *
	20.20	101.0			NaOH + NaCl	$\dfrac{V_{NaOH}-20.00}{V_{NaOH}+20.00} \times 0.1000$	2.01×10^{-11}	10.07
	22.00	110.0					2.10×10^{-12}	11.68
	40.00	200.0					5.00×10^{-13}	12.52

注：* 突跃范围；* * 计量点。

2. 滴定曲线

（1）滴定曲线的绘制　以加入NaOH滴定液的体积为横坐标，溶液的pH为纵坐标，绘制强酸滴定曲线，如图5-1所示。

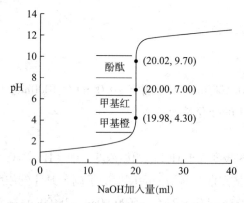

图5-1　NaOH（0.1000mol/L）滴定0.1000mol/L HCl的滴定曲线

（2）滴定曲线分析

1）开始滴定至计量点前0.1%，共加入NaOH滴定液19.98ml，溶液pH由1.00变化为4.30，仅变化3.30个pH单位，曲线较为平坦。

2）在计量点前后±0.1%，即滴定由尚差0.1%（剩余0.02ml HCl）到过量0.1%（过量0.02ml NaOH），溶液pH由4.30急剧变化为9.70，变化了5.40个pH单位，溶液曲线陡峭。这种在化学计量点附近溶液pH急剧变化的情况称为滴定突跃，把对应计量点前后±0.1%的pH变化范围称为滴定突跃范围。如本案例的滴定突跃范围为pH 4.30~9.70。

3）计量点0.1%后，继续滴加NaOH滴定液，溶液pH的变化又越来越小，曲线又变得平坦。

3. 指示剂的选择　为保证滴定终点误差在±0.1%以内，滴定终点必须在化学计量点±0.1%以内，即指示剂必须能在滴定突跃范围内变色，因此，滴定突跃范围是选择指示剂的依据。凡变色范围在滴定突跃范围以内或占据一部分的指示剂，均可选为指示剂。如本案例可选甲基橙、甲基红及酚酞等作指示剂。

4. 影响滴定突跃范围的因素　滴定突跃范围越大，可供选择的指示剂越多，越有利于滴定终点的确定；反之，若滴定突跃范围太小，则选择不到合适指示剂，滴定终点无法确定。图 5 - 2 是三种不同浓度的 NaOH 滴定相同浓度的 HCl 溶液的滴定曲线。由图可见，突跃大小与酸碱浓度有关。酸碱的浓度愈大，滴定突跃范围愈大；酸碱的浓度越小，滴定突跃范围越小。如用 0.01mol/L、1mol/L 的 NaOH 滴定等浓度 HCl 的滴定突跃范围分别为 5.30 ~ 8.70、3.30 ~ 10.70。因此，酸碱的浓度不能太小，但也不能太大，否则滴定误差增大。常用的浓度为 0.1 ~ 1mol/L。

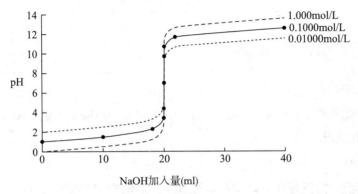

图 5 - 2   不同浓度 NaOH 溶液滴定相应浓度 HCl 的滴定曲线

(二) 强碱的滴定

强酸滴定强碱的 pH 变化情况与强碱滴定强酸相反，滴定曲线形状与强酸的滴定曲线对称，见图 5 - 3 的实线部分，可知 HCl （0.1000mol/L） 滴定 0.1000mol/L 的 NaOH 溶液的滴定突跃范围为 9.70 ~ 4.30. 亦可选甲基橙、甲基红及酚酞等作指示剂。

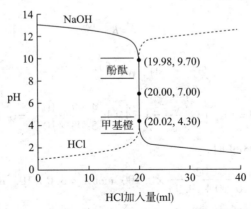

图 5 - 3   HCl （0.1000mol/L） 滴定 0.1000mol/L NaOH 的滴定曲线 （实线部分）
及 0.1000mol/L NaOH 滴定同浓度 HCl 的滴定曲线 （虚线部分）

请你想一想

1. 从以上讨论可知，强碱强酸的相互滴定均可选甲基橙、甲基红及酚酞等作指示剂。若使滴定误差相对较小，你认为强碱滴定强酸时，选用何种指示剂最为合适？应如何选择指示剂的颜色变化方向呢？

2. 你能在图 5-1 的滴定曲线基础上绘出强酸滴定强碱的滴定曲线吗？

二、一元弱酸、弱碱的滴定

（一）弱酸的滴定

以 NaOH 滴定液（0.1000mol/L）滴定 20.00ml 0.1000mol/L 的 HAc 溶液为例讨论溶液 pH 的变化情况。

1. 滴定过程

（1）滴定前　溶液是 0.1000mol/L 的 HAc，溶液中 H^+ 浓度为 $[H^+] = \sqrt{c_a K_a} = \sqrt{0.1000 \times 1.8 \times 10^{-5}} = 1.34 \times 10^{-3} mol/L$，pH = 2.87。

（2）滴定开始至计量点前　溶液中未反应的 HAc 和反应产物 NaAc 同时存在，组成缓冲溶液，溶液的 pH 可根据缓冲溶液 pH 计算公式计算。例如，当滴入 NaOH 19.80ml 时

$$c_{HAc} = \frac{0.20}{20.00 + 19.80} \times 0.1000 mol/L = 5.03 \times 10^{-4} mol/L$$

$$c_{Ac^-} = \frac{19.80}{20.00 + 19.80} \times 0.1000 mol/L = 4.97 \times 10^{-2} mol/L$$

$$[H^+] = K_a \frac{c_{HAc}}{c_{Ac^-}}$$

$$pH = pK_a \frac{c_{HAc}}{c_{Ac^-}}$$

$$pH = pK_a + \lg \frac{c_{Ac^-}}{c_{HAc}} = 4.74 + \lg \frac{4.97 \times 10^{-2}}{5.03 \times 10^{-4}} = 6.73$$

当滴入 NaOH 19.98ml 时，

$$c_{HAc} = \frac{0.02}{20.00 + 19.98} \times 0.1000 mol/L = 5.0 \times 10^{-5} mol/L$$

$$c_{Ac^-} = \frac{19.98}{20.00 + 19.98} \times 0.1000 mol/L = 5.0 \times 10^{-2} mol/L$$

$$pH = pK_a + \lg \frac{c_{Ac^-}}{c_{HAc}} = 4.74 + \lg \frac{5.0 \times 10^{-2}}{5.0 \times 10^{-5}} = 7.74$$

（3）化学计量点时　此时，全部 HAc 被中和，生成 NaAc。由于 Ac^- 为弱碱，溶液 pH 计算按弱碱的有关公式计算。

$$[OH^-] = \sqrt{cK_b} = \sqrt{c\frac{K_W}{K_a}} = \sqrt{0.05000 \times \frac{1.0 \times 10^{-14}}{1.8 \times 10^{-5}}} = 5.3 \times 10^{-6} mol/L$$

$$pOH = 5.28$$

$$pH = 8.72$$

（4）化学计量点后 由于过量 NaOH 的存在，抑制了 Ac^- 的水解，故溶液的 pH 主要取决于过量 NaOH 的浓度，其计算方法与强碱滴定强酸相同。例如，当滴入 NaOH 20.02ml 时，溶液的 pH 计算如下：

$$[OH^-] = 0.1000 mol/L \times 0.02ml/(20.00ml + 20.02ml) = 5.0 \times 10^{-5} mol/L, \quad pOH = 4.30, \quad pH = 9.70_o$$

如此逐一计算，滴定过程溶液的 pH 变化见表 5-3。

表 5-3 用 NaOH 滴定液（0.1000mol/L）滴定 20.00ml 0.1000mol/L HAc 溶液的 pH 变化（25℃）

滴定过程	加入的 NaOH		剩余的 HAc		溶液的组成	溶液 [H$^+$] 或 [OH$^-$] 计算公式	溶液 [H$^+$] mol/L	溶液 pH
	体积（ml）	%	体积（ml）	%				
滴定前	0.00	0	20.00	100	HCl	$[H^+] = \sqrt{C_a \times K_a}$	1.3×10^{-3}	2.89
滴定开始至计量点前 0.1%	18.00	90.0	2.00	10.0	HAc + NaAc	$[H^+] = K_a \times \frac{[HAc]}{[Ac^-]}$	1.95×10^{-6}	5.71
	19.80	99.0	0.20	1.0			1.78×10^{-7}	6.75
	19.98	99.9	0.02	0.1			1.70×10^{-8}	7.77*
计量点时	20.00	100	0.00	0	NaAc	$[OH^-] = \sqrt{C_b\frac{K_W}{K_a}}$	1.86×10^{-9}	8.73**
计量点后 0.1% 至以后	20.02	100.1			NaOH + NaAc	$[OH^-] = \frac{V_{NaOH} - 20.00}{V_{NaOH} + 20.00} \times 0.1000$	2.00×10^{-10}	9.70*
	20.20	101.0					2.01×10^{-11}	10.07
	22.00	110.0					2.10×10^{-12}	11.68
	40.00	200.0					5.00×10^{-13}	12.52

注：* 突跃范围；* * 计量点。

2. 滴定曲线

（1）滴定曲线的绘制 据计算结果绘制 NaOH（0.1000mol/L）滴定等浓度 HAc 的滴定曲线如图 5-4 所示（实线部分）。

（2）滴定曲线分析 与强酸的滴定曲线相比较，弱酸的滴定曲线具有以下特点。

1）曲线起点高。这是因为 HAc 为弱酸，在溶液中部分电离，[H$^+$] 低于同浓度 HCl 溶液的 [H$^+$]，0.1000mol/L HAc 溶液 pH = 2.87 约大于同浓度 HCl 溶液 2 个 pH 单位。

2）在计量点前，溶液 pH 变化速率不同。滴定开始之后，部分 HAc 被 NaOH 中和而生成 NaAc，因 Ac^- 的同离子效应，[H$^+$] 迅速降低，曲线较陡；随后由于剩余的 HAc 和生成的 NaAc 组成缓冲体系，[H$^+$] 变化很慢，曲线比较平坦；接近计量点时，由于溶液中 HAc 已很少，缓冲作用减弱，继续滴加 NaOH，溶液 pH 变化速率又逐渐加快。

3）滴定突跃范围较小。在计量点附近（±0.1%），溶液 pH 由 7.77 变化为 9.70，计量点时 pH = 8.73，pH 的突跃范围为 7.77 ~ 9.70，处于碱性区域，比滴定强酸的突跃范围（4.30 ~ 9.70）小得多。

4）计量点 0.1% 后，溶液 pH 的变化与强酸的滴定基本相同。

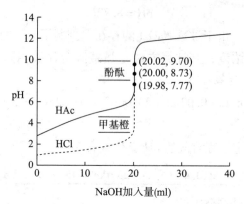

图 5-4　NaOH（0.1000mol/L）滴定 0.1000mol/L HAc 的滴定曲线（实线）及 NaOH（0.1000mol/L）滴定 0.1000mol/L HCl 的滴定曲线（虚线为前半部分）

3. 指示剂的选择　NaOH（0.1000mol/L）滴定等浓度 HAc 溶液的滴定突跃范围（7.77 ~ 9.70）处于碱性区域，因此只能选用在碱性区域变色的指示剂，如酚酞、百里酚蓝等。

4. 影响滴定突跃范围的因素　图 5-5 所示为用 NaOH（0.1000mol/L）滴定 0.1000mol/L 不同强度弱酸的滴定曲线。从中可以看出，酸越强，即 K_a 值越大，滴定突跃范围也越大；酸越弱，即 K_a 值越小，滴定突跃范围也越小。当 $K_a \leqslant 10^{-9}$ 时，已无明显的突跃，没有合适的指示剂，无法确定滴定终点。另一方面，当酸的 K_a 值一定时，酸的浓度增大，滴定突跃范围也变大；酸的浓度减小，滴定突跃范围也变小。

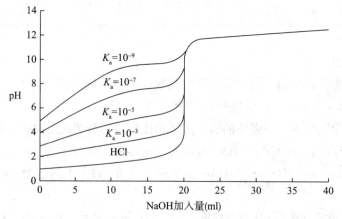

图 5-5　NaOH（0.1000mol/L）滴定 0.1000mol/L 不同强度弱酸的滴定曲线

因此，如果弱酸的 K_a 值很小，或酸的浓度很低，达到一定限度时，就不能进行准确滴定了。综合考虑两个因素，对于弱酸，用强碱直接准确滴定时，要求 $c_aK_a \geqslant 10^{-8}$。

（二）弱碱的滴定

弱碱的滴定过程中溶液的 pH 变化与弱酸的相反，曲线形状与弱酸的滴定曲线基本对称，如表 5-4 和图 5-6 所示，可知用 HCl（0.1000mol/L）滴定 0.1000mol/L 的 $NH_3 \cdot H_2O$ 溶液的滴定突跃范围为 pH 6.34~4.30，处于酸性区域，比滴定强碱的突跃范围（9.70~4.30）小得多。因此 HCl（0.1000mol/L）滴定 0.1000mol/L 的 $NH_3 \cdot H_2O$ 溶液只能选用在酸性区域变色的指示剂，如甲基橙、甲基红等。

类似地，弱碱滴定的突跃范围与弱碱浓度和强度有关：碱越强，即 K_b 值越大，滴定突跃范围也越大；碱越弱，即 K_b 值越小，滴定突跃范围也越小；当碱的 K_b 值一定时，碱的浓度增大，滴定突跃范围也变大；碱的浓度减小，滴定突跃范围也变小。对于弱碱，用强酸直接准确滴定时，要求 $c_bK_b \geqslant 10^{-8}$。

表 5-4　用 HCl（0.1000mol/L）滴定 20.00ml 0.1000mol/L $NH_3 \cdot H_2O$ 溶液的 pH 变化（25℃）

滴定过程	加入的 HCl		剩余的 $NH_3 \cdot H_2O$		溶液的组成	溶液 [H⁺] 或 [OH⁻] 计算公式	溶液 [H⁺] mol/L	溶液 pH
	体积（ml）	%	体积（ml）	%				
滴定前	0.00	0	20.00	100	$NH_3 \cdot H_2O$	$[OH^-] = \sqrt{c_b \times K_b}$	7.14×10^{-12}	11.12
滴定开始至计量点前 0.1%	18.00	90.0	2.00	10.0	$NH_4Cl + NH_3 \cdot H_2O$	$[OH^-] = K_b \times \dfrac{[NH_4^+]}{[NH_3 \cdot H_2O]}$	5.01×10^{-9}	8.30
	19.80	99.0	0.20	1.0			5.62×10^{-8}	7.25
	19.98	99.9	0.02	0.1			5.62×10^{-7}	6.25*
计量点时	20.00	100	0.00	0	NH_4Cl	$[H^+] = \sqrt{c_a \dfrac{K_W}{K_b}}$	5.30×10^{-6}	5.28**
计量点后 0.1% 至以后	20.02	100.1			$NH_4Cl + HCl$	$[H^+] = \dfrac{V_{HCl} - 20.00}{V_{HCl} + 20.00} \times 0.1000$	5.00×10^{-5}	4.30*
	20.20	101.0					4.98×10^{-5}	3.30
	22.00	110.0					4.76×10^{-4}	2.32
	40.00	200.0					3.33×10^{-3}	1.48

注：＊突跃范围；＊＊计量点。

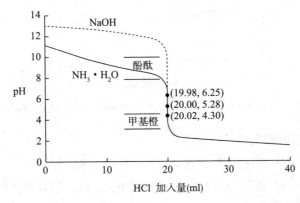

图5-6　HCl(0.1000mol/L)滴定0.1000mol/L $NH_3 \cdot H_2O$ 的滴定曲线（实线）

三、多元弱酸、弱碱的滴定

(一) 多元弱酸的滴定

多元弱酸的滴定是分步进行的。以 NaOH 滴定液 (0.1000mol/L) 滴定 20.00ml 0.1000mol/L 的 H_3PO_4 溶液为例进行讨论。H_3PO_4 分三步电离的:

$$H_3PO_4 \rightleftharpoons H^+ + H_2PO_4^- \quad K_{a_1} = 7.5 \times 10^{-3}$$
$$H_2PO_4^- \rightleftharpoons H^+ + HPO_4^{2-} \quad K_{a_2} = 6.3 \times 10^{-8}$$
$$HPO_4^{2-} \rightleftharpoons H^+ + PO_4^{3-} \quad K_{a_3} = 4.4 \times 10^{-13}$$

用 NaOH 滴定时, 加入的 NaOH 首先和 H_3PO_4 反应生成 $H_2PO_4^-$, 出现第一个化学计量点; 然后和 $H_2PO_4^-$ 反应生成 HPO_4^{2-}, 出现第二个化学计量点。由于 HPO_4^{2-} 的 K_{a_3} 太小, $cK_{a_3} < 10^{-8}$, 不能直接准确滴定。因此, 用 NaOH 滴定 H_3PO_4, 只有两个滴定突跃, 滴定反应式为:

$$H_3PO_4 + NaOH \rightleftharpoons H_2O + NaH_2PO_4$$
$$NaH_2PO_4 + NaOH \rightleftharpoons H_2O + Na_2HPO_4$$

对于这两个化学计量点, 溶液的 pH 近似计算如下。

1. 到达第一计量点时, 溶液中的 H_3PO_4 全部生成 $H_2PO_4^-$, 溶液的 pH 为 4.69, 可选甲基红作指示剂。计算式为:

$$[H^+] = \sqrt{K_{a_1} \times K_{a_2}}, \quad pH = \frac{1}{2}(pK_{a_1} + pK_{a_2}) = \frac{1}{2}(2.16 + 7.21) = 4.69$$

2. 到达第二计量点时, 溶液中的 $H_2PO_4^-$ 全部生成 HPO_4^{2-}, 溶液的 pH 为 9.77, 可选酚酞作指示剂。计算式为:

$$[H^+] = \sqrt{K_{a_2} \times K_{a_3}}, \quad pH = \frac{1}{2}(pK_{a_2} + pK_{a_3}) = \frac{1}{2}(7.21 + 12.32) = 9.77$$

滴定曲线如图 5-7 所示。

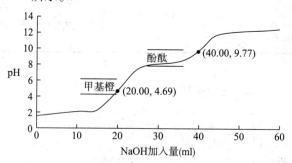

图5-7 0.1000mol/LNaOH滴定0.1000mol/L H_3PO_4的滴定曲线

多元弱酸能被强碱滴定的条件如下。

(1) 各级电离的 H^+ 能够直接准确滴定的条件是 $c_{ai}K_{ai} \geq 10^{-8}$。

(2) 各级电离的 H^+ 能够分步滴定, 即各级电离的 H^+ 能分别产生滴定突跃的条件是 $K_{a(i)}/K_{a(i+1)} \geq 10^4$。

（二）多元弱碱的滴定

以 HCl 滴定液（0.1000mol/L）滴定 20.00ml 0.1000mol/L 的 Na_2CO_3 溶液为例进行讨论。Na_2CO_3 是二元碱，在水溶液中分两步电离，电离反应式为：

$$CO_3^{2-} + H_2O \Longrightarrow OH^- + HCO_3^- \quad K_{b_1} = 1.79 \times 10^{-4}$$

$$HCO_3^- + H_2O \Longrightarrow OH^- + H_2CO_3 \quad K_{b_2} = 2.38 \times 10^{-8}$$

相当于在溶液中存在 CO_3^{2-}、HCO_3^- 两个不同强度的一元碱。用 HCl 滴定时，酸碱反应也是分步进行的，即加入的 HCl 先和 CO_3^{2-} 反应生成 HCO_3^-，再和 HCO_3^- 反应生成 H_2CO_3。滴定反应式为：

$$Na_2CO_3 + HCl \Longrightarrow NaHCO_3 + CaCl$$

$$NaHCO_3 + HCl \Longrightarrow H_2CO_3 + NaCl_3$$

对于这两个化学计量点，溶液的 pH 近似计算如下。

1. 到达第一计量点时，溶液中的 CO_3^{2-} 全部生成 HCO_3^-，溶液的 pH 为 8.34，可选酚酞作指示剂。计算式为：

$$[H^+] = \sqrt{K_{a_1} \times K_{a_2}}$$

$$pH = \frac{1}{2}(pK_{a_1} + pK_{a_2}) = \frac{1}{2}(6.35 + 10.33) = 8.34$$

2. 到达第二计量点时，溶液中的 HCO_3^- 全部生成 H_2CO_3，饱和溶液的浓度约为 0.04mol/L，溶液的 pH 为 3.89，可选甲基橙作指示剂，《中国药典》中使用甲基红 – 溴甲酚绿混合指示剂。计算式为：

$$[H^+] = \sqrt{c_a \times K_{a_1}} = \sqrt{0.04 \times 4.5 \times 10^{-7}} = 1.3 \times 10^{-4} \ (mol/L)$$

$$pH = 3.89$$

为防止形成 CO_2 过饱和溶液而使溶液浓度稍稍增大，终点稍有提前，《中国药典》中规定在接近终点时将溶液煮沸以除去 CO_2，冷却后再滴定至终点。

滴定曲线如 5 - 8 所示。

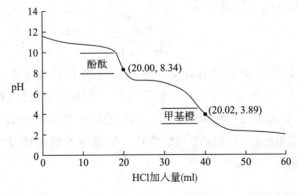

图5 - 8　0.1000mol/L HCl滴定0.1000mol/L Na_2CO_3的滴定曲线

多元弱碱能被强酸滴定的条件如下。

（1）各级电离的 OH^- 能够直接准确滴定的条件是 $c_{bi}K_{bi} \geq 10^{-8}$。

（2）各级电离的 OH^- 能够分步滴定，即各级电离的 OH^- 能分别产生滴定突跃的条件是 $K_{b(i)}/K_{b(i+1)} \geq 10^4$。

任务三　酸碱滴定法的滴定液

酸碱滴定法的酸滴定液有盐酸滴定液和硫酸滴定液；碱滴定液有氢氧化钠滴定液、乙醇制氢氧化钾滴定液、甲醇制氢氧化钾滴定液。其中常用的是盐酸滴定液和氢氧化钠滴定液，常用的浓度为 0.1mol/L。因 HCl 具有挥发性，NaOH 极易与空气中的 CO_2 反应生成 Na_2CO_3，故均采用间接法配制。

一、盐酸滴定液的配制与标定

1. 盐酸滴定液的配制　盐酸具有挥发性，盐酸滴定液的配制只能采用间接配制法。常用的盐酸试剂的百分含量约为 37%（W/W），密度为 1.19g/ml，其物质的量浓度为：

$$c = \frac{1000 \times \omega \times \rho}{M} = \frac{1000 \times 37\% \times 1.19}{36.46} \approx 12（mol/L）$$

由稀释公式 $(CV)_{稀} = (CV)_{浓}$ 可知，配制 1000ml 标示浓度为 0.1mol/L 的盐酸滴定液，应量取浓盐酸的体积为：

$$V_{盐酸} = \frac{c_{标示} \times V_{标示}}{c_{盐酸}} = \frac{0.1 \times 1000}{12} = 8.3（ml）$$

为使配制的盐酸滴定液浓度不低于 0.1mol/L，配制时量取浓盐酸 9ml。

2. 盐酸滴定液的标定　标定盐酸滴定液常用基准物质是无水 Na_2CO_3 或硼砂，无水 Na_2CO_3 的标定反应为：

$$Na_2CO_3 + 2HCl = 2NaCl + H_2O + CO_2 \uparrow$$

终点时，$n_{HCl} = 2 \times n_{Na_2CO_3}$

依据称取基准无水 Na_2CO_3 试剂的质量和终点时消耗盐酸滴定液的体积，可以计算出盐酸滴定液的准确浓度，计算公式为：

$$c_{HCl} = \frac{2 \times m_{Na_2CO_3}}{M_{Na_2CO_3} V_{HCl}}$$

《中国药典》（2020 年版）中标定 0.1mol/L 滴定液的操作步骤：取在 270～300℃ 干燥至恒重的基准无水碳酸钠约 0.15g，精密称定，加水 50ml 使溶解，加甲基红 – 溴甲酚绿混合指示液 10 滴，用本液滴定至溶液由绿色转变为紫红色时，煮沸 2 分钟，冷却至室温，继续滴定溶液由绿色转变为暗紫色。根据本液的消耗量与无水碳酸钠的取用量，算出本液的浓度，即得。

你知道吗

对滴定液浓度的要求

根据《药品检验操作标准规范》规定：

1. 标定滴定液时，应在相同条件下平行测定三份，相对平均偏差不得大于 0.1%；

2. 滴定液实际浓度应为名义浓度的 0.95 ~ 1.05；例如盐酸滴定液（0.1mol/L），其规定浓度是 0.1mol/L，经标定之后，其实际浓度大小应在 0.095 ~ 0.105mol/L。

3. 滴定液经标定所得的浓度值，除另有规定外，应在 3 个月内应用，过期应重新标定。

二、氢氧化钠滴定液的配制与标定

1. NaOH 滴定液的配制　NaOH 极易与空气中的 CO_2 反应生成 Na_2CO_3，NaOH 滴定液中若存在 Na_2CO_3 将导致酸碱反应关系的不确定，应予以消除。因此，利用 Na_2CO_3 在 NaOH 饱和溶液中不溶的性质，先将配制成 NaOH 饱和溶液，然后取澄清的 NaOH 饱和溶液，并用新沸过的冷水，以消除 Na_2CO_3 和 CO_2 的影响。

取 NaOH 500g，分次加入盛有水 450 ~ 500ml 的 1000ml 烧杯中，边加边搅拌使溶解成饱和溶液，冷至室温，全部转移至聚乙烯试剂瓶中，密塞，静置一周使 Na_2CO_3 和过量的 NaOH 沉于底部，得到上部澄清的 NaOH 饱和溶液。

因氢氧化钠滴定液能腐蚀玻璃，所以贮藏于聚乙烯试剂瓶中。为了避免其与空气中的反应，故用钠石灰。

2. NaOH 滴定液的标定　标定 NaOH 滴定液常用基准物质是邻苯二甲酸氢钾（KHP）或草酸，邻苯二甲酸氢钾的标定反应为：

终点时，$n_{NaOH} = n_{KHP}$。

由称取基准邻苯二甲酸氢钾的重量和消耗 NaOH 滴定液的体积即可计算出 NaOH 滴定液的准确浓度，计算公式为：

$$c_{NaOH} = \frac{m_{KHP}}{M_{KHP} V_{NaOH}}$$

《中国药典》（2020 年版）中标定 0.1mol/L NaOH 滴定液的操作步骤：取在 105℃ 干燥至恒重的基准邻苯二甲酸氢钾约 0.6g，精密称定，加新沸过的冷水 50ml，振摇，使其尽量溶解；加酚酞指示液 2 滴，用本液滴定；在接近终点时，应使邻苯二甲酸氢钾完全溶解，滴定至溶液呈粉红色。根据本液的消耗量与邻苯二甲酸氢钾的取用量，算出本液的浓度，即得。

任务四   应用与示例

酸碱滴定法应用范围极其广泛，主要用于能与酸碱滴定液直接或间接反应的物质的含量测定。若滴定反应能全部满足方法要求，则可以采用直接滴定的操作方式；混合酸碱中酸碱的分别滴定可采用双指示剂法，如氢氧化钠中氢氧化钠和碳酸钠的含量测定；若滴定反应不能完全满足方法要求，可以采用剩余滴定的操作方式，如碳酸锂的含量测定，也可采用置换滴定的操作方式，如硼酸的含量测定。

酸碱滴定法的测定过程为：

$$供试品溶液的制备 \atop 滴定液的准备 \Bigg\} \to 滴定 \to 数据记录 \to 结果计算 \to 数据处理 \to 结论$$

你知道吗

人体血浆中 HCO_3^- 的浓度

人体血液中约95%以上的 CO_2 是以 HCO_3^- 形式存在。临床上测定 HCO_3^- 的离子浓度可帮助诊断血液中酸碱指标，测定方法是：在血浆中加入准确过量的 HCl 滴定液，使其与 HCO_3^- 反应生成 CO_2，并使 CO_2 逸出，然后用酚红为指示剂，用 NaOH 滴定液滴定剩余的 HCl，根据 HCl 和 NaOH 滴定液的浓度和消耗的体积计算血浆中 HCO_3^- 的浓度。正常人体血浆中 HCO_3^- 浓度为 $22\sim28$ mmol/L。计算公式为：

$$c_{HCO_3^-} = \frac{c_{HCl}V_{HCl} - c_{NaOH}V_{NaOH}}{V_S}$$

一、阿司匹林的含量测定 🅔 微课1

阿司匹林的酸性较强，可用 NaOH 滴定液直接滴定。由于在水溶液中酯键易水解生成醋酸和水杨酸，影响测定结果的准确度，因此用中性乙醇为溶剂，以酚酞为指示剂，滴定至溶液由无色转变为淡红色。滴定反应为：

含量计算公式为：

$$APC\% = \frac{c_{NaOH} \times V_{终点} \times M_{APC}}{m_s} \times 100\%$$

二、碳酸锂的含量测定

碳酸锂在水中的溶解度较小，故含量测定采用剩余滴定法。准确称取一定量的试样，加入蒸馏水 50ml，用滴定管或移液管量取过量的硫酸滴定液加入试样溶液中，缓缓加热煮沸使二氧化碳除尽，冷却。以酚酞为指示剂，用 NaOH 滴定液滴定剩余硫酸。滴定反应为：

滴定反应　　　　$Li_2CO_3 + H_2SO_4$（定量且过量）$== Li_2SO_4 + H_2CO_3$

剩余滴定反应　　$2NaOH + H_2SO_4$（剩余）$== Na_2SO_4 + 2H_2O$

含量计算公式为：

$$Li_2CO_3\% = \frac{(c_{H_2SO_4} \times V_{H_2SO_4} - \frac{1}{2} \times c_{NaOH} \times V_{NaOH})\ M_{Li_2CO_3}}{m_s} \times 100\%$$

三、硼酸的含量测定

H_3BO_3 的酸性极弱（$K_a = 7.3 \times 10^{-10}$），不能用 NaOH 直接滴定。但如果向 H_3BO_3 溶液中加入大量的甘油或甘露醇等多元醇，由于它们能与硼酸反应生成酸性较强的配合物，其 $pK_a = 4.26$，可用 NaOH 直接准确滴定。以酚酞为指示剂，滴定至溶液由无色转变为淡红色。反应式为：

置换反应：

滴定反应：

含量计算公式为：

$$H_3BO_3\% = \frac{c_{NaOH} \times V_{NaOH} \times M_{H_3BO_3}}{m_s} \times 100\%$$

请你想一想

硼酸不能被强碱准确滴定，但硼砂溶液能被盐酸准确滴定，你知道原因吗？

四、药用氢氧化钠的含量测定

NaOH 俗称烧碱，在生产和储存过程中，极易吸收空气中的 CO_2 而部分转变为 Na_2CO_3，通常采用双指示剂法测定烧碱中 NaOH 和 Na_2CO_3 的含量。准确称取一定量的试样，溶解后以酚酞为指示剂，用 HCl 滴定液滴定至红色刚好消失，记下用去 HCl 的体积为 $V_{终点1}$。这时 NaOH 全部被中和，而 Na_2CO_3 仅被中和到 $NaHCO_3$。向溶液中加入甲基橙，继续用 HCl 滴定至橙红色，记下用去 HCl 的体积为 $V_{终点2}$。反应式为：

第一计量点 　　 $NaOH + HCl === NaCl + H_2O$

　　　　　　　　 $Na_2CO_3 + HCl === NaHCO_3 + NaCl$

第二计量点 　　 $NaHCO_3 + HCl === H_2CO_3 + NaCl$

含量计算公式为：

$$NaOH\% = \frac{c_{HCl} \times (V_{终点1} - V_{终点2}) \times M_{NaOH}}{m_s} \times 100\%$$

$$Na_2CO_3\% = \frac{\frac{1}{2} \times c_{HCl} \times 2V_{终点2} \times M_{Na_2CO_3}}{m_s} \times 100\%$$

你知道吗

油脂酸值的测定

酸值（A. V.）是评定油脂中所含游离脂肪酸多少的量度，反映油脂酸败程度的指标。其定义为：中和 1g 油脂中游离脂肪酸所需氢氧化钾的质量（mg），酸值的单位是 mgKOH/g。酸值的测定常用酸碱滴定法。

测定原理：用中性乙醚－乙醇的混合溶剂溶解油脂试样后，以酚酞为指示剂，再用 0.05mol/L 氢氧化钾标准溶液滴定油脂中的游离脂肪酸，根据消耗氢氧化钾标准溶液的物质的量和油脂的质量，计算出算酸值的大小。反应过程为：

$$RCOOH + KOH === RCOOK + H_2O$$

计算公式：

$$A. V. = \frac{56.1 \times (c \cdot V)_{NaOH}}{m_s} \ (mg/g)$$

式中，V 为滴定试样所消耗的氢氧化钾标准溶液的体积，ml；c 为氢氧化钾标准溶液的浓度，mol/L；m 为试样的质量，g；A. V. 为酸值，mg KOH/g。

实训四 0.1mol/L HCl 滴定液的配制与标定

一、实训目的 📱微课2

1. 学会 HCl 标准溶液的配制方法；学会滴定终点的判断。
2. 掌握用无水碳酸钠作基准物质标定盐酸溶液的原理和方法。
3. 正确使用酸式滴定管和电子天平。

二、实训原理

市售盐酸为无色透明的 HCl 水溶液，HCl 含量为 36% ~ 38%（W/W），相对密度约为 1.18。由于浓盐酸易挥发放出 HCl 气体，若直接配制准确度差，因此配制盐酸标准溶液时需用间接配制法。

标定盐酸的基准物质常用无水碳酸钠和硼砂等，本实训采用无水碳酸钠为基准物质，以甲基橙指示剂指示滴定终点，终点颜色由黄色变为橙色。

用碳酸钠标定时反应为：

$$Na_2CO_3 + 2HCl \longrightarrow 2NaCl + H_2O + CO_2 \uparrow$$

三、仪器与试剂

1. 仪器 酸式滴定管（25ml）、锥形瓶（250ml）、量筒（100ml）、试剂瓶（500ml）。

2. 试剂 浓盐酸（A.R）、无水碳酸钠体（A.R）、甲基橙指示剂。

四、实训步骤

1. 0.1mol/L 盐酸溶液的配制 用量筒量取浓盐酸约 4.3ml，置于盛有少量蒸馏水的 500ml 量杯中，加蒸馏水稀释至刻度，倒入试剂瓶中，盖上玻璃塞，摇匀，贴上标签备用。

2. 0.1mol/L HCl 溶液的标定 用减重法精密称取 3 份在 270 ~ 300℃ 干燥至恒重的基准无水碳酸钠 0.11 ~ 0.13g（称量至 0.0001g），分别置于是 250ml 锥形瓶中，加 25ml 的蒸馏水溶解后，加甲基橙指示剂 1 ~ 2 滴，用待标定的 HCl 滴定至溶液由黄色变为橙色，即为终点。记录消耗 HCl 的体积，按下式计算 HCl 的准确浓度：

$$c_{HCl} = \frac{2 \times m_{Na_2CO_3}}{M_{Na_2CO_3} V_{HCl}}$$

3. 数据记录与结果

项目	第一份	第二份	第三份
称取基准物无水 Na_2CO_3 的质量（g）			
滴定消耗 HCl 标准溶液的体积 V（ml）			
HCl 标准溶液的浓度（mol/L）			
平均值（mol/L）			
平均偏差（mol/L）			
相对平均偏差（%）			

4. 计算过程

5. 结果讨论与误差分析

实训五　0.1mol/L NaOH 滴定液的配制与标定

一、实训目的

1. 学会氢氧化钠滴定液的配制方法；学会滴定终点的判断。
2. 掌握用邻苯二甲酸氢钾标定氢氧化钠滴定液的原理、方法。
3. 正确使用碱式滴定管和电子天平。

二、实训原理

由于氢氧化钠固体易吸收 CO_2，因此氢氧化钠溶液不能直接配制，需要标定。因此配制盐酸标准溶液时需用间接配制法。氢氧化钠中含有少 Na_2CO_3，因此要配置不含碳酸盐的氢氧化钠溶液。

1. 先将氢氧化钠配制成饱和溶液，在此溶液中，Na_2CO_3 几乎不溶解，待 Na_2CO_3 沉降后。吸取上层清液，用新煮沸并冷却的蒸馏水稀释至所需的浓度。

2. 1L 标准氢氧化钠溶液中，加入 1~2ml 20% $BaCl_2$ 溶液，摇匀后用橡皮塞塞紧，静止过夜，待碳酸钡完全沉淀后，将上层清液转入另一试剂瓶中，塞好备用。

3. 本实训用邻苯二钾酸氢钾作基准物，以酚酞指示剂指示滴定终点，终点颜色由无色变为淡红色（30 秒不退色）。标定反应为：

三、仪器与试剂

1. 仪器 碱式滴定管（25ml）、锥形瓶（250ml）、量筒（100ml）及试剂瓶（500ml）。

2. 试剂 饱和氢氧化钠溶液、邻苯二甲酸氢钾及酚酞指示剂。

四、实训步骤

1. 0.1mol/L 氢氧化钠溶液的配制 用量筒量取饱和氢氧化钠溶液约 2.8ml，置于盛有少量蒸馏水的 500ml 量杯中，加蒸馏水稀释至刻度，倒入试剂瓶中，盖上玻璃塞，摇匀，贴上标签备用。

2. 0.1mol/L 氢氧化钠溶液的标定 用减重法精密称取 3 份在 270～300℃ 干燥至恒重的基准邻苯二甲酸氢钾 0.35～0.40g（称量至 0.0001g），分别置于编号的 250ml 锥形瓶中，加 25ml 新煮沸的蒸馏水，小心摇匀，使其溶解，加酚酞指示剂 1～2 滴，用待标定的氢氧化钠滴定至溶液呈微红色，30 秒不褪色即为终点。记录消耗氢氧化钠溶液的体积，按下式计算氢氧化钠溶液的准确浓度：

$$c_{NaOH} = \frac{m_{KHP}}{M_{KHP} V_{NaOH}}$$

3. 数据记录与结果

项目	第一份	第二份	第三份
称取基准物邻苯二甲酸氢钾的质量（g）			
滴定消耗 NaOH 标准溶液的体积 V（ml）			
NaOH 标准溶液的浓度（mol/L）			
平均值（mol/L）			
平均偏差（mol/L）			
相对平均偏差（%）			

4. 计算过程

5. 结果讨论与误差分析

实训六　乙酸含量的测定

一、实训目的

1. 掌握直接滴定弱酸含量的方法。
2. 学会用指示剂法判断滴定终点。
3. 巩固碱式滴定管、移液管的使用方法。

二、实训原理

乙酸是一种弱酸（$K_a = 1.76 \times 10^{-5}$），符合弱酸被直接滴定的条件，可用氢氧化钠滴定液直接测定乙酸的含量，以酚酞指示剂法指示滴定终点。反应如下：

$$HAc + NaOH =\!=\!= NaAc + H_2O$$

三、仪器与试剂

1. **仪器**　25ml 碱式滴定管、250ml 锥形瓶 3 只、2ml 移液管 1 支。
2. **试剂**　0.1mol/L 氢氧化钠溶液、酚酞指示剂。

四、实训步骤

1. **测定方法**　用移液管精密量取 2.00ml 食醋样品，置于 250ml 锥形瓶中，加入 25ml 蒸馏水及 1 ~ 2 滴酚酞指示剂，摇匀。用 0.1mol/L 准确浓度的氢氧化钠溶液滴定至浅红色并 30 秒不褪色为终点。记录消耗 NaOH 标准溶液的体积，计算食醋的百分含量。

$$HAc\% = \frac{c_{NaOH} \times V_{NaOH} \times 10^{-3} \times M_{HAc}}{V_{HAc}} \times 100\%$$

2. **数据记录与结果**

项目	第一份	第二份	第三份
HAc 体积 V（ml）			
NaOH 浓度 C（mol/L）			
NaOH 体积 V（ml）			
HAc（%）			
HAc 平均值（%）			
平均偏差			
相对平均偏差（%）			

3. 计算过程

4. 结果讨论与误差分析

目标检测

一、选择题

1. 酸碱指示剂一般属于（　　　）。

　　A. 有机弱酸或弱碱　　　B. 有机酸　　　　　C. 有机碱　　　　　D. 无机物

2. 用 NaOH 滴定液（0.1000mol/L）滴定 HCl 溶液（0.1mol/L）选择的指示剂是（　　　）。

　　A. 甲基橙　　　　　　　B. 酚酞　　　　　　C. 甲基红　　　　　D. 中性红

3. 下列物质中，碱性最强的是（　　　）。

　　A. NaCN（HCN 的 $K_a = 6.2 \times 10^{-10}$）

　　B. HCO_3^-（H_2CO_3 的 $K_{a_1} = 4.5 \times 10^{-7}$，$K_{a_2} = 4.8 \times 10^{-13}$）

　　C. $H_2PO_4^-$（H_3PO_4 的 $K_{a_1} = 6.9 \times 10^{-3}$，$K_{a_2} = 6.2 \times 10^{-8}$，$K_{a_3} = 4.7 \times 10^{-11}$）

　　D. $NH_3 \cdot H_2O$（NH_4^+ 的 $K_a = 1.1 \times 10^{-6}$）

4. 用 NaOH 滴定液（0.1000mol/L）滴定 HCl 溶液（0.1mol/L）时，滴定突跃范围为 pH4.30～9.70，若酸碱的浓度均为 1mol/L 时，滴定突跃范围为（　　　）。

　　A. 4.30～10.70　　　　　　　　　　　B. 3.30～8.70

　　C. 3.30～10.70　　　　　　　　　　　D. 5.30～8.70

5. 弱酸能否直接滴定的判定条件是（　　　）。

　　A. $c_a K_a \geqslant 10^{-8}$　　　　　　　　　　　B. $c_a K_a \leqslant 10^{-8}$

　　C. $c_a K_a \geqslant 10^{-10}$　　　　　　　　　　D. $c_a K_a \leqslant 10^{-10}$

6. 酸碱滴定中，最常用的酸滴定液是（　　　）。

　　A. HCl 滴定液　　　　　　　　　　　B. H_2SO_4 滴定液

　　C. HNO_3 滴定液　　　　　　　　　　D. HAc 滴定液

7. 酸碱滴定法中，选择酸碱指示剂的依据是（　　　）。

　　A. 指示剂的变色范围　　　　　　　　B. $c_a K_a \geqslant 10^{-8}$

　　C. 酸碱滴定突跃范围　　　　　　　　D. 试样的用量

8. 有一碱样品，可能是 NaOH 或 Na_2CO_3 或 $NaHCO_3$ 或它们的混合物。若用 HCl 滴定液滴定至酚酞变色时消耗滴定液 V_1 ml，滴定至甲基橙变色时又消耗滴定液 V_2 ml，若 $V_1 > V_2$，则碱的组成是（ 　　）。

A. NaOH + Na$_2$CO$_3$ 　　　　　　　　　　　B. NaHCO$_3$

C. Na$_2$CO$_3$ 　　　　　　　　　　　　　　　D. Na$_2$CO$_3$ + NaHCO$_3$

9. NaOH 溶液标签浓度为 0.300mol/L，该溶液从空气中吸收了少量的 CO$_2$，现以酚酞为指示剂，用标准 HCl 溶液标定，标定结果比标签浓度（ 　　）。

A. 高 　　　　　　B. 低 　　　　　　C. 不变 　　　　　　D. 无法确定

10. 用无水 Na$_2$CO$_3$ 标定 HCl 浓度时，未经在 270～300℃ 烘烤，其标定的浓度（ 　　）。

A. 偏高 　　　　　　B. 偏低 　　　　　　C. 正确 　　　　　　D. 无影响

二、计算题

1. 配制 0.1013mol/L 的 K$_2$Cr$_2$O$_7$ 滴定液 1000ml，问应称取基准物质 K$_2$Cr$_2$O$_7$ 的质量为多少克？

2. 滴定 0.1020mol/L 的 NaOH 滴定液 20.00ml，至化学计量点时消耗 H$_2$SO$_4$ 溶液 19.15ml，计算 H$_2$SO$_4$ 溶液的物质的量浓度。

3. 用 Na$_2$CO$_3$ 为基准物质标定 HCl 滴定液的浓度，用甲基橙作指示剂，称取 Na$_2$CO$_3$ 0.2970g，用去 HCl 滴定液 21.49ml，求 HCl 滴定液的浓度。

4. 精密称取碳酸钠样品（Na$_2$CO$_3$）0.1500g，加水溶解，并加指示剂适量，用 0.1000mol/L 的 HCl 滴定液滴定至终点，消耗 HCl 滴定液 20.15ml，计算碳酸钠的质量分数。

书网融合……

微课1 　　　　　微课2 　　　　　划重点 　　　　　自测题

▶▶ 项目六 非水酸碱滴定法

学习目标

知识要求

1. **掌握** 非水溶剂的性质及其对溶质酸碱性的影响；非水溶剂的分类和选择原则；高氯酸滴定液的配制和标定。

2. **熟悉** 非水酸碱滴定法在药品检验中的应用。

3. **了解** 甲醇钠滴定液的配制和标定依据；非水酸碱滴定法与酸碱滴定法的区别。

能力要求

1. 能按照《中国药典》的规定配制和标定非水酸碱滴定法的滴定液。

2. 能根据《中国药典》规定、按照非水酸碱滴定法操作规程进行相关药品的分析检验。

3. 会正确记录实训数据并正确计算结果。

实例分析

实例6-1 盐酸多巴胺的含量测定 取本品约0.15g，精密称定，加冰醋酸25ml，煮沸使溶解，冷却至约40℃，加醋酸汞试液5ml，放冷，加结晶紫指示液1滴，用高氯酸滴定液（0.1mol/L）滴定至溶液显蓝绿色，并将滴定的结果用空白试验校正。每1ml高氯酸滴定液（0.1mol/L）相当于18.96mg的$C_8H_{11}NO_2 \cdot HCl$。

实例6-2 磺胺异噁唑的含量测定 取本品约0.5g，精密称定，加N，N-二甲基甲酰胺40ml使溶解，加偶氮紫指示液3滴，用甲醇钠滴定液（0.1mol/L）滴定至溶液恰显蓝色，并将滴定的结果用空白试验校正。每1ml甲醇钠滴定液（0.1mol/L）相当于26.73mg的$C_{11}H_{13}N_3O_3S$。

问题 1. 何谓非水酸碱滴定法？非水酸碱滴定法的类型有哪些？

2. 非水酸碱滴定法使用了哪些溶剂？非水溶剂的作用是什么？如何选择溶剂？

3. 非水酸碱滴定法的分析依据是什么？滴定终点如何确定？

大多情况下滴定分析是在水溶液中进行的。水作为溶剂，有许多优点，如溶解能力强、无毒性、无污染、价廉、安全、易操作、易处理等，因此水是滴定分析的首选溶剂。但有的情况下，水作为溶剂达不到滴定要求，如样品在水中溶解度太小，或者某些酸（$c_aK_a < 10^{-8}$）、碱（$c_bK_b < 10^{-8}$）或者盐的酸碱性太弱，导致滴定突跃太小而无法选择到合适的指示剂等，这就需要选择水以外的溶剂了。水以外的溶剂，就叫作非水溶剂。选择适当的非水溶剂，不仅可以增大有机物的溶解度，还能使有机物的酸

度或碱度增加，使在水中不能进行完全反应的能反应完全，从而扩大滴定法的应用范围。

这种在非水溶剂中进行的滴定方法，就叫作非水滴定法。非水滴定法包括非水酸碱滴定法、非水氧化还原滴定法、非水沉淀滴定法及非水配位滴定法，其中非水酸碱滴定法应用最广，因此本章主要介绍非水酸碱滴定法。

任务一　概述　　ⓔ 微课1

一、非水溶剂

非水溶剂是指水以外的溶剂，包括有机溶剂和不含水的无机溶剂。非水滴定与其他滴定分析的区别主要在于溶剂不同，因此了解溶剂的性质，对非水滴定有重要意义。

（一）非水溶剂的性质

1. 溶剂的酸碱性

（1）溶剂的固有酸碱强度

1）固有酸度

对于酸 HA，酸反应为：$HA \rightleftharpoons H^+ + A^-$

反应达平衡时，解离平衡常数：$K_{a(固)}^{HA} = \dfrac{[H^+]\ [A^-]}{[HA]}$

酸自身的解离平衡常数越大，说明酸反应进行的越完全，酸给出质子的能力越强，即酸的强度越大，因此酸的固有强度可以用酸的离解平衡常数值 $K_{a(固)}^{HA}$ 来衡量。

若以 HS 表示溶剂，其作为酸时，则溶剂的固有酸度 $K_{a(固)}^{HS} = \dfrac{[H^+]\ [S^-]}{[HS]}$

2）固有碱度

对于碱 B，碱反应为：$B + H^+ \rightleftharpoons BH^+$

反应达平衡时，解离平衡常数：$K_{b(固)}^{B} = \dfrac{[BH^+]}{[B]\ [H^+]}$

解离平衡常数越大，说明碱反应进行的越完全，碱接受质子的能力越强，即碱的强度越大，因此碱的固有强度可以用碱的离解平衡常数值 $K_{b(固)}^{B}$ 来衡量。

若以 HS 表示溶剂，其作为碱时，则溶剂的固有碱度 $K_{b(固)}^{HS} = \dfrac{[H_2S^+]}{[HS]\ [H^+]}$

（2）溶剂对溶质酸碱性的影响　以 HA 表示酸，以 B 表示碱，以 HS 表示溶剂，则酸在溶液中的解离反应是酸和溶剂之间发生的酸碱反应，反应式为：

$$HA + HS \rightleftharpoons A^- + H_2S^+$$

反应达到平衡时，解离平衡常数：$K_{a(HS)}^{HA} = \dfrac{[A^-]\ [H_2S^+]}{[HA]\ [HS]} = K_{a(固)}^{HA}\ K_{b(固)}^{HS}$

因此，酸在溶液中的强度 $K_{a(HS)}^{HA}$ 取决于酸自身的强度 $K_{a(固)}^{HA}$ 和溶剂的碱性强度

$K_{b(固)}^{HS}$。对于弱酸，其自身给出质子的能力弱，可选择易接受质子的物质（碱性物质）作溶剂，以提高其酸性。

碱在溶液中的解离反应是碱和溶剂之间发生的酸碱反应，反应式为：

$$B + HS \rightleftharpoons S^- + BH^+$$

反应达到平衡时，解离平衡常数：$K_{b(HS)}^B = \dfrac{[S^-][BH^+]}{[B] \cdot [HS]} = K_{b(固)}^B K_{a(固)}^{HS}$

因此，碱在溶液中的强度 $K_{b(HS)}^B$ 取决于碱自身的强度 $K_{b(固)}^B$ 和溶剂的酸性强度 $K_{a(固)}^{HS}$。对于弱碱，其自身接受质子的能力弱，可选择易提供质子的物质（酸性物质）作溶剂，以提高其碱性。

碱性溶剂可使弱酸的强度增强，酸性溶剂可使弱碱的强度增强。因此，在水溶液中不能完全反应的酸碱反应，选用酸碱性不同的非水溶剂则可以完全反应。

2. 均化效应和区分效应　由于酸碱在溶液的强度取决于酸碱自身的强度和溶剂的酸碱强度，如果溶剂的酸或碱性强度足够大，则不同强度的碱或酸在溶液中均能够完全离解，即表现出相同的碱性或酸性强度；如果溶剂的酸或碱性强度比较小，则不同强度的碱或酸在溶液中的离解程度也不同，即表现出不同的碱性或酸性强度。

溶剂使不同强度的酸碱溶液表现出相同强度的作用称为均化效应或拉平效应。具有均化效应的溶剂称为均化溶剂或拉平溶剂。如 $HClO_4$、H_2SO_4、HCl、HNO_3 四种酸在 H_2O 中，都能完全把质子转移给 H_2O，表现出相同的酸度，H_2O 的作用就是拉平效应，H_2O 就是四种酸的拉平溶剂。

溶剂使强度相近的酸碱溶液表现出不同强度的作用称为区分效应，具有区分效应的溶剂称为区分溶剂。如 $HClO_4$、H_2SO_4、HCl、HNO_3 四种酸在 HAc 溶剂中，由于 HAc 本身具有弱酸性，它接受质子的能力比 H_2O 小，只能部分的接受四种酸给出的质子，对方酸性强，它接受的质子就多，对方酸性弱，它接受的质子就少，在 HAc 中四种酸的酸性大小为 $HClO_4 > H_2SO_4 > HCl > HNO_3$。HAc 的作用就是区分效应，HAc 就是 $HClO_4$、H_2SO_4、HCl、HNO_3 四种酸的区分溶剂。

一般来说，酸性溶剂是酸的区分溶剂，是碱的均化溶剂；碱性溶剂是碱的区分溶剂，是酸的均化溶剂。在非水滴定中，常利用均化效应测定混合酸（碱）的总量；利用区分效应测定混合酸（碱）中各组分的含量。

（二）非水溶剂的分类

根据溶剂分子能否发生质子自递反应，可将非水溶剂分为质子性溶剂和非质子性溶剂两大类。

1. 质子性溶剂　是指能够接受质子或给出质子的溶剂。这类溶剂既可以表现为酸，又可以表现为碱，其最大特点是溶剂分子间有质子转移，能发生质子自递反应。质子性溶剂根据酸碱性的强弱，可分为酸性溶剂、碱性溶剂和两性溶剂。

（1）**酸性溶剂**　是指给出质子能力较强的质子性溶剂。与水相比，该类溶剂具有显著的酸性，如甲酸、乙酸等，最常用的是冰醋酸。酸性溶剂适于作弱碱性物质的溶剂。

（2）碱性溶剂　是指接受质子能力较强的质子性溶剂。与水相比，该类溶剂具有显著的碱性，如乙二胺、乙醇胺、丁胺等。碱性溶剂适于作弱酸性物质的溶剂。

（3）两性溶剂　既易给出质子又易接受质子的溶剂称为两性溶剂或中性溶剂。该类溶剂具有与水相似的酸碱性，大多数醇如甲醇、乙醇、异丙醇等属于两性溶剂。两性溶剂适于作不太弱的酸或碱的溶剂。

2. 非质子性溶剂　是指溶剂分子间没有质子转移，不能发生质子自递反应的溶剂。根据接受质子和形成氢键的能力不同，非质子性溶剂可分为非质子亲质子性溶剂和惰性溶剂。

（1）非质子亲质子性溶剂　是指不能给出质子但却具有较弱的接受质子和形成氢键能力的溶剂，包括酰胺类、酮类、腈类、吡啶类等。如二甲基甲酰胺、吡啶、丙酮、乙腈等，其中二甲基甲酰胺、吡啶的碱性较明显，形成氢键的能力也较强。该类溶剂适用于滴定弱酸或某些混合酸时的溶剂。

（2）惰性溶剂　是指几乎没有接受质子和形成氢键能力的溶剂，如苯、四氯化碳、三氯甲烷、正己烷等。这类溶剂只起到溶解、分散和稀释溶质的作用。该类溶剂质子转移直接发生在被测组分与滴定剂之间。

3. 混合溶剂　为使样品易于溶解，增大滴定突跃，并使终点时指示剂变色敏锐，常将质子性溶剂与惰性溶剂混合使用。如冰醋酸 – 醋酐、冰醋酸 – 苯用于弱碱性物质的滴定，苯 – 甲醇用于羧酸类的滴定，二醇类 – 烃类用于溶解有机酸盐、生物碱和高分子化合物等。它的优点是既能增大样品的溶解性，又能增强物质的酸碱性，加大滴定突跃范围，使终点敏锐。

（三）非水溶剂的选择原则

非水滴定中溶剂的选择是滴定成败的重要因素之一，非水溶剂的选择应遵循以下原则。

1. 溶解性好　应能完全溶解样品和滴定产物。

2. 无副反应　除溶剂化作用外，溶剂不参加其他反应。

3. 能增强被测物质的酸性或碱性　弱酸性物质可选择碱性溶剂，弱碱性物质可选择酸性溶剂。

4. 纯度要高　溶剂中不应含有水及其他酸、碱性杂质。

5. 其他　选择相对安全、价廉、低黏度、挥发性小、易于提纯的溶剂。

> **请你想一想**
>
> 1. 非水滴定中，溶剂的性质对滴定突跃有什么影响？
>
> 2. 通过以上学习中，如果让你为一种弱酸（$c_a K_a < 10^{-8}$）选择溶剂，你将如何进行选择？

二、非水酸碱滴定类型

根据被滴定物质的性质，非水酸碱滴定法可分为弱酸的滴定和弱碱的滴定两大类。

（一）弱碱的滴定　微课 2

对于在水溶液中不能直接滴定的弱碱，应选择酸性溶剂，以增强弱碱的碱性，使滴定突跃明显，能够用酸滴定液直接滴定。非水酸碱滴定中，滴定弱碱最常用的溶剂是冰醋酸或者冰醋酸与醋酐的混合溶剂；指示剂一般是结晶紫、喹哪啶红等；常用的酸滴定液为高氯酸的冰醋酸溶液。

1. 高氯酸滴定液（0.1mol/L）的配制　取无水冰醋酸（按含水量计算，每 1g 水加醋酐 5.22ml）750ml，加入高氯酸（70%～72%）8.5ml，摇匀，在室温下缓缓滴加醋酐 23ml，边加边摇，加完后再振摇均匀，放冷，加无水冰醋酸适量使成 1000ml，摇匀，放置 24 小时。若所测供试品易乙酰化，则须用水分测定法（通则 0832）测定本液的含水量，再用水和醋酐调节至本液的含水量为 0.01%～0.2%。

（1）配制计算　在冰醋酸溶剂中，高氯酸的酸性最强，且其有机碱的高氯酸盐易于溶解，因此采用 $HClO_4$ 的冰醋酸溶液作为酸滴定液。

市售的高氯酸溶液的含量百分比通常为 70%～72%，含有 28%～30% 的水分，因此只能用间接法配制高氯酸滴定液。若配制高氯酸滴定液（0.1mol/L）1000ml，则需高氯酸溶液（含量 70%，密度 1.75g/ml）的体积计算如下：

$$V_{HClO_4} = \frac{0.1 \times 1000 \times 10^{-3} \times 100.46}{1.75 \times 0.70} = 8.24ml \ (M_{HClO_4} = 100.46g/mol)$$

在实际配制中，为使高氯酸的浓度达到 0.1mol/L，故常取市售高氯酸溶液 8.5ml。

（2）高氯酸和冰醋酸中水分的去除方法　由于市售高氯酸试剂和冰醋酸试剂均含有水分，而水作为杂质会在非水滴定中影响滴定突跃，使指示剂变色不敏锐，影响酸碱滴定的准确性，因此配制高氯酸滴定液时一定要去除高氯酸和冰醋酸中的水分，去除其水分的方法是加入一定量的醋酐。

水与醋酐的反应式为：$(CH_3CO)_2O + H_2O \longrightarrow 2CH_3COOH$

从反应式可知，醋酐与水的反应是等物质的量的反应，即 $n_{醋酐} = n_{水}$，可根据水的量，计算加入醋酐的量。

如果去除冰醋酸中的水分，则用公式：

$$\frac{d_{冰醋酸}V_{冰醋酸}C_{水}\%}{M_{水}} = \frac{d_{醋酐}V_{醋酐}C_{醋酐}\%}{M_{醋酐}} \tag{6-1}$$

如果去除高氯酸中的水分，则用公式：

$$\frac{d_{高氯酸}V_{高氯酸}C_{水}\%}{M_{水}} = \frac{d_{醋酐}V_{醋酐}C_{醋酐}\%}{M_{醋酐}} \tag{6-2}$$

式中，$d_{冰醋酸}$ 为冰醋酸的密度，g/ml；$V_{冰醋酸}$ 为冰醋酸的体积，ml；$C_{水}\%$ 为含水量（冰醋酸或高氯酸）；$M_{水}$ 为水的摩尔质量，g/mol；$d_{醋酐}$ 为醋酐的密度，g/ml；$V_{醋酐}$ 为醋酐的体积，ml；$C_{醋酐}\%$ 为醋酐的含量；$M_{醋酐}$ 为醋酐的摩尔质量，g/mol；$d_{高氯酸}$ 高氯酸的密度，g/ml；$V_{高氯酸}$ 为高氯酸的体积，ml。

【例6-1】要除去1000ml，密度为1.05g/ml，含水量为0.2%的冰醋酸中的水分，需要加入密度为1.082g/ml，含量为97%的醋酐多少毫升？（$M_{醋酐}=102.09g/mol$，$M_{水}=18.02g/mol$）

解：$\dfrac{d_{冰醋酸}V_{冰醋酸}C_{水}\%}{M_{水}}=\dfrac{d_{醋酐}V_{醋酐}C_{醋酐}\%}{M_{醋酐}}$

$\dfrac{1.05\times1000\times0.2\%}{18.02}=\dfrac{1.082\times V_{醋酐}\times97\%}{102.09}$，则 $V_{醋酐}=11.34ml$

【例6-2】配制1000ml高氯酸滴定液（0.1mol/L），需取用高氯酸（含量70%，密度1.75g/ml）8.5ml，为除去其中水分，需要加入密度为1.082g/ml，含量为97%的醋酐多少毫升？（$M_{醋酐}=102.09g/mol$，$M_{水}=18.02g/mol$）

解：$\dfrac{d_{高氯酸}V_{高氯酸}C_{水}\%}{M_{水}}=\dfrac{d_{醋酐}V_{醋酐}C_{醋酐}\%}{M_{醋酐}}$

$\dfrac{1.75\times8.5\times(100\%-70\%)}{18.02}=\dfrac{1.082\times V_{醋酐}\times97\%}{102.09}$，则 $V_{醋酐}=24.09ml$

（3）高氯酸滴定液配制注意事项

1）高氯酸与有机物接触，遇热时极易引起爆炸。因此不能将醋酐直接加到高氯酸中，应先用无水冰醋酸将高氯酸稀释后，在不断搅拌下，慢慢滴加醋酐。

2）量取过高氯酸的小量筒不能接着量取醋酐。

3）测定一般样品时，醋酐量稍多些没有什么影响。若所测样品是芳伯胺或芳仲胺时，醋酐过量会导致乙酰化，影响测定结果，故不宜过量。

4）高氯酸有腐蚀性，配制时要注意防护。如高氯酸滴定液颜色变黄，即说明高氯酸部分分解，不能应用。

2. 高氯酸滴定液（0.1mol/L）的标定 取在105℃干燥至恒重的基准邻苯二甲酸氢钾约0.16g，精密称定，加无水冰醋酸20ml使溶解，加结晶紫指示液1滴，用本液缓缓滴定至蓝色，并将滴定的结果用空白试验校正。每1ml高氯酸滴定液（0.1mol/L）相当于20.42mg的邻苯二甲酸氢钾。根据本液的消耗量与邻苯二甲酸氢钾的取用量，算出本液的浓度，即得。

《中国药典》（2020年版）规定：如需用高氯酸滴定液（0.05mol/L或0.02mol/L）时，可取高氯酸滴定液（0.1mol/L）用无水冰醋酸稀释制成，并标定浓度。

（1）标定依据 标定高氯酸滴定液，常用邻苯二甲酸氢钾为基准物质，结晶紫为指示剂，滴定至蓝色为终点。标定反应为：

$$C_6H_4(COOH)(COOK)+HClO_4 \rightleftharpoons C_6H_4(COOH)_2+KClO_4$$

计量点时，$n_{KHP}:n_{NClO_4}=1:1$。

由于溶剂和指示剂要消耗一定量的滴定液，故需用空白试验进行校正。

（2）标定方法 用邻苯二甲酸氢钾标定高氯酸滴定液时，操作如下。

1）滴定 精密称取在105℃干燥至恒重的基准邻苯二甲酸氢钾约0.16g，放入锥形瓶中，加无水冰醋酸20ml使溶解，加结晶紫指示液1滴，用高氯酸滴定液缓缓滴定至蓝色，记录终点消耗高氯酸滴定液体积 V（ml）。

2）空白试验　锥形瓶中加等量溶剂和等量指示剂，不加基准邻苯二甲酸氢钾，用高氯酸滴定液缓缓滴定至蓝色，记录终点消耗高氯酸滴定液体积 $V_{空白}$（ml）。

每1ml高氯酸滴定液（0.1mol/L）相当于20.42mg的邻苯二甲酸氢钾。根据滴定液的消耗量与邻苯二甲酸氢钾的取用量，计算滴定液的浓度，即得。高氯酸滴定液浓度计算公式如下：

$$c_{HClO_4} = \frac{m_{KHP}}{(V - V_{空})_{HClO_4} \times M_{KHP} \times 10^{-3}} \quad (6-3)$$

式中，V 为基准邻苯二甲酸氢钾消耗滴定液的读数，ml；$V_{空白}$ 为空白试验消耗滴定液的读数，ml；m_{KHP} 为基准邻苯二甲酸氢钾的质量，g；M_{KHP} 为邻苯二甲酸氢钾的摩尔质量，g/mol。

3. 高氯酸滴定液的温度校正　由于冰醋酸的膨胀系数为 $1.1 \times 10^{-3}/℃$，其体积随温度变化较大。因此，若实际滴定时的温度与标定高氯酸滴定液时的温度超过10℃，应重新标定；若未超过，则可根据下式将高氯酸滴定液的浓度加以校正：

$$c_{滴定} = \frac{c_{标定}}{1 + 0.0011(t_{滴定} - t_{标定})} \quad (6-4)$$

式中，$c_{滴定}$ 为实际滴定时的浓度，mol/L；$c_{标定}$ 为标定时的浓度，mol/L；$t_{滴定}$ 为实际滴定时的温度，℃；$t_{标定}$ 为标定时的温度，℃。

4. 滴定终点指示剂的选择　以冰醋酸为溶剂，用高氯酸滴定液滴定弱碱时，最常用的指示液是结晶紫（0.5%的冰醋酸溶液），其酸式色为黄色，碱式色为紫色。在不同的酸度下，由碱式色到酸式色的颜色变化为紫色、蓝紫色、蓝色、蓝绿、绿色、黄绿色、黄色。滴定不同强度的碱时，终点颜色不同。滴定较强碱时，以蓝色或蓝绿色为终点；滴定极弱碱时，以蓝绿色或绿色为终点；具体颜色需以电位滴定法对照确定。

此外，常用的指示液还有喹哪啶红（0.1%的甲醇溶液），碱式色为红色，酸式色为无色。

5. 高氯酸滴定液（0.1mol/L）贮藏　置于棕色玻瓶中，密闭保存。

你知道吗

温度对冰醋酸的影响

温度变化对滴定介质冰醋酸影响较大。冰醋酸的凝点为15.6℃，当室温低于15.6℃，滴定液就会凝聚在滴定管中，因此滴定温度应控制在20℃以上。冰醋酸的膨胀系数较大，为0.0011℃，即温度改变1℃，体积就有0.11%的变化，所以当使用与标定温度相差在±10℃以上时，可根据上文中的校正公式对高氯酸的冰醋酸滴定液浓度加以校正。

（二）弱酸的滴定

对于在水溶液中不能直接滴定的弱酸，应选择碱性溶剂，以增强弱酸的酸性，使滴定突跃明显，能够用碱滴定液直接滴定。滴定弱酸的溶剂根据弱酸的酸性强弱选择，一般用醇、乙二胺或二甲基甲酰胺等；常用的指示剂有偶氮紫、麝香草酚蓝等；滴定液一般常用甲醇钠的苯－甲醇滴定液、氢氧化四丁基铵滴定液等。

1. 甲醇钠滴定液（0.1mol/L）的配制　取无水甲醇（含水量 0.2% 以下）150ml，置于冰水冷却的容器中，分次加入新切的金属钠 2.5g，待完全溶解后，加无水苯（含水量 0.02% 以下）适量，使成 1000ml，摇匀。

金属钠与甲醇反应式：$2CH_2OH + 2Na \Longrightarrow 2CH_3ONa + H_2 \uparrow$

2. 甲醇钠滴定液（0.1mol/L）的标定　取在五氧化二磷干燥器中减压干燥至恒重的基准苯甲酸约 0.4g，精密称定，加无水甲醇 15ml 使溶解，加无水苯 5ml 与 1% 麝香草酚蓝的无水甲醇溶液 1 滴，用本液滴定至蓝色，并将滴定的结果用空白试验校正。每 1ml 的甲醇钠滴定液（0.1mol/L）相当于 12.21mg 的苯甲酸。根据本液的消耗量与苯甲酸的取用量，算出本液的浓度，即得。

本液标定时应注意防止二氧化碳的干扰和溶剂的挥发，每次临用前均应重新标定。

（1）标定依据　标定甲醇钠滴定液常用的基准试剂为苯甲酸，用麝香草酚蓝作指示剂，滴定至蓝色为终点。标定反应为：

$$C_6H_5COOH + CH_3ONa \Longrightarrow C_6H_5COONa + CH_3OH$$

计量点时，$n_{甲醇钠} : n_{苯甲酸} = 1 : 1$。

根据终点时消耗滴定液的体积和称取基准试剂苯甲酸的重量即可计算出滴定液的准确浓度。测定结果用空白试验进行校正。

（2）标定方法　用苯甲酸标定甲醇钠滴定液时，操作如下。

1）滴定　精密称取在五氧化二磷干燥器中减压干燥至恒重的基准苯甲酸约 0.4g，放入锥形瓶中，加无水甲醇 15ml 使溶解，加无水苯 5ml 与 1% 麝香草酚蓝的无水甲醇溶液 1 滴，用本液滴定至蓝色，记录终点消耗甲醇钠滴定液体积 V（ml）。

2）空白试验　锥形瓶中加等量溶剂和等量指示剂，不加基准苯甲酸，用甲醇钠滴定液缓缓滴定至蓝色，记录终点消耗甲醇钠滴定液体积 $V_{空白}$（ml）。

每 1ml 甲醇钠滴定液（0mol/L）相当于 12.21mg 的苯甲酸。根据本液的消耗量与基准苯甲酸的取用量，算出本液的浓度，即得。

甲醇钠滴定液浓度计算公式如下：

$$c_{CH_3ONa} = \frac{m_{苯甲酸}}{(V - V_{空白})_{CH_3ONa} \times M_{苯甲酸} \times 10^{-3}} \tag{6-5}$$

式中，V 为苯甲酸消耗滴定液的读数，ml；$V_{空白}$ 为空白试验消耗滴定液的读数，ml；$m_{苯甲酸}$ 为基准苯甲酸的质量，g；$M_{苯甲酸}$ 为苯甲酸的摩尔质量，g/mol。

3. 甲醇钠滴定液的配制使用注意事项

（1）配制滴定液的溶剂甲醇、苯具有一定的毒性及挥发性，贮藏要置于密闭的附有滴定装置的容器内，避免与空气中的二氧化碳及湿气接触。

（2）配制滴定液的溶剂甲醇、苯所含水分一定要去除。

（3）滴定应在密闭装置中进行，如选用全自动滴定仪或自动回零滴定装置。

> **请你想一想**
>
> 1. 非水滴定弱碱时，为什么采用高氯酸的冰醋酸溶液作为滴定液？
>
> 2. 如何配制高氯酸滴定液？配制高氯酸滴定液的应注意哪些问题？
>
> 3. 如何去除高氯酸、冰醋酸中的水分？

4. 甲醇钠滴定液的贮藏　应置于密闭的附有滴定装置的容器内，避免与空气中的二氧化碳及湿气接触。

任务二　应用与示例

一、应用范围

在药品检验中，非水酸碱滴定法主要用于原料药的含量测定。弱碱如生物碱类中的咖啡因，氨基酸类中的甘氨酸、门冬氨酸，含氮杂环类如己酮可可碱、尼可刹米等，某些有机碱的无机酸盐如盐酸吗啡、盐酸多巴胺、硫酸阿托品、硫酸奎宁，有机碱的有机酸盐如马来酸麦角新碱、马来酸氯苯那敏等，有机酸的碱金属盐如枸橼酸钠、枸橼酸钾等，均可用高氯酸滴定液进行滴定。

弱酸包括羧酸类、酚类、巴比妥类、磺胺类、烯醇类等具有酸性基团的化合物，可用甲醇钠、甲醇锂、氢氧化四丁基铵等滴定。

二、弱碱的测定

弱碱一般用冰醋酸为溶剂，碱性更弱的碱可适当在冰醋酸溶剂中加上适量的醋酐，随着醋酐量的增加，滴定突跃显著增大，可获得满意的结果。一般来说：当弱碱的 K_b 在 $10^{-8} \sim 10^{-10}$ 时，宜选用冰醋酸为溶剂；在弱碱的 K_b 在 $10^{-10} \sim 10^{-12}$ 时，宜选用冰醋酸和醋酐的混合溶剂为溶剂；在弱碱的 $K_b \leqslant 10^{-12}$，宜选用醋酐为溶剂。

（一）有机弱碱

具有碱性基团如生物碱类、氨基酸类、含氮杂环类中的一些药物等，只要选择好合适的溶剂、滴定液和指示终点的方法，均可用非水酸碱滴定法测定。

《中国药典》（2020年版）中如乙胺嘧啶、尼可刹米、二羟丙茶碱、门冬氨酸、氯诺昔康、咖啡因等原料均采用非水酸碱滴定法。

【例6-3】尼可刹米的含量测定：取本品约0.15g，精密称定，加冰醋酸10ml与结晶紫指示液 1 滴，用高氯酸滴定液（0.1mol/L）滴定至溶液显蓝绿色，并将滴定的结果用空白试验校正。每 1ml 高氯酸滴定液（0.1mol/L）相当于 17.82mg 的 $C_{10}H_{14}N_2O$。

解：尼可刹米% $= \dfrac{T(V - V_0)F}{m_s} \times 100\%$

式中，V 为尼可刹米消耗滴定液（0.1mol/L）的读数，ml；V_0 为空白试验消耗滴定液（0.1mol/L）的读数，ml；T 为高氯酸滴定液的滴定度，每 1ml 规定浓度的滴定液相当于被测组分的毫克数，mg/ml；F 为滴定液浓度校正因子；m_s 为取样量，mg。

（二）有机碱的无机酸盐

在药物中，由于一般有机碱难溶于水，且不太稳定，故常将有机碱与酸成盐后再作药用，如盐酸麻黄碱、盐酸吗啡、硫酸阿托品、磷酸可待因等，这类药物可采用非水滴定法。

供试品如为有机碱的氢卤酸盐（以 B.HX 表示），用高氯酸滴定时有氢卤酸生成，由于氢卤酸在冰醋酸中呈较强酸性，故在滴定前需按理论量加入醋酸汞试液与氢卤酸形成不离解的卤化汞以消除氢卤酸的干扰。其用量按醋酸汞与氢卤酸的物质的量比（1∶2）计算，可稍过量，一般加 3～5ml。反应式如下：

$$2B.HX + Hg(Ac)_2 \longrightarrow 2B.HAc + HgX_2$$

$$B.HAc + HClO_4 \longrightarrow B.HClO_4 + HAc$$

【例 6-4】盐酸吗啡的含量测定：取本品约 0.2g，精密称定，加冰醋酸 10ml 与醋酸汞试液 4ml 溶解后，加结晶紫指示液 1 滴，用高氯酸滴定液（0.1mol/L）滴定至溶液显绿色，并将滴定的结果用空白试验校正。每 1ml 高氯酸滴定液（0.1mol/L 相当于 32.18mg 的 $C_{17}H_{19}NO_3 \cdot HCl$。

解：盐酸吗啡% $= \dfrac{T(V - V_0)F}{m_s} \times 100\%$

式中，V 为盐酸吗啡消耗滴定液（0.1mol/L）的读数，ml；V_0 为空白试验消耗滴定液（0.1mol/L）的读数，ml；T 为高氯酸滴定液的滴定度，每 1ml 规定浓度的滴定液相当于被测组分的毫克数，mg/ml；F 为滴定液浓度校正因子；m_s 为取样量，mg。

你知道吗

酸根对非水酸碱滴定法的影响

药物在用非水酸碱滴定法滴定时被置换出的酸，在冰醋酸介质中的酸性强弱对滴定能否顺利进行有重要影响。常见无机酸在冰醋酸中的酸性排列顺序为：高氯酸 > 氢溴酸 > 硫酸 > 盐酸 > 硝酸 > 磷酸 > 有机酸。

测定生物碱的氢卤酸盐时，需加入定量的醋酸汞冰醋酸溶液进行前处理，以消除氢卤酸的干扰；测定生物碱的硫酸盐时，只能滴定至 HSO_4^-；测定生物碱的磷酸盐及有机酸盐时,可直接滴定;测定生物碱的硝酸盐时,由于硝酸有较强的氧化性,可氧化破坏指示剂,因此只能用电位法指示终点。

(三) 有机碱的有机酸盐

以 HA 代表有机酸,这类药物(以 B·HA 表示)主要有马来酸麦角新碱、马来酸氯苯那敏、重酒石酸去甲肾上腺素等,在冰醋酸或冰醋酸 – 醋酐的混合溶剂中碱性较强,可以用高氯酸的冰醋酸溶液直接滴定。反应式如下:

$$B \cdot HA + HClO_4 \rightarrow B \cdot HClO_4 + HA$$

【例 6 – 5】重酒石酸去甲肾上腺素含量测定:取本品 0.2g,精密称定,加冰醋酸 10ml,振摇(必要时微温)溶解后,加结晶紫指示液 1 滴,用高氯酸滴定液(0.1mol/L)滴定至溶液显蓝绿色,并将滴定的结果用空白试验校正。每 1ml 高氯酸滴定液(0.1mol/L)相当于 31.93mg 的 $C_8H_{11}NO_3 \cdot C_4H_6O_6$。

解:重酒石酸去甲肾上腺素% $= \dfrac{T(V-V_0)F}{m_s} \times 100\%$

式中,V 为重酒石酸去甲肾上腺素消耗滴定液(0.1mol/L)的读数,ml;V_0 为空白试验消耗滴定液(0.1mol/L)的读数,ml;T 为高氯酸滴定液的滴定度,每 1ml 规定浓度的滴定液相当于被测组分的毫克数,mg/ml;F 为滴定液浓度校正因子;m_s 为取样量,mg。

(四) 有机酸的碱金属盐

由于有机酸的酸性较弱,它的共轭碱在冰醋酸中显示较强的碱性,可以用高氯酸的冰醋酸溶液滴定。这类化合物主要有羟丁酸钠、枸橼酸钾(钠)等。

【例 6 – 6】枸橼酸钠的含量测定:取本品约 80mg,精密称定,加冰醋酸 30ml,加热溶解后,放冷,加醋酐 10ml,照电位滴定法(通则 0701),用高氯酸滴定液(0.1mol/L)滴定,并将滴定的结果用空白试验校正。每 1ml 高氯酸滴定液(0.1mol/L)相当于 8.602mg 的 $C_6H_5Na_3O_7$。

解:枸橼酸钠% $= \dfrac{T(V-V_0)F}{m_s} \times 100\%$

式中,V 为枸橼酸钠消耗滴定液(0.1mol/L)的读数,ml;V_0 为空白试验消耗滴定液(0.1mol/L)的读数,ml;T 为高氯酸滴定液的滴定度,每 1ml 规定浓度的滴定液相当于被测组分的毫克数,mg/ml;F 为滴定液浓度校正因子;m_s 为取样量,mg。

三、弱酸的测定

具有酸性基团的化合物,如羧酸类、酚类、磺酰胺类、巴比妥类和氨基酸类及某些铵盐,利用碱性溶剂增强酸性后,再用甲醇钠滴定液或其他碱滴定液滴定。

(一) 羧酸类

对于不太弱的羧酸常用醇类作溶剂,如甲醇、乙醇等;滴定弱酸和极弱酸时宜选用碱性溶剂，如乙二胺、二甲基甲酰胺等；混合酸的滴定宜选用区分溶剂，如甲基异丁酮等，有时也用苯－甲醇、甲醇－丙酮等混合溶剂。

（二）酚类

酚类具有一定的酸性，对一些酸性不太弱的酚类可用醇类作溶剂；对于酸性较弱酚类，一般用乙二胺、二甲基甲酰胺为溶剂，可获得明显的滴定突跃。

酚的邻位或对位有—NO_2、—CHO、—Cl、—Br 等吸电子基，则酚的酸性增强，可在二甲基甲酰胺中以偶氮紫为指示剂，用甲醇钠滴定。

（三）磺酰胺类及其他

对于磺酰胺类、巴比妥类、氨基酸类及某些铵盐，选择适当的碱性溶剂提高其酸性，可用甲醇钠或其他碱性滴定液滴定。

【例 6 - 7】乙琥胺的含量测定：取本品约 0.2g，精密称定，加二甲基甲酰胺 30ml 使溶解，加偶氮紫指示液 2 滴，在氮气流中，用甲醇钠滴定液（0.1mol/L）滴定至溶液显蓝色，并将滴定的结果用空白试验校正。每 1ml 甲醇钠滴定液（0.1mol/L）相当于 14.12mg 的 $C_7H_{11}NO_2$。

> **请你想一想**
> 如何根据弱碱性物质的 K_b 选择溶剂？

解：乙琥胺% $= \dfrac{T\,(V-V_0)\,F}{m_s} \times 100\%$

式中，V 为乙琥胺消耗滴定液（0.1mol/L）的读数，ml；V_0 为空白试验消耗滴定液（0.1mol/L）的读数，ml；T 为高氯酸滴定液的滴定度，每 1ml 规定浓度的滴定液相当于被测组分的毫克数，mg/ml；F 为滴定液浓度校正因子；m_s 为取样量，mg。

实训七　枸橼酸钠的含量测定

一、实训目的

1. 学会选择非水滴定法的溶剂和指示剂。
2. 通过测定枸橼酸钠的含量进一步巩固非水酸碱滴定法的基本操作。

二、实训原理

在水溶液中，枸橼酸酸性较强（$pK_a = 3.14$），其共轭碱枸橼酸钠碱性较弱（$K_b < 10^{-7}$），不能用酸碱滴定法直接滴定，在非水 HAc 介质中，由于 HAc 的酸性使枸橼酸钠在此溶液中的碱性增强，可用高氯酸的冰醋酸溶液进行滴定，滴定反应为：

$$C_6H_5O_7Na_3 + 3HClO_4 \rightarrow C_6H_5O_7H_3 + 3NaClO_4$$

三、仪器与试剂

1. 仪器 电子分析天平（万分之一）、锥形瓶、量筒、酸式滴定管、电位滴定仪。

2. 试剂 枸橼酸钠试样、醋酐、冰醋酸、0.1mol/L高氯酸滴定液。

四、实训步骤

1. 实训操作 取本品约80mg，精密称定，加冰醋酸30ml，加热溶解后，放冷，加醋酐10ml，照电位滴定法（通则0701），用高氯酸滴定液（0.1mol/L）滴定，并将滴定的结果用空白试验校正。每1ml高氯酸滴定液（0.1mol/L）相当于8.602mg的$C_6H_5Na_3O_7$。

2. 实训数据 计算公式：$C_6H_5Na_3O_7\% = \dfrac{T(V-V_0)F}{m_{C_6H_5Na_3O_7}} \times 100\%$

五、数据记录与结果

滴定记录及计算

供试品称样量（g）	$m_1 =$	$m_2 =$	$m_3 =$
终点消耗滴定液体积（ml）	$V_1 =$	$V_2 =$	$V_3 =$
空白消耗滴定液体积（ml）			
枸橼酸钠的含量（%）			
枸橼酸钠的平均含量（%）			
相对平均偏差 RD（%）			
结论	按《中国药典》（2020年版）二部检验，本品含$C_6H_5O_7Na_3$为		

六、讨论与思考

1. 如何根据弱碱的碱性强弱选择溶剂？
2. 枸橼酸钠的含量测定中，如果不做空白试验对结果会产生什么影响？

目标检测

一、选择题

1. 可使弱酸的强度增强的溶剂是（　　）。

    A. 酸性溶剂　　　　B. 碱性溶剂　　　　C. 惰性溶剂　　　　D. 混合溶剂

2. 下列非水溶剂中，不属于质子性溶剂的是（　　）。

    A. 冰醋酸　　　　B. 甲醇　　　　C. 苯　　　　D. 乙二胺

3. 对物质的酸碱性不产生影响的因素是（　　）。

    A. 酸碱自身的性质　　　　　　　　B. 溶剂的酸碱性

C. 溶剂的极性　　　　　　　　　　　D. 惰性溶剂

4. 下列溶剂中，醋酸、苯甲酸、盐酸及高氯酸的酸强度都相等的是（　　　）。

    A. 液氨　　　　　B. 纯水　　　　　C. 浓硫酸　　　　　D. 甲醇

5. 配制高氯酸滴定液时，除去市售冰醋酸和高氯酸中水分的方法是（　　　）。

    A. 加干燥剂　　　B. 加醋酐　　　　C. 蒸馏　　　　　D. 萃取

6. 用高氯酸滴定液直接滴定盐酸多巴胺选择的溶剂为（　　　）。

    A. 冰醋酸–醋酐溶液　　　　　　　　B. 冰醋酸

    C. 甲苯　　　　　　　　　　　　　　D. 乙二胺

7. 用高氯酸测定有机碱的氢氯酸盐时，为了消除氢氯酸的干扰，通常在滴定前加入（　　　）。

    A. 氢氧化钠　　　B. 盐酸　　　　　C. 醋酐　　　　　D. 醋酐汞

8. 能够对不同强度的酸产生区分效应的非水溶剂是（　　　）。

    A. 三氯甲烷　　　B. 冰醋酸　　　　C. 苯　　　　　　D. 乙二胺

9. 下列不属于非水滴定中溶剂选择的原则是（　　　）。

    A. 溶解性好　　　　　　　　　　　　B. 无副反应

    C. 能增强被测物质的酸碱性　　　　　D. 极性高

10. 标定甲醇钠滴定液常用的基准试剂为（　　　）。

    A. 苯甲酸　　　B. 麝香草酚蓝　　　C. 苯甲酸钠　　　　D. 枸橼酸钠

二、计算题

1. 配制高氯酸的冰醋酸滴定液（0.05000mol/L）1000ml，需用密度1.75g/ml的高氯酸多少毫升？（$M_{HClO_4} = 100.46g/mol$）

2. 欲除去8ml密度为1.75g/ml，含量为70%的高氯酸中的水，应加密度为1.087g/ml、含量为97.0%的醋酐多少毫升？（$M_{H_2O} = 18.02g/mol$，$M_{(CH_3CO)_2O} = 102.09g/mol$）

3. 用醋酐除去冰醋酸中的水，冰醋酸的含水量为0.2%、密度为1.05g/ml，醋酐密度为1.087g/ml、含量为97.0%，若使配好的无水冰醋酸的总体积达1000ml，问应取醋酐和冰醋酸各多少毫升？（$M_{H_2O} = 18.02g/mol$，$M_{(CH_3CO)_2O} = 102.09g/mol$）

书网融合……

微课1　　　　　　微课2　　　　　　划重点　　　　　　自测题

项目七 沉淀滴定法

实例分析

实例 十二烷基硫酸钠中氯化钠的检查 取本品约 5g，精密称定，加水 50ml 使溶解，加稀硝酸中和（调节 pH 使至 6.5～10.5），加铬酸钾指示液 2ml，用硝酸银滴定液（0.1mol/L）滴定。每 1ml 硝酸银滴定液（0.1mol/L）相当于 5.844mg 的 NaCl。

问题 1. 什么是沉淀滴定法？

2. 什么是银量法？银量法有哪些类型？分类依据是什么？

3. 各类型银量法的滴定液是什么？滴定过程中如何控制滴定条件？此法主要用于测定哪些物质？

任务一 概述

 微课1

沉淀滴定法是以沉淀反应为基础的滴定分析方法。虽然能形成沉淀的反应很多，但是能用于沉淀滴定的反应并不多。作为滴定分析法，沉淀滴定反应必须满足以下要求。

（1）生成沉淀的溶解度必须足够小（$s \leqslant 10^{-6}$ g/ml），以保证被测组分反应完全。

（2）沉淀反应必须迅速、定量地进行，且被测组分和滴定液之间具有确定的化学计量关系。

（3）沉淀的吸附作用不影响滴定结果及终点判断。

（4）有适当的方法确定滴定终点。

能够满足滴定分析要求的沉淀反应有：生成难溶性银盐的反应；四苯硼钠

$[NaB(C_6H_5)_4]$ 与 K^+ 的反应；$K_4[Fe(CN)_6]$ 与 Zn^{2+} 的反应；$Ba^{2+}(Pb^{2+})$ 与 SO_4^{2-} 的反应；Hg^{2+} 与 S^{2-} 的反应等。

沉淀滴定法中，应用最多的滴定反应是生成难溶性银盐的反应。例如：

$$Ag^+ + X^- \rightleftharpoons AgX\downarrow \qquad X^- = Cl^-、Br^-、I^-、SCN^-等$$

这种以生成难溶性银盐沉淀的反应为基础的沉淀滴定法，称为银量法。银量法以硝酸银和硫氰酸铵为滴定液，可用于测定含有 Cl^-、Br^-、I^-、SCN^- 及 Ag^+ 等离子的无机化合物，也可以测定经过处理能定量转化为这些离子的有机物。本项目主要讨论银量法。

任务二　银量法

根据确定滴定终点所用的指示剂不同，银量法可分为三种类型：铬酸钾指示剂法（Mohr 法或莫尔法）、铁铵矾指示剂法（Volhard 法或佛尔哈德法）和吸附指示剂法（Fajans 法或法扬斯法），见表 7 - 1。

表 7 - 1　银量法的分类

方法名称	铬酸钾指示剂法	铁铵矾指示剂法		吸附指示剂法
		铁铵矾指示剂直接滴定法	铁铵矾指示剂剩余滴定法	
滴定液	$AgNO_3$	NH_4SCN	$AgNO_3$ 和 NH_4SCN	$AgNO_3$
滴定反应	$Ag^+ + X^- \rightleftharpoons AgX\downarrow$	$Ag^+ + SCN^- \rightleftharpoons AgSCN\downarrow$	$Ag^+(总) + X^- \rightleftharpoons AgX\downarrow$ $Ag^+(剩余) + SCN^- \rightleftharpoons AgSCN\downarrow$	$Ag^+ + X^- \rightleftharpoons AgX\downarrow$
指示剂	K_2CrO_4	$NH_4Fe(SO_4)_2 \cdot 12H_2O$	$NH_4Fe(SO_4)_2 \cdot 12H_2O$	吸附指示剂
指示剂作用原理	$2Ag^+ + CrO_4^{2-} \rightleftharpoons$ $Ag_2CrO_4\downarrow$	$Fe^{3+} + SCN^- \rightleftharpoons$ $[Fe(SCN)]^{2+}$	$Fe^{3+} + SCN^- \rightleftharpoons$ $[Fe(SCN)]^{2+}$	物理吸附导致指示剂结构变化，引起颜色变化
pH 条件	$pH = 6.5 \sim 10.5$	$0.1 \sim 1mol/L$ 的 HNO_3	$0.1 \sim 1mol/L$ 的 HNO_3	与指示剂 pK_a 有关，使其以离子形态存在
测定对象	Cl^-、Br^-	Ag^+	Cl^-、Br^-、I^-、SCN^- 等	Cl^-、Br^-、I^-、SCN^- 等

下面分别予以介绍各种银量法。

一、铬酸钾指示剂法

(一) 概念

铬酸钾指示剂法（Mohr 法）是以铬酸钾（K_2CrO_4）为指示剂，在中性或弱碱性溶液中，以硝酸银（$AgNO_3$）为滴定液，通过直接滴定测定氯化物或溴化物含量的银量法。

（二）分析依据

1. 滴定反应　以测定 Cl^- 为例，铬酸钾指示剂法的滴定反应为：

$$Ag^+ + Cl^- \rightleftharpoons AgCl\downarrow$$

2. 化学计量关系　计量点时：

$$\frac{n_{Ag^+}}{n_{Cl^-}} = \frac{1}{1}$$

3. 结果计算　根据滴定液的浓度和终点时消耗的体积即可计算氯化物或溴化物的含量，计算公式为：

$$Cl^-\% = \frac{m_{Cl^-}}{V_s} \times 100\% = \frac{(cV)_{AgNO_3}M_{Cl^-}}{m_s} \times 100\% \quad (g/g)$$

$$Cl^-\% = \frac{m_{Cl^-}}{V_s} \times 100\% = \frac{(cV)_{AgNO_3}M_{Cl^-}}{V_s} \times 100\% \quad (g/ml)$$

也可用硝酸银滴定液对氯化钠的滴定度进行氯化钠的含量计算，公式为：

$$NaCl\% = \frac{TFV}{m_s} \times 100\%$$

式中，T 为硝酸银滴定液对氯化钠的滴定度，g/ml；F 为浓度校正因子，滴定液实际浓度与理论浓度的比值；V 为实际消耗的硝酸银滴定液的体积，ml；m_s 为氯化钠样品的质量，g。

（三）滴定终点的确定

以测定氯化钠的含量为例。

1. 滴定前　在 NaCl 溶液中加入 K_2CrO_4 指示剂，NaCl 和 K_2CrO_4 分别电离，溶液呈现 CrO_4^{2-} 的颜色，为黄色的透明溶液，反应式为：

$$NaCl \rightleftharpoons Na^+ + Cl^- \qquad K_2CrO_4 \rightleftharpoons 2K^+ + CrO_4^{2-} \quad （黄色）$$

2. 滴定开始至计量点前　由于 AgCl 沉淀的溶解度小于 Ag_2CrO_4 沉淀的溶解度，加入的 $AgNO_3$ 滴定液与 Cl^- 反应生成白色的 AgCl 沉淀，而不与 CrO_4^{2-} 反应，溶液为黄色的浑浊液，反应式：

$$Ag^+ + Cl^- \rightleftharpoons AgCl\downarrow$$

3. 计量点时　溶液中的 Cl^- 与加入的 $AgNO_3$ 滴定液完全反应，此时，$AgNO_3$ 滴定液与溶液中的 CrO_4^{2-} 反应，溶液中有砖红色的 Ag_2CrO_4 沉淀生成，溶液转变为浅红色的浑浊液，指示计量点的到达，反应式为：

$$CrO_4^{2-} + 2Ag^+ \rightleftharpoons Ag_2CrO_4\downarrow \quad （砖红色）$$

（四）滴定条件

为保证分析结果的准确、可靠，铬酸钾指示剂法应在下述条件下进行测定。

1. 指示剂的用量　从理论上讲，若要刚好在计量点时生成 Ag_2CrO_4 沉淀，根据溶度积规则，溶液中 $[Ag^+]^2$ 与 $[CrO_4^{2-}]$ 的乘积应大于等于 Ag_2CrO_4 沉淀的溶度积常数

$K_{sp(Ag_2CrO_4)}$，即：

$$[Ag^+]^2[CrO_4^{2-}] \geq K_{sp(Ag_2CrO_4)} = 1.2 \times 10^{-12}$$

计量点时，溶液中的 AgCl 处于沉淀平衡状态，即：

$$AgCl\ (S) \rightleftharpoons Ag^+ + Cl^-，[Ag^+][Cl^-] = [Ag^+]^2 = K_{sp(AgCl)} = 1.8 \times 10^{-10}$$

因此，若在计量点时刚好变色，溶液中指示剂的浓度即 $[CrO_4^{2-}]$ 应为：

$$[CrO_4^{2-}] = \frac{K_{sp(Ag_2CrO_4)}}{[Ag^+]^2} = \frac{1.2 \times 10^{-12}}{1.8 \times 10^{-10}} = 7.1 \times 10^{-3}\ (mol/L)$$

滴定时，若 $[CrO_4^{2-}]$ 过高，不仅会导致滴定终点提前，测定结果偏低，而且本身的黄色过深会影响终点观察；若 $[CrO_4^{2-}]$ 过低，会引起滴定终点推迟，导致测定结果偏高。实际测定时，通常在 50~100ml 溶液中，加入 5% K_2CrO_4 指示剂 1~2ml。

在滴定过程中，同时必须做指示剂的"空白校正"。校正方法是将 1ml 的指示剂加到 50ml 纯化水中，用 $AgNO_3$ 标准溶液滴定至同样的终点颜色，然后从试样滴定所消耗的 $AgNO_3$ 标准溶液的体积中扣除空白消耗的体积。

2. 溶液的酸度 铬酸钾指示剂法应在中性或弱碱性溶液（pH6.5~10.5）中进行。若溶液的酸度过高，CrO_4^{2-} 与 H^+ 结合生成弱电解质 $HCrO_4^-$ 或者转化为 $Cr_2O_7^{2-}$，致使 $[CrO_4^{2-}]$ 降低，引起滴定终点推迟甚至不能生成 Ag_2CrO_4 来指示终点，导致测定结果偏高，可用稀 $NaHCO_3$ 溶液调节。

若酸度过低，OH^- 与 $AgNO_3$ 滴定液反应生成 AgOH 甚至 Ag_2O 沉淀，也会导致测定结果偏高，可用稀 HNO_3 调节。

若溶液中有铵盐或其他能与 Ag^+ 生成配合物的物质存在时，由于在碱性溶液中生成 $Ag(NH_3)^+$ 或者 $[Ag(NH_3)_2]^+$ 等配位离子，使 AgCl 和 Ag_2CrO_4 的溶解度增大，测定的准确度降低，故应控制溶液的 pH 为 6.5~7.2。

3. 滴定时应剧烈振摇 剧烈振摇可以释放出被 AgCl 或 AgBr 沉淀吸附的 Cl^- 或 Br^-，防止滴定终点提前，滴定过程中应用力振摇。

4. 干扰的消除 能与 CrO_4^{2-} 生成沉淀的阳离子（如 Ba^{2+}、Pb^{2+}、Bi^{3+} 等）、能与 Ag^+ 生成沉淀的阴离子（如 S^{2-}、PO_4^{3-}、CO_3^{2-}、$C_2O_4^{2-}$ 等）、易水解的离子（如 Fe^{3+}、Al^{3+} 等）等均为干扰离子，应在滴定前预先分离。

（五）适用范围

本法主要用于 Cl^- 和 Br^- 的测定，不适用于 I^- 和 SCN^- 的测定，因为 AgI 和 AgSCN 沉淀有较强的吸附作用，即使剧烈振摇也无法使被吸附的 I^- 和 SCN^- 释放出来。

二、铁铵矾指示剂法

（一）概念

铁铵矾指示剂法（Volhard 法）是在酸性溶液中，以铁铵矾 $[NH_4Fe(SO_4)_2 \cdot 12H_2O]$ 作为指示剂的银量法。本法分为直接滴定法和剩余滴定法。

（二）铁铵矾指示剂直接滴定法

1. 概念 铁铵矾指示剂直接滴定法是在酸性条件下，以铁铵矾[$NH_4Fe(SO_4)_2 \cdot 12H_2O$]作为指示剂，以硫氰酸钾（KSCN）或硫氰酸铵（$NH_4SCN$）为滴定液，通过直接滴定测定 Ag^+ 含量的银量法。

2. 分析依据

（1）滴定反应 铁铵矾指示剂直接滴定法的滴定反应式为：

Ag^+（被测组分）$+ SCN^-$（滴定液）$\Longrightarrow AgSCN\downarrow$（白色）

（2）化学计量关系 计量点时：

$$\frac{n_{Ag^+}}{n_{SCN^-}} = \frac{1}{1}$$

（3）结果计算 根据滴定液的浓度和终点时消耗的体积即可计算 Ag^+ 的含量，计算公式为：

$$Ag^+\% = \frac{m_{Ag^+}}{m_s} \times 100\% = \frac{(cV)_{SCN^-} M_{Ag^+}}{m_s} \times 100\% \quad (g/g)$$

3. 滴定终点的确定

（1）滴定前 在酸性溶液中，银盐和铁铵矾在溶液中电离出 Ag^+ 和 Fe^{3+}，由于 Fe^{3+} 量少，溶液仍为无色的透明溶液。

$$NH_4Fe(SO_4)_2 \cdot 12H_2O \Longrightarrow NH_4^+ + Fe^{3+} + 2SO_4^{2-} + 12H_2O$$

（2）滴定开始至计量点前 加入的 SCN^- 滴定液与 Ag^+ 反应生成白色的 AgSCN 沉淀，溶液为白色的浑浊液。

$$Ag^+ + SCN^- \Longrightarrow AgSCN\downarrow（白色）$$

（3）计量点时 溶液中的 Ag^+ 与加入的 SCN^- 滴定液完全反应，此时，稍过量的 SCN^- 滴定液与溶液中的 Fe^{3+} 反应，生成红色的 $[Fe(SCN)]^{2+}$，溶液转变为浅红色的浑浊液，指示计量点的到达。

$$Fe^{3+} + SCN^- \Longrightarrow [Fe(SCN)]^{2+}（红色）$$

4. 滴定条件

（1）溶液的酸度 滴定应在 0.1～1mol/L HNO_3 溶液中进行，可避免许多弱酸根，如 $C_2O_4^{2-}$、PO_4^{3-}、CO_3^{2-} 等的干扰，提高方法的选择性，又可防止 Fe^{3+} 水解。

（2）指示剂的用量 为了能在滴定终点观察到明显的红色，终点时 $[Fe^{3+}]$ 应控制在 0.015mol/L 左右，若 Fe^{3+} 的浓度过大，其黄色会干扰终点的观察。

（3）滴定时应剧烈振摇 滴定反应生成的 AgSCN 沉淀具有强烈的吸附作用，部分 Ag^+ 被吸附于表面，使终点出现过早，结果偏低。因此滴定过程中必须充分振摇，使被沉淀吸附的 Ag^+ 解吸附，防止终点提前。

（4）干扰的消除 强氧化剂、氮的氧化物、铜盐、汞盐均可与 SCN^- 作用而干扰测定，必须事先除去。

5. 适用范围 可用于测定可溶性银盐中 Ag^+ 的含量。

（三）铁铵矾指示剂剩余滴定法

1. 概念 铁铵矾指示剂剩余滴定法是在酸性溶液中，加入定量且过量的 $AgNO_3$ 滴定液，再以铁铵矾 $[NH_4Fe(SO_4)_2 \cdot 12H_2O]$ 作为指示剂，用 NH_4SCN 滴定液滴定剩余的 $AgNO_3$，测定卤化物含量的银量法。

2. 分析依据

（1）滴定反应 铁铵矾指示剂剩余滴定法的滴定反应为：

$$Ag^+（定量、过量滴定液）+ X^-（被测组分）\rightleftharpoons AgX\downarrow$$

$$(X^- = Cl^-、Br^-、I^-、SCN^-、CN^- 等)$$

Ag^+（剩余的滴定液）$+ SCN^-$（返滴定液）$\rightleftharpoons AgSCN\downarrow$（白色）

（2）化学计量关系 计量点时：

$$\frac{n_{Ag^+}}{n_{x^-}} = \frac{1}{1} \quad \frac{n_{Ag^+（剩余）}}{n_{SCN^-}} = \frac{1}{1}$$

（3）结果计算

1）剩余的 $AgNO_3$ 滴定液的物质的量 由滴定终点时消耗 NH_4SCN 滴定液的体积和浓度，可计算过量的 $AgNO_3$ 滴定液的量。

$$n_{AgNO_3（剩余）} = n_{SCN^-} = (cV)_{SCN^-}$$

2）与被测组分卤化物反应的 $AgNO_3$ 滴定液的物质的量 等于加入 $AgNO_3$ 滴定液的总量减去过量的 $AgNO_3$ 滴定液。

$$n_{AgNO_3} = n_{AgNO_3（总量）} - n_{AgNO_3（剩余）} = (cV)_{AgNO_3} - (cV)_{SCN^-}$$

3）被测组分卤化物的含量 根据与被测组分卤化物反应的 $AgNO_3$ 滴定液的物质的量即可计算 X^- 的含量，计算公式为：

$$X^-\% = \frac{m_{X^-}}{m_s} \times 100\% = \frac{[(cV)_{AgNO_3} - (cV)_{SCN^-}] \times M_{X^-}}{m_s} \times 100\% \quad (g/g)$$

3. 滴定终点的确定

（1）滴定前 在酸性溶液中，卤素化合物在溶液中电离出卤离子 X^-，为无色的透明溶液。

（2）滴定 加入定量过量的 $AgNO_3$ 滴定液与 X^- 反应生成 AgX 沉淀。

$$Ag^+（定量，过量）+ X^- \rightleftharpoons AgX\downarrow$$

（3）剩余滴定 加入铁铵矾指示剂，用 NH_4SCN 滴定液滴定剩余的 $AgNO_3$ 滴定液，计量点时，NH_4SCN 滴定液与溶液中的 Fe^{3+} 反应，生成红色的 $[Fe(SCN)]^{2+}$，溶液转变为浅红色的浑浊液，指示计量点的到达。

$$Ag^+（剩余）+ SCN^- \rightleftharpoons AgSCN\downarrow（白色）$$

$$Fe^{3+} + SCN^- \rightleftharpoons [Fe(SCN)]^{2+}（红色）$$

4. 滴定条件

（1）溶液的酸度滴定　应在 $0.1 \sim 1 mol/L\ HNO_3$ 溶液中进行。可避免许多弱酸根，如 $C_2O_4^{2-}$、PO_4^{3-}、CO_3^{2-} 等的干扰，提高方法的选择性，又可防止 Fe^{3+} 水解。

（2）指示剂的用量　为了能在滴定终点观察到明显的红色，［Fe^{3+}］应控制在 $0.015 mol/L$ 左右。

（3）滴定时应充分振摇，返滴定时不可用力振摇　测定氯化物时，由于 AgCl 沉淀的溶解度比 AgSCN 沉淀的溶解度大，若返滴定时用力振摇可造成 AgCl 沉淀在返滴定过程中转换为 AgSCN 沉淀，造成滴定终点推迟，造成较大的负误差。为防止上述现象的发生，须先将已生成的 AgCl 沉淀滤去，或者剩余滴定前向溶液中加入 $1 \sim 3 ml$ 硝基苯或异戊醇，并强烈振摇，使其包裹在沉淀颗粒的表面上，再用硫氰酸铵滴定剩余的硝酸银。测定溴化物或碘化物时，由于 AgBr 和 AgI 沉淀的溶解度都比 AgSCN 沉淀的溶解度小，则不必这样做。

（4）剩余滴定法　测定碘化物时，指示剂必须在加入过量 $AgNO_3$ 溶液之后才能加入，以免发生 $2I^- + 2Fe^{3+} \rightleftharpoons I_2 + 2Fe^{2+}$ 反应，造成结果误差。

（5）干扰的消除　强氧化剂、氮的氧化物、铜盐、汞盐均可与 SCN^- 作用而干扰测定，必须事先除去。

5. 适用范围　可用于测定 Cl^-、Br^-、I^-、SCN^-、CN^- 等。

> **请你想一想**
>
> 铁铵矾指示剂返滴定法测定 Cl^- 含量时，对 AgCl 沉淀应如何处理？如果不处理对测定结果有何影响？测定 Br^- 或 I^- 时也需要对银盐沉淀处理吗？为什么？

你知道吗

佛尔哈德

雅克布佛尔哈德（Jacob Volhard，1834—1910）是 19 ~ 20 世纪之交知名的德国化学家，他一生勤奋工作，在有机化学、分析化学及教书育人等领域成绩卓著。以银与硫氰酸盐之间的定量反应为基础制定的容量分析银量法就是佛尔哈德教授研制开发的。

> **请你想一想**
>
> 同学们知道莫尔法和法扬司法名称的由来吗？

三、吸附指示剂法

（一）概念

吸附指示剂法（Fajans 法）是以硝酸银为滴定液，用吸附指示剂确定滴定终点的银量法。

吸附指示剂是一类有色的有机染料，属于有机弱酸或弱碱。吸附指示剂的离子被带异电荷的胶体沉淀微粒表面吸附之后，结构发生改变而导致颜色变化，从而指示滴定终点。如吸附指示剂荧光黄是一种有机弱酸，用 HFIn 表示，它在溶液中解离出黄绿色的离子 FIn^-，被难溶银盐胶状沉淀吸附后，结构发生变化而呈粉红色。

$$HFIn \Longrightarrow FIn^-（黄绿色）+ H^+$$

（二）分析依据

以测定 Cl^- 为例。

1. 滴定反应　吸附指示剂法的滴定反应为：

$$Ag^+（滴定液）+ Cl^-（被测组分）\Longrightarrow AgCl \downarrow（白色）$$

2. 化学计量关系　计量点时：

$$\frac{n_{Ag^+}}{n_{Cl^-}} = \frac{1}{1}$$

3. 结果计算　根据滴定液的浓度和终点时消耗的体积即可计算氯化物的含量，计算公式为：

$$Cl^-\% = \frac{m_{Cl^-}}{m_s} \times 100\% = \frac{c_{AgNO_3} \times V_{AgNO_3} M_{Cl^-}}{m_s} \times 100\%（g/g）$$

（三）滴定终点的确定

以荧光黄为指示剂，直接滴定 Cl^- 为例。

1. 滴定前　在 NaCl 溶液中加入荧光黄 HFIn 指示剂，NaCl 和荧光黄分别电离，溶液呈现荧光黄阴离子 FIn^- 的颜色，为黄绿色的透明溶液。

$$NaCl \Longrightarrow Na^+ + Cl^- \qquad HFIn \Longrightarrow H^+ + FIn^-（黄绿色）$$

2. 滴定开始至计量点前　加入的 $AgNO_3$ 滴定液与 Cl^- 反应生成白色的 AgCl 沉淀，AgCl 沉淀选择性吸附溶液中剩余的 Cl^-，沉淀表面带负电荷，不吸附荧光黄阴离子 FIn^-，溶液为黄绿色的浑浊液。

$$Ag^+ + Cl^- \Longrightarrow AgCl \downarrow（白色）$$
$$AgCl + Cl^- \Longrightarrow AgCl \cdot Cl^-$$

3. 计量点时　溶液中的 Cl^- 与加入的 $AgNO_3$ 滴定液完全反应，此时，AgCl 沉淀选择性吸附溶液中稍过量的 Ag^+，沉淀表面带正电荷，吸附荧光黄阴离子 FIn^-，FIn^- 颜色转变为粉红色，指示计量点的到达。

$$AgCl + Ag^+ \Longrightarrow AgCl \cdot Ag^+$$
$$AgCl \cdot Ag^+ + FIn^- \Longrightarrow AgCl \cdot Ag^+ \cdot FIn^-（粉红色）$$

（四）滴定条件

为使滴定终点时颜色变化明显，吸附指示剂法的滴定条件如下。

1. 防止胶体沉淀的凝聚　吸附指示剂颜色的变化发生在沉淀表面，胶体沉淀颗粒很小，比表面积大，吸附指示剂离子多，颜色明显。为使沉淀保持胶体状态，具有较大的吸附表面，防止沉淀凝聚，应在滴定前加入糊精、淀粉等亲水性高分子化合物等胶体保护剂，使卤化银呈胶体状态。

2. 溶液的酸度　应有利于指示剂显色形体的存在。常用吸附指示剂大都为有机弱酸，而起指示作用的主要是阴离子，因此必须控制适宜的酸度，使指示剂在溶液中保持阴离子状态。例如，荧光黄只能在 pH 为 7.0 ~ 10 的中性或弱碱性溶液中使用，若 pH < 7，则主要以 HFIn 的形式存在，不被沉淀吸附，无法指示终点。常用的几种吸附指示剂的适用 pH 范围见表 7 – 2。

表 7 – 2　常用的吸附指示剂

名称	被测组分	指示液颜色	被吸附后颜色	适用的 pH 范围
荧光黄	Cl^-	黄绿色	粉红色	7 ~ 10
二氯荧光黄	Cl^-	黄绿色	红色	4 ~ 10
曙红	Br^-、I^-、SCN^-	橙色	红色	2 ~ 10
二甲基二碘荧光黄	I^-	橙红色	蓝红色	中性

3. 胶体颗粒对指示剂的吸附能力　应略小于对被测离子的吸附能力。在计量点前，胶体沉淀吸附溶液中的被测离子，到达计量点被测离子完全反应时，胶体颗粒就立即吸附指示剂离子而变色。若胶体颗粒对指示剂离子的吸附能力比对被测离子的吸附能力强，则会在计量点前就吸附指示剂离子而变色，使滴定终点提前，测定结果偏低；但是若胶体颗粒对指示剂离子的吸附能力太弱，则会在到达计量点时不能被吸附变色，使滴定终点推迟，测定结果偏高。卤化银胶体对卤素离子和几种常用指示剂的吸附力的大小次序为：

$$I^- > 二甲基二碘荧光黄 > Br^- > 曙红 > Cl^- > 荧光黄$$

因此在滴定 Cl^- 时只能选用荧光黄为指示剂，滴定 Br^- 时选用曙红为指示剂。

4. 避免强光照射　因卤化银胶体沉淀对光极为敏感，易分解析出金属银使沉淀变为灰色或黑色，影响滴定终点的观察，故滴定过程要避免强光照射。

5. 溶液的浓度　浓度不能太低，否则，生成的沉淀太少，终点颜色变化不易观察。

> **请你想一想**
>
> 待测定的样品是含有 Cl^- 和 Br^- 的混合物，如果要测定其中含有 Cl^- 和 Br^- 的总量，该选择银量法三种方法中的哪一种或者哪几种？如果需要分别测出其中 Cl^- 和 Br^- 的含量，又该如何操作？

（五）适用范围

可用于测定 Cl^-、Br^-、I^-、SCN^- 等。

任务三　银量法的滴定液

银量法中使用的滴定液主要有硝酸银滴定液和硫氰酸铵滴定液两种。

一、硝酸银滴定液的配制与标定

硝酸银滴定液可以通过精密称取一定量的基准硝酸银用直接法配制。但一般常用间接法进行配制，即采用分析纯的 $AgNO_3$ 配制近似浓度的溶液，再用基准氯化钠进行标定。配制 $AgNO_3$ 标准溶液的水应无 Cl^-，否则配制的 $AgNO_3$ 溶液出现白色沉淀，将不能使用。

标定 $AgNO_3$ 标准溶液可以采用银量法三种方法中的任何一种，《中国药典》（2020年版）中采用吸附指示剂法。吸附指示剂仅可使沉淀的表面发生颜色变化，而不会引起溶液颜色的改变，故应尽可能使氯化银沉淀保持胶体状态，拥有较大的比表面积，因此，在滴定前先加入淀粉或糊精保护胶体。

硝酸银滴定液的准确浓度可由称取基准氯化钠的重量和终点时消耗滴定液的体积计算得知，物质的量浓度计算公式为：

$$c_{AgNO_3} = \frac{m_{NaCl}}{M_{NaCl} \times V_{AgNO_3}}$$

由于硝酸银性质不稳定，见光易分解，因此为保持浓度的稳定，硝酸银滴定液应避光、在暗处密闭保存。

二、硫氰酸铵滴定液的配制与标定

由于硫氰酸铵易吸湿，并常含有杂质，很难得到纯品，因此 NH_4SCN 滴定液只能采用间接法进行配制，再用 $AgNO_3$ 标准溶液通过比较法进行标定，标定的原理属于铁铵矾指示剂直接滴定法。

NH_4SCN 滴定液的准确浓度可由精密量取硝酸银滴定液的浓度和体积、终点时消耗硫氰酸铵滴定液的体积计算得知，物质的量浓度计算公式为：

$$c_{NH_4SCN} = \frac{c_{AgNO_3} \times V_{AgNO_3}}{V_{NH_4SCN}}$$

任务四　银量法的应用与示例

药品检验中，无机卤化物（如 NaCl、KCl、NaBr、KBr、KI、NaI 等）、有机碱的氢卤酸盐（如盐酸丙卡巴肼等）、银盐（如磺胺嘧啶银等）、有机卤化物（如三氯叔丁醇、林旦等）以及能形成难溶性银盐的非含卤素有机化合物（如苯巴比妥等），都可用银量法测定。

对于无机卤化物和有机碱的氢卤酸盐，由于在溶液中可直接离解出卤素离子，故可溶解后根据测定要求从三种银量法中选择一种方法进行测定。

测定有机卤化物的含量时，实质上是测定有机卤化物中卤素原子的含量，因此测定前需进行适当的处理，使有机卤化物中的有机卤素（—C—X）以无机卤离子（X^-）形式进入溶液后，再用银量法测定。使有机卤素转变为无机卤素离子的方法有碱（氢氧化钠、氢氧化钾）水解法、氧瓶燃烧法等。

（一）溴化钾的测定

取本品约 0.2g，精密称定，加蒸馏水 100ml 使溶解后，加稀醋酸 10ml 及曙红指示剂 10

滴，用 $AgNO_3$ 溶液（0.1mol/L）滴定至出现桃红色凝乳状沉淀为终点。其滴定反应为：

$$Ag^+ + Br^- \rightleftharpoons AgBr\downarrow$$

其含量计算公式为：

$$KBr\% = \frac{(cV)_{AgNO_3}M_{KBr}}{m_s} \times 100\% \quad (g/g)$$

（二）盐酸丙卡巴肼的含量测定

盐酸丙卡巴肼为 N－（1－甲基乙基）－4－［（2－甲基肼基）甲基］苯甲酰胺盐酸盐（$C_{12}H_{19}N_3O \cdot HCl$），结构式如图 7－1 所示，为抗肿瘤药。其含量测定方法为：取本品约 0.25g，精密称定，加水 50ml 溶解后，加硝酸 3ml，精密加硝酸银滴定液（0.1mol/L）20ml，再加邻苯二甲酸二丁酯约 3ml，强力振摇后，加硫酸铁铵指示液 2ml，用硫氰酸铵滴定液（0.1mol/L）滴定，并将滴定的结果用空白试验校正。每 1ml 硝酸银滴定液（0.1mol/L）相当于 25.78mg 的 $C_{12}H_{19}N_3O \cdot HCl$［《中国药典》（2020 年版）］。其含量计算公式为：

$$C_{12}H_{19}N_3O \cdot HCl\% = \frac{TFV}{m_s} \times 100\%$$

式中，T 为硝酸银滴定液（0.1mol/L）对盐酸丙卡巴肼的滴定度，25.78×10^{-3} g/ml；F 为浓度校正因子，硝酸银滴定液实际浓度与理论浓度（0.1mol/L）的比值；V 为实际消耗的硝酸银滴定液的体积，ml；m_s 为盐酸丙卡巴肼样品的质量，g。

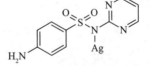

图7－1 盐酸丙卡巴肼结构式　　图7－2 磺胺嘧啶银结构式　　图7－3 林旦结构式

（三）磺胺嘧啶银的含量测定

磺胺嘧啶银为 N－2－嘧啶基－4－氨基苯磺酰胺银盐（$C_{10}H_9AgN_4O_2S$），结构式如图 7－2 所示，属于磺胺类抗菌药。其含量测定方法为：取本品约 0.5g，精密称定，置于具塞锥形瓶中，加硝酸 8ml 溶解后，加水 50ml 与硫酸铁铵指示液 2ml 用硫氰酸铵滴定液（0.1mol/L）滴定。每 1ml 硫氰酸铵滴定液（0.1mol/L）相当于 35.71mg 的 $C_{10}H_9AgN_4O_2S$［《中国药典》（2020 年版）］。其含量计算公式为：

$$C_{10}H_9AgN_4O_2S\% = \frac{TFV}{m_s} \times 100\%$$

式中，T 为硫氰酸铵滴定液（0.1mol/L）对磺胺嘧啶银的滴定度，35.71×10^{-3} g/ml；F 为浓度校正因子，硫氰酸铵滴定液实际浓度与理论浓度（0.1mol/L）的比值；V 为实际消耗的硫氰酸铵滴定液的体积，ml；m_s 为磺胺嘧啶银样品的质量，g。

（四）林旦的含量测定

林旦为（1α、2α、3β、4α、5α、6β）－1，2，3，4，5－六氯环己烷（$C_6H_6Cl_6$），

结构式如图 7-3 所示，临床常用作抗寄生虫药。

其含量测定方法为：取本品约 0.4g，精密称定，加乙醇 25ml，置于热水浴中加热使溶解，冷却，加 1mol/L 乙醇制氢氧化钾溶液 10ml，轻轻摇匀，静置 10 分钟，加水 100ml，加 2mol/L 硝酸溶液中和，并过量 10ml，精密加硝酸银滴定液（0.1mol/L）50ml，摇匀，加硫酸铁铵指示液 2ml，用硫氰酸铵滴定液（0.1mol/L）滴定至溶液显淡棕红色，并将滴定的结果用空白试验校正。每 1ml 硝酸银滴定液（0.1mol/L）相当于 9.649mg 的 $C_6H_6Cl_6$ ［《中国药典》（2020 年版）］。

含量计算公式为：

$$C_6H_6Cl_6\% = \frac{T \times F \times \left[V_{AgNO_3} - \frac{c_{NH_4SCN}}{c_{AgNO_3}} \left(V_{空白} - V_{NH_4SCN} \right) \right]}{m_s} \times 100\%$$

式中，T 为硝酸银滴定液（0.1mol/L）对林旦的滴定度，9.649×10^{-3}g/ml；F 为浓度校正因子，硝酸银滴定液实际浓度 c_{AgNO_3} 与理论浓度（0.1mol/L）的比值；m_s 为林旦样品的质量，g。

> **请你想一想**
>
> 以上案例中的药物，都分别采用了银量法中的哪一种方法进行含量测定的？那些药物用了直接滴定法或剩余滴定法？试试在原文中划出他们所用的滴定液和指示剂以及终点颜色。

你知道吗

苯巴比妥的含量测定

苯巴比妥临床上用作镇静催眠药，抗惊厥药。苯巴比妥分子中并不含有卤元素，但它能与硝酸银结合生成难溶性银盐，因此也能用银量法测定其含量。

测定原理：在新制的甲醇溶液和 3% 无水碳酸钠碱性溶液中，巴比妥类药物可与银离子定量结合成银盐。在滴定过程中，先形成可溶性的一银盐，当其生成完全后，稍过量的银离子与药物形成难溶的二银盐，溶液变浑浊，《中国药典》（2020 年版）规定用电位法指示终点。

测定方法：取本品约 0.2g，精密称定，加甲醇 40ml 使溶解，再加新制的 3% 无水碳酸钠溶液 15ml，照电位滴定法，用硝酸银滴定液（0.1mol/L）滴定。每 1ml 硝酸银滴定液（0.1mol/L）相当于 23.22mg 的 $C_{12}H_{12}N_2O_3$。

计算公式：$C_{12}H_{12}N_2O_3\% = \frac{TFV}{m_s} \times 100\%$

式中，T 为硝酸银滴定液（0.1mol/L）对苯巴比妥的滴定度，23.22×10^{-3}g/ml；F 为浓度校正因子，硝酸银滴定液实际浓度 c_{AgNO_3} 与理论浓度（0.1mol/L）的比值；V

为实际消耗的硝酸银滴定液体积，ml；m_s 为苯巴比妥样品的质量，g。

实训八　0.1mol/L 硝酸银滴定液的配制与标定 📱 微课 2

一、实训目的

1. 学会 0.1mol/L 标准溶液的配制与贮存方法。
2. 掌握用氯化钠基准物质标定硝酸银溶液的原理、方法和计算。
3. 学会用吸附指示剂判断滴定终点的方法。

二、实训原理

标定硝酸银的基准物质为氯化钠，以荧光黄（HFIn）指示剂指示滴定终点，终点时混悬液颜色由黄绿色变为粉红色。

标定反应为：$NaCl + AgNO_3 \rightleftharpoons NaNO_3 + AgCl\downarrow$（白色）

终点时：$AgCl \cdot Ag^+ + FIn^- \rightleftharpoons AgCl \cdot Ag^+ \cdot FIn^-$

　　　　　　（黄绿色）　　　　　　　（粉红色）

为使终点变色敏锐，将溶液适当稀释并加入糊精保护沉淀胶体颗粒。

三、仪器与试剂

1. 仪器　万分之一天平、棕色酸式滴定管（50ml）、锥形瓶（250ml）、量筒（100ml）、烧杯（500ml）及棕色试剂瓶（1000ml）。

2. 试剂　基准氯化钠、糊精、碳酸钙及荧光黄指示剂。

四、实训步骤

1. 0.1mol/L AgNO₃ 溶液的配制　取硝酸银约 17.5g，置于烧杯（500ml）中，加 100ml 蒸馏水溶解，然后移入棕色磨口试剂瓶中，加蒸馏水稀释到 1000ml，盖上玻璃塞，摇匀，贴上标签备用。

2. 0.1mol/L AgNO₃ 溶液的标定　用减重法称取 3 份在 110℃ 干燥至恒重的基准氯化钠约 0.2g，分别置于 250ml 锥形瓶中，加蒸馏水 50ml 使溶解，再加糊精溶液（1→50）5ml、碳酸钙 0.1g 与荧光黄指示液 8 滴，用待标定的溶液滴定至浑浊溶液由黄绿变为粉红色，即为终点。记录消耗溶液的体积，按下式计算溶液的准确浓度：

$$c_{AgNO_3}\ (mol/L) = \frac{m_{NaCl}\ (g)}{M_{NaCl}\ (g/mol) \times V_{AgNO_3}\ (ml)\ \times 10^{-3}}\ (M_{NaCl} = 58.44g/mol)$$

3. 数据记录

项目	测定次数		
	1	2	3
称取基准物 NaCl 的质量 m（g）			
滴定消耗 AgNO$_3$ 标准溶液的体积 V（ml）			
AgNO$_3$ 标准溶液的浓度 c（mol/L）			
AgNO$_3$ 标准溶液的浓度平均值 $\bar{c}$（mol/L）			
相对平均偏差 $\bar{Rd}$（%）			

4. 计算过程

五、思考题

本实训中滴定液为何要放置在棕色瓶中？标定过程中应如何做好自身防护？

实训九　0.1mol/L 硫氰酸铵滴定液的配制与标定

一、实训目的

1. 学会 0.1mol/L 硫氰酸铵标准溶液的配制方法；用铁铵矾指示剂进行滴定终点的判断。

2. 掌握用硝酸银滴定液标定硫氰酸铵溶液的原理和方法。

二、实训原理

硫氰酸铵滴定液用间接配制法配制，用比较法进行标定，标定的原理属于铁铵矾指示剂直接滴定法。

标定反应为：$AgNO_3 + NH_4SCN \Longleftrightarrow NH_4NO_3 + AgSCN \downarrow$（白色）

终点前：$Ag^+ + SCN^- \Longleftrightarrow AgSCN \downarrow$（白色）

终点时：$Fe^{3+} + SCN^- \Longleftrightarrow [Fe(SCN)]^{2+}$（红色）

三、仪器与试剂

1. **仪器**　万分之一天平、棕色酸式滴定管（50ml）、单标线移液管（25ml）、锥形瓶（250ml）、量筒（100ml）、烧杯（500ml）、棕色试剂瓶（1000ml）。

2. 试剂　硫氰酸铵、硝酸银滴定液（0.1mol/L）、硝酸、硫酸铁铵指示剂。

四、实训步骤

1. 0.1mol/L NH₄SCN 溶液的配制　取硫氰酸铵约8.0g，置于烧杯（500ml）中，加100ml蒸馏水溶解，然后移入棕色磨口试剂瓶中，加蒸馏水稀释到1000ml，盖上玻璃塞，摇匀，贴上标签备用。

2. 0.1mol/L NH₄SCN 溶液的标定　精密量取硝酸银滴定液（0.1mol/L）25ml 三份，分别置于250ml锥形瓶中，加水50ml、硝酸2ml与硫酸铁铵指示液2ml，用待标定的NH₄SCN溶液滴定至溶液显淡棕红色，经剧烈振摇后仍不褪色，即为终点。记录消耗的NH₄SCN溶液的体积，按下式计算NH₄SCN溶液的准确浓度。

$$c_{NH_4SCN} = \frac{c_{AgNO_3} \times V_{AgNO_3}}{V_{NH_4SCN}}$$

3. 数据记录

项目	测定次数		
	1	2	3
AgNO₃ 标准溶液的体积 V_{AgNO_3}（ml）			
滴定消耗 NH₄SCN 标准溶液的体积 V_{NH_4SCN}（ml）			
NH₄SCN 标准溶液的浓度 c_{NH_4SCN}（mol/L）			
NH₄SCN 标准溶液的浓度平均值 $\bar{c}_{NH_4SCN}$（mol/L）			
相对平均偏差 $\bar{Rd}$（%）			

已知 AgNO₃ 标准溶液的浓度 $c_{AgNO_3}=$ 　　　mol/L。

4. 计算过程

5. 结果讨论与误差分析

实训十　氯化钠注射液的含量测定

一、实训目的

1. 学会按照《中国药典》规定测定氯化钠注射液的含量。
2. 巩固用吸附指示剂判断滴定终点的方法。
3. 能熟练使用移液管、滴定管和进行滴定操作。

二、实训原理

氯化钠注射液的主要成分为氯化钠，可以用银量法测定其含量，以硝酸银为滴定液，荧光黄（HFIn）指示剂指示滴定终点，终点时混悬液颜色由黄绿色变为粉红色。

标定反应为：$NaCl + AgNO_3 \rightleftharpoons NaNO_3 + AgCl\downarrow$　（白色）

终点时：$AgCl \cdot Ag^+ + FIn^- \rightleftharpoons AgCl \cdot Ag^+ \cdot FIn^-$

　　　　　　（黄绿色）　　　　　　（粉红色）

三、仪器与试剂

1. 仪器　棕色酸式滴定管（50ml）、单标线移液管（10ml）、容量瓶（100ml）、锥形瓶（250ml）、量筒（100ml）、烧杯（500ml）、棕色试剂瓶（1000ml）。

2. 试剂　氯化钠注射液、硝酸银滴定液（0.1mol/L）、2%糊精溶液、2.5%硼砂溶液、荧光黄指示液。

四、实训步骤

1. 药典规定　本品为氯化钠的等渗灭菌水溶液，含氯化钠（NaCl）应为0.850%~0.950%（g/ml）。

2. 操作步骤　精密量取氯化钠注射液10ml，置于100ml容量瓶中，加水至刻度，摇匀；精密量取上述溶液10ml三份，分别置于250ml锥形瓶中，加水40ml、2%糊精溶液5ml、2.5%硼砂溶液2ml与荧光黄指示液5~8滴，用硝酸银滴定液（0.1mol/L）滴定至浑浊溶液由黄绿变为粉红色，即为终点。每1ml硝酸银滴定液（0.1mol/L）相当于5.844mg的NaCl。按按下式计算NaCl的含量：

$$NaCl\% = \frac{T \times F \times V}{V_s \times \dfrac{10.00}{100.00}} \times 100\%$$

式中，T为硝酸银滴定液（0.1mol/L）对氯化钠的滴定度，5.844×10^{-3} g/ml；F为浓度校正因子，硝酸银滴定液实际浓度与理论浓度（0.1mol/L）的比值；V为实际消耗的硝酸银滴定液的体积，ml；V_s为氯化钠注射液样品的体积，本实训中取用量为10.00ml。

3. 数据记录

项目	测定次数		
	1	2	3
NaCl 供试液体积 V_s（ml）			
滴定消耗 AgNO₃ 标准溶液的体积 V（ml）			
NaCl 的含量%（g/ml）			
NaCl 的含量平均值%（g/ml）			
相对平均偏差 $\overline{Rd}$（%）			
结论 本品按《中国药典》（2020 年版）二部检验，结果□符合规定　□不符合规定			

已知 AgNO₃ 标准溶液的浓度 c_{AgNO_3} = ＿＿＿＿ mol/L。

4. 计算过程

5. 结果讨论与误差分析

目标检测

一、选择题

1. 银量法是根据（　　）不同进行分类的。

　　A. 滴定液　　　　　　B. 溶剂　　　　　　C. 指示剂　　　　　　D. 滴定方式

2. 铬酸钾指示剂法的滴定液是（　　）。

　　A. 氯化钠　　　　　　B. 硝酸银　　　　　C. 硫氰酸铵　　　　　D. 硫氰酸钾

3. 铬酸钾指示剂法滴定时最适宜的酸度条件为（　　）。

　　A. 6.5～10.5　　　　B. 2～10　　　　　　C. 4～10　　　　　　D. 稀硝酸

4. 铁铵矾指示剂法测定银盐含量时，采用的是（　　）。

　　A. 直接滴定法　　　B. 剩余滴定法　　　C. 置换滴定法　　　D. 返滴定法

5. 用吸附指示剂法测定溴离子时，最适宜的指示剂是（　　）。

　　A. 铬酸钾　　　　　B. 曙红　　　　　C. 二甲基二碘荧光黄　　D. 铬黑 T

6. 在沉淀滴定法中，对沉淀反应的要求是（　　）。

　　A. 沉淀反应要定量完成　　　　　　B. 沉淀反应速率要快

　　C. 沉淀的溶解度要小　　　　　　　D. 有确定终点的简便方法

7. 下列属于银量法的是（　　）。

A. 铁铵矾指示剂法   B. 吸附指示剂法

C. 铬酸钾指示剂法   D. EDTA 滴定法

8. 在铁铵矾指示剂法中，可用的返滴定法来测定的物质是（　　）。

A. 氯化物   B. 碘化物   C. 硫氰酸盐   D. 溴化物

9. 下列有关铬酸钾指示剂法测定的叙述中，正确的是（　　）。

A. 指示剂的用量越多越好

B. 滴定时剧烈摇动，以使 AgX 吸附的 X^- 释放出来

C. 与 Ag^+ 形成沉淀或配合物的阴离子干扰测定

D. 与铬酸根形成沉淀的阳离子干扰测定

10. 下列属于吸附指示剂法滴定条件的是（　　）。

A. 滴定前要加入糊精或淀粉

B. 沉淀对指示剂离子的吸附能力应略小于沉淀对被测离子的吸附能力

C. 滴定时要加热

D. 溶液的酸度要适当

二、计算题

1. 称取氯化钾样品 0.1621g，加蒸馏水溶解后，用 0.1017mol/L 的 $AgNO_3$ 溶液滴定，用去 20.35ml，求样品中 KCl 的含量。（M_{KCl} 为 74.55g/mol）

2. 取溴化钾试样 0.2523g，加水 100ml 溶解后，加稀醋酸 10ml 与曙红钠指示液 10 滴，用 0.1008mol/L 的硝酸银滴定液滴定，用去 20.12ml，每 1ml 硝酸银滴定液 (0.1mol/L) 相当于 11.90mg 的 KBr，试计算试样中溴化钾的百分含量。（M_{KBr} 为 119.0g/mol）

3. 称取食盐 0.2015g 溶于水后，以 5% K_2CrO_4 作指示剂，滴定至终点消耗 0.1055mol/L 的 $AgNO_3$ 滴定液 22.61ml，计算食盐中氯化钠的含量。（M_{NaCl} 为 58.44g/mol）

4. 称取 NaCl 试样 0.1208g，用加蒸馏水 30.00ml 溶解，加入 K_2CrO_4 指示剂，以浓度为 0.1023mol/L 的 $AgNO_3$ 标准溶液滴定至出现砖红色，用去 $AgNO_3$ 标准溶液 19.18ml，空白消耗 0.02ml，每 1ml 硝酸银滴定液 (0.1mol/L) 相当于 5.844mgNaCl，试计算 NaCl 的纯度。（M_{NaCl} 为 58.44g/mol）

书网融合……

e微课1   e微课2   划重点   自测题

PPT

项目八 配位滴定法

学习目标

知识要求

1. **掌握** EDTA 滴定法的概念、分析原理和滴定终点的确定；EDTA 及其性质、离解平衡、配合物的特点；金属指示剂的概念、作用原理、应具备的条件以及常用的金属指示剂；EDTA 滴定法准确滴定的条件、最高酸度和最低酸度的概念、溶液酸度的控制方法。

2. **熟悉** 配合物稳定常数和条件稳定常数的意义；酸效应和配位效应对 EDTA 滴定反应的影响。

3. **了解** 金属指示剂封闭现象的概念、产生原因和消除方法。

能力要求

1. 能按照《中国药典》规定配制和标定 EDTA 滴定液。
2. 会按照《中国药典》规定配制缓冲溶液和金属指示剂。
3. 会正确记录实训数据及对结果进行计算评价。

实例分析

实例 硫酸镁的含量测定 取本品约 0.25g，精密称定，加水 30ml 溶解后，加氨-氯化铵缓冲液（pH 10.0）10ml 与铬黑 T 指示剂少许，用乙二胺四乙酸二钠滴定液（0.05mol/L）滴定至溶液由紫红色转变为纯蓝色。每 1ml 乙二胺四乙酸二钠滴定液（0.05mol/L）相当于 6.018mg 的 $MgSO_4$。

问题 1. 什么是配位滴定法？什么是 EDTA 滴定法？

2. 什么是金属指示剂？它们是如何指示滴定终点的？

3. 什么是缓冲溶液？滴定过程中为什么要加缓冲液？

配位滴定法，又称络合滴定法，是以配位反应为基础的滴定分析方法，即滴定反应是金属离子和配位剂反应生成配位化合物的反应。能够生成配位化合物的反应很多，但是能用于配位滴定的却很少，应用于配位滴定的反应必须具备下列条件。

（1）配位反应要按一定的化学反应式定量地进行。

（2）配位反应要进行完全，形成的配合物要稳定且可溶。

（3）反应必须迅速。

（4）要有适当的方法确定滴定终点。

绝大部分无机配位剂由于配合物不稳定（或反应不完全）、分级配位（计量关系不确定或终点无法确定）等原因，不能满足滴定分析法对滴定反应的要求。

氨羧配位剂由于具有几乎能与所有金属离子配位、配合物稳定等特点，广泛用于配位滴定法中，其中最常用的是乙二胺四乙酸（ethylenediamine tetraacetic acid，简称 EDTA），故配位滴定法主要是指 EDTA 滴定法，即滴定反应为金属离子和 EDTA 反应生成螯合物的配位滴定法。

你知道吗

配位化学之父

配位化学之父维尔纳（Alfred. Werner，1866—1919，瑞士）在 1892 年就提出了配位化合物的配位价键理论，当时他只有 20 多岁。维尔纳后来用了大量的时间和铁一般的事实证明了自己的理论，在 1913 年，他也因创立配位化学的理论，获得了诺贝尔化学奖。

任务一　EDTA 及其配合物

一、EDTA 的结构及其性质

（一）EDTA 的结构

乙二胺四乙酸（EDTA），常用 H_4Y 表示，其分子结构式为：

$$\text{HOOCH}_2\text{C} \diagdown \qquad \diagup \text{CH}_2\text{COOH}$$
$$\text{N}-\text{CH}_2-\text{CH}_2-\text{N}$$
$$\text{HOOCH}_2\text{C} \diagup \qquad \diagdown \text{CH}_2\text{COOH}$$

（二）EDTA 的性质

乙二胺四乙酸（EDTA）为白色粉末状结晶，在水中的溶解度很小，故在 EDTA 滴定中，常使用 EDTA 二钠盐（用 $Na_2H_2Y \cdot 2H_2O$ 表示）配制滴定液，$Na_2H_2Y \cdot 2H_2O$ 在 22℃ 的溶解度为 11.1g/100ml，约为 0.3mol/L，pH 约为 4.4。EDTA 二钠盐一般也简称为 EDTA。

（三）EDTA 的电离平衡

在水溶液中，互为对角线的羧基上的两个氢离子会转移到氮原子上，形成双偶极分子，其结构式为：

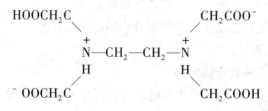

在酸性较强溶液中，两个羧酸根还可以再结合两个 H^+ 而形成 H_6Y^{2+}。因此，EDTA 可看作六元酸，在溶液中有六级电离平衡：

$$H_6Y^{2+} \underset{+H^+}{\overset{-H^+}{\rightleftharpoons}} H5Y^+ \underset{+H^+}{\overset{-H^+}{\rightleftharpoons}} H4Y \underset{+H^+}{\overset{-H^+}{\rightleftharpoons}} H_3Y^- \underset{+H^+}{\overset{-H^+}{\rightleftharpoons}} H_2Y^{2-} \underset{+H^+}{\overset{-H^+}{\rightleftharpoons}} HY^{3-} \underset{+H^+}{\overset{-H^+}{\rightleftharpoons}} Y^{4-}$$

$$H_6Y^{2+} \rightleftharpoons H^+ + H_5Y^+ \qquad K_{a_1} = \frac{[H_5Y^+][H^+]}{[H_6Y^{2+}]} = 1.26 \times 10^{-1} \qquad pK_{a_1} = 0.90$$

$$H_5Y^+ \rightleftharpoons H^+ + H_4Y \qquad K_{a_2} = \frac{[H_4Y][H^+]}{[H_5Y^+]} = 2.51 \times 10^{-2} \qquad pK_{a_2} = 1.60$$

$$H_4Y \rightleftharpoons H^+ + H_3Y^- \qquad K_{a_3} = \frac{[H_3Y^-][H^+]}{[H_4Y]} = 1.00 \times 10^{-2} \qquad pK_{a_3} = 2.00$$

$$H_3Y^- \rightleftharpoons H^+ + H_2Y^{2-} \qquad K_{a_4} = \frac{[H_2Y^{2-}][H^+]}{[H_3Y^-]} = 2.14 \times 10^{-3} \qquad pK_{a_4} = 2.67$$

$$H_2Y^{2-} \rightleftharpoons H^+ + HY^{3-} \qquad K_{a_5} = \frac{[HY^{3-}][H^+]}{[H_2Y^{2-}]} = 6.92 \times 10^{-7} \qquad pK_{a_5} = 6.16$$

$$HY^{3-} \rightleftharpoons H^+ + Y^{4-} \qquad K_{a_6} = \frac{[Y^{4-}][H^+]}{[HY^{3-}]} = 5.50 \times 10^{-11} \qquad pK_{a_6} = 10.26$$

由上述电离平衡可以看出，EDTA 在水溶液中以 H_6Y^{2+}、H_5Y^+、H_4Y、H_3Y^-、H_2Y^{2-}、HY^{3-}、Y^{4-}（为书写简便，有时略去电荷）七种形式同时存在，各种存在形式的浓度取决于溶液的 pH，如表 8-1 所示。在这七种存在形式中，只有 Y^{4-} 能与金属离子生成稳定的配合物，称为 EDTA 的有效离子，$[Y^{4-}]$ 称为 EDTA 的有效浓度。从表 8-1 可知，溶液的 pH > 10.26 时，主要是以有效离子 Y^{4-} 形式存在，所以，溶液的碱性越强，$[Y^{4-}]$ 越高，EDTA 与金属离子的配位能力越强。

表 8-1　不同 pH 溶液中 EDTA 主要存在形式

溶液 pH	< 1	1～1.6	1.6～2.0	2.0～2.67	2.67～6.16	6.16～10.26	> 10.26
主要存在形式	H_6Y^{2+}	H_5Y^+	H_4Y	H_3Y^-	H_2Y^{2-}	HY^{3-}	Y^{4-}

二、EDTA 与金属离子配位反应的特点

（一）EDTA 配合物的稳定常数

EDTA（Y）与金属离子（M）反应生成配合物，反应以下式表示：

$$M + Y \rightleftharpoons MY \text{（简化省去电荷）}$$

反应达到平衡时，反应平衡常数为：

$$K = \frac{[MY]}{[M][Y]}$$

反应平衡常数 K 值越大，表明配位反应进行得越完全，同时也表明生成的配合物越稳定，因此在配位反应中，把反应平衡常数称为配合物的稳定常数，用 K_{MY} 表示。

在 EDTA 滴定法中，K_{MY} 值越大，表明金属离子与 EDTA 的反应能力越强，反应进

行越完全。常见金属离子的 EDTA 配合物的稳定常数值见表 8 - 2。

表 8 - 2　常见金属离子的 EDTA 配合物的稳定常数

金属离子	$\lg K_{MY}$	金属离子	$\lg K_{MY}$	金属离子	$\lg K_{MY}$
Na^+	1.66	Fe^{2+}	14.32	Cu^{2+}	18.80
Li^+	2.79	Al^{3+}	16.30	Hg^{2+}	21.8
Ag^+	7.32	Co^{2+}	16.31	Sn^{2+}	22.1
Ba^+	7.86	Cd^{2+}	16.46	Bi^{3+}	27.94
Mg^{2+}	8.69	Zn^{2+}	16.50	Cr^{3+}	23.40
Ca^{2+}	10.69	Pb^{2+}	18.04	Fe^{3+}	25.10
Mn^{2+}	13.87	Ni^{2+}	18.60	CO^{3+}	36.0

（二）EDTA 配合物的特点

EDTA 与大多数金属离子形成的配合物具有以下特点。

1. EDTA 配位能力强，能与几乎所有金属离子配位，配合物稳定性高，反应完全。

2. 计量关系简单，EDTA 与金属离子的配位比一般情况下都是 1 : 1，而与金属离子的价态无关。因此，EDTA 与金属离子发生等物质的量的反应是配位滴定计算的依据。

3. 配位反应速度快且生成的配合物多数可溶于水，便于滴定。

4. 配合物大部分为无色或浅色，便于使用指示剂确定终点。

（三）EDTA 配位反应的副反应

EDTA 滴定时，除被测金属离子和 EDTA 反应生成 EDTA 配合物的滴定反应（也称为主反应）外，还可能同时存在下列各种副反应：

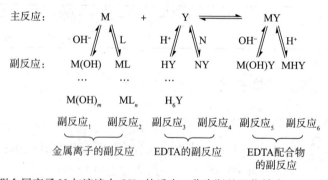

副反应 1：被测金属离子 M 与溶液中 OH^- 的反应，称为羟基配位效应。

副反应 2：被测金属离子 M 与溶液中其他配位剂 L 的反应，称为辅助配位效应。

副反应 3：EDTA 与溶液中 H^+ 的反应，称为酸效应。

副反应 4：EDTA 与溶液中其他金属离子的反应，称为共存离子效应或干扰离子效应。

副反应 5 和 6：EDTA 配合物与溶液中 H^+ 和 OH^- 的反应，称为混合配位效应。

金属离子的副反应和 EDTA 的副反应不利于主反应的进行，会降低滴定反应进行的完全程度。下面主要讨论酸效应和 OH⁻ 的配位效应。

1. 酸效应　是指溶液中 H^+ 与 Y 发生副反应，使 Y 与被测金属离子反应能力降低的现象。酸效应的大小，取决于溶液中的 ［H^+］大小。溶液中 ［H^+］增大，Y 与 H^+ 结合生成一系列弱酸 HY^{3-}、H_2Y^{2-}、H_3Y^-、H_4Y、H_5Y^+、H_6Y^{2+}，导致滴定反应平衡向左移动，使配合物 MY 的稳定性降低，滴定反应的完全程度降低。

2. 配位效应　是指由于溶液中的其他配位剂（L 和 OH⁻）与被测金属离子反应，使被测金属离子与 EDTA 反应能力降低的现象。配位效应的大小，取决于其他配位剂配合物的稳定常数和其他配位剂的浓度。其他配位剂配合物的稳定常数越大，其他配位剂的浓度越大，被测金属离子与其他配位剂反应的程度越大，被测金属离子与 EDTA 的反应程度就越低。

（四）EDTA 滴定法的测定原理

以 EDTA 滴定 $MgSO_4$ 为例来进行讨论。

1. 滴定反应　EDTA 滴定 Mg^{2+} 的滴定反应为：

$$Mg + Y \Longrightarrow MgY$$

2. 化学计量关系　计量点时：

$$\frac{n_M}{n_Y} = \frac{1}{1}$$

3. 结果计算　根据滴定液的浓度和终点时消耗的体积即可计算金属离子 Mg^{2+} 的含量，计算公式为：

$$Mg\% = \frac{m_{Mg}}{m_s} \times 100\% = \frac{c_{EDTA} \times V_{EDTA} \times M_{Mg}}{m_s} \times 100\%$$

也可以用 EDTA 滴定液对 $MgSO_4$ 的滴定度进行 $MgSO_4$ 的含量计算，公式为：

$$MgSO_4\% = \frac{TFV}{m_s} \times 100\%$$

式中，T 为 EDTA 滴定液对 $MgSO_4$ 的滴定度，g/ml；F 为浓度校正因子，EDTA 滴定液实际浓度与理论浓度的比值；V 为实际消耗的 EDTA 滴定液的体积，ml；m_s 为硫酸镁样品的质量，g。

三、酸度对配位反应的影响

（一）溶液的酸度

在 EDTA 滴定中，由于溶液的酸度对被测金属离子、EDTA 和指示剂都有影响，因此，为保证准确滴定，必须选择和控制溶液酸度在适当的 pH 范围之内。

1. 最高酸度或最低 pH　EDTA 滴定时，溶液的酸度越高，EDTA 与金属离子的反应程度越低，因为有更多的 EDTA 与 H^+ 结合。因此，EDTA 滴定时，溶液的酸度有一个最高限度，超过这一酸度，金属离子不能准确滴定。金属离子用 EDTA 准确滴定时的最高允许酸度，称为最高酸度或最低 pH。

不同金属离子的 K_{MY} 不同，直接准确滴定所要求的最高酸度也不同。K_{MY} 值越大，准确滴定允许的最高酸度也越高。如 Al^{3+} 的 EDTA 配合物的稳定常数 $\lg K_{AlY}$ 为 16.3，EDTA 准确滴定的允许最高酸度为 pH = 4.2，所以滴定时控制溶液 pH = 6.0；而 Mg^{2+} 的 EDTA 配合物的稳定常数 $\lg K_{MgY}$ 为 8.69，EDTA 准确滴定的允许最高酸度为 pH = 9.7，所以滴定时控制溶液 pH = 10.0。常见金属离子准确滴定允许的最高酸度见表 8 - 3。

表 8 - 3　常见金属离子准确滴定允许的最高酸度（最低 pH）

金属离子	最低 pH	金属离子	最低 pH	金属离子	最低 pH
Mg^{2+}	9.7	Co^{2+}	4.0	Cu^{2+}	2.9
Ca^{2+}	7.5	Cd^{2+}	3.9	Hg^{2+}	1.9
Mn^{2+}	5.2	Zn^{2+}	3.9	Sn^{2+}	1.7
Fe^{2+}	5.0	Pb^{2+}	3.2	Fe^{3+}	1.0
Al^{3+}	4.2	Ni^{2+}	3.0		

2. 最低酸度或最高 pH　在 EDTA 滴定中，溶液的酸度越低，酸效应影响越小，对准确滴定越有利。但是酸度过低，某些金属离子（尤其是高价金属离子）会产生水解效应，将与溶液中的 OH^- 反应析出氢氧化物沉淀，影响金属离子与 EDTA 的反应程度和终点的判断。因此，用 EDTA 滴定时，溶液的酸度应控制在不低于金属离子水解生成氢氧化物沉淀的程度，这一酸度称为最低酸度或最高 pH（也叫水解酸度）。水解酸度可直接应用氢氧化物的溶度积来粗略计算。

【例 8 - 1】用 EDTA（0.02000mol/L）滴定液滴定相同浓度的 Zn^{2+} 溶液，求滴定 Zn^{2+} 的最高酸度和最低酸度。已知 $Zn(OH^-)_2$ 的 $K_{sp} = 10^{-16.92}$。

解　查表（8 - 3），可得到最高酸度或最低 pH = 3.9

$$\left[OH^-\right] = \sqrt{\frac{K_{sp}}{c_{Zn^{2+}}}} = \sqrt{\frac{10^{-16.92}}{0.02000}} mol/L = 10^{-7.61} mol/L$$

故最低酸度或最高 pH = 14 - 7.61 ≈ 6.4

因此，EDTA 滴定时，溶液的酸度应控制在最高酸度和最低酸度之间。

（二）溶液酸度的控制

在 EDTA 滴定过程中，由于反应有 H^+ 生成，如 EDTA（H_2Y^{2-}）滴定 Pb^{2+} 的反应如下：

$$Pb^{2+} + H_2Y^{2-} \rightleftharpoons PbY^{2-} + 2H^+$$

即在 EDTA 与 Pb^{2+} 的配位反应中，将产生 2 倍量的 H^+。溶液的酸度随滴定的进行会不断升高，致使滴定主反应的完全程度降低，同时，配位滴定所用的指示剂的变色点也随 pH 而变化，导致较大误差。因此，为维持 EDTA 滴定的适宜酸度，在配位滴定中常加入一定量的缓冲溶液以控制溶液的酸度。

多用途的 EDTA

乙二胺四乙酸，常缩写为 EDTA，是一种有机化合物。它是一个六齿配体，可以螯合多种金属离子。其二钠盐乙二胺四乙酸二钠（EDTA-2Na）的用途非常广泛，可以用作食品抗氧剂，避免含有抗坏血酸和苯甲酸钠的汽水产生致癌物质苯，也可以用于保存化妆品，治疗金属中毒，清洗牛奶瓶，作为血液等液体类标本的抗凝剂，在牙齿根管治疗术中用来清除一些有机或无机的物质等。

任务二 金属指示剂

EDTA 滴定中，通常利用一种本身具有颜色且能与被测金属离子生成另一种颜色配合物的显色剂来指示滴定过程中金属离子浓度的变化，从而指示滴定终点的到达，这种显色剂称为金属离子指示剂，简称金属指示剂。

一、作用原理及应具备的条件

（一）作用原理

金属指示剂是一种有机染料，它与被滴定的金属离子发生配位反应，形成一种与染料本身颜色不同的配合物。

以 In 表示金属指示剂，在溶液中呈现颜色 A，它与金属离子 M 生成的配合物 MIn 在溶液中呈现颜色 B，K_{MIn} 比 K_{MY} 低。用 EDTA 滴定金属离子 M 时，金属指示剂 In 的作用原理可用方程式表示如下。

滴定前，在供试品溶液中加入指示剂，指示剂与少量被测金属离子生成配合物，溶液呈现金属指示剂配合物的颜色（色 B）。

$$M \quad + \quad In \rightleftharpoons \quad MIn$$

被测离子　金属指示剂（色 A）　金属指示剂配合物（色 B）

滴入 EDTA 时，被测金属离子逐步被反应，当接近计量点时，EDTA 与 MIn 反应生成 MY 和 In，已与金属离子配位的金属指示剂被 EDTA 置换，释放出指示剂。溶液由金属指示剂配合物的颜色（色 B）转变为金属指示剂自身的颜色（色 A）。

$$Y \quad + \quad MIn \rightleftharpoons MY \quad + \quad In$$

滴定液　金属指示剂配合物（色 B）　金属指示剂（色 A）

例如常用的指示剂铬黑 T（eriochrome black T，简称 EBT），在 pH = 7～10 的溶液中呈蓝色，而其与金属离子的配合物呈红色。下面以 EBT 为指示剂，EDTA 滴定 $MgSO_4$ 为例进行说明。

滴定前，$MgSO_4$ 在溶液中全部离解为金属离子 Mg^{2+} 和 SO_4^{2-}，调节溶液 pH = 10，

加入的指示剂 EBT 与少量 Mg^{2+} 生成红色的配合物 $MgIn^-$，溶液中存在大量无色的被测金属离子 Mg^{2+} 和少量红色的配合物 $MgIn^-$，呈现红色。

$$MgSO_4 = Mg^{2+}（无色） + SO_4^{2-}$$

$$Mg^{2+} + HIn^{2-} \rightleftharpoons H^+ + MgIn^-（红色）$$

滴定开始至计量点前，滴加的 EDTA 与溶液中的 Mg^{2+} 反应生成无色的配合物 MgY^{2-}，溶液仍呈现红色。

$$Mg^{2+} + H_2Y^{2-} \rightleftharpoons 2H^+ + MgY^{2-}（无色）$$

计量点时，溶液中的 Mg^{2+} 全部与 EDTA 反应，由于 K_{MY} 大于 K_{MIn}，滴加的 EDTA 将 $MgIn^-$ 中的 EBT 置换出来，生成 MgY^{2-} 和 HIn^{2-}，溶液由红色转变为蓝色，指示滴定终点的到达。

$$MgIn^-（红色） + H_2Y^{2-} \rightleftharpoons MgY^{2-} + HIn^{2-}（蓝色） + H^+$$

（二）应具备的条件

1. 指示剂本身颜色与其配合物颜色应有明显差别。金属指示剂大多是弱酸，颜色随 pH 而变化，因此必须控制适当 pH 范围。如金属指示剂铬黑 T（EBT），在溶液中存在以下平衡：

$$H_2In^- \xrightleftharpoons[\quad]{pK_a=6.3} HIn^{2-} \xrightleftharpoons[\quad]{pK_a=11.6} In^{3-}$$

紫红色　　　　　蓝色　　　　　橙色

pH < 6.3　　　 pH6.3 ~ 11.6　　　pH > 11.6

当 pH < 6.3 时呈紫红色，pH > 11.6 时呈橙色，均与其金属离子配合物的红色相接近，为使终点颜色变化明显，使用 EBT 时的酸度应在 pH6.3 ~ 11.6 范围之内。

2. 金属指示剂配合物的稳定性要适当。K_{MIn} 应比 K_{MY} 低，这样在终点时，EDTA 才能夺取 MIn 中的 M 生成 MY，使指示剂 In 游离出来而变色，一般要求 $K_{MY}/K_{MIn} > 10^2$；K_{MIn} 不能太低，一般要求 $K_{MIn} > 10^4$，否则会在终点前分解，导致终点提前。

3. 金属指示剂与金属离子的反应要灵敏、迅速，具有较好的可逆性。

4. 金属指示剂配合物应易溶于水。

5. 金属指示剂应比较稳定，便于储藏和使用。

（三）封闭现象

某些金属离子可与指示剂生成极稳定的配合物，过量的 EDTA 滴定液不能从 MIn 中将金属指示剂置换出来，当 EDAT 滴定到达化学计量点后，溶液颜色不发生变化的现象称为金属指示剂的封闭现象。产生指示剂封闭现象的原因及消除方法如下：

1. 被测金属离子 M 与金属指示剂 In 生成的配合物 MIn 的稳定性大于被测金属离子与 EDTA 生成的配合物的稳定性，即 $K_{MIn} > K_{MY}$。此种情况可采用返滴定方式加以避免，如测定 Al^{3+} 的含量。

2. 其他金属离子 N 与金属指示剂 In 生成的配合物 NIn 的稳定性大于被测金属离子

与 EDTA 生成的配合物的稳定性，即 $K_{NIn} > K_{MY}$。此种情况需加入掩蔽剂或采用预分离的方法加以克服。

此外，在 EDTA 滴定中，将引起金属指示剂封闭现象的其他金属离子称为封闭离子。为了消除封闭离子的影响，常加入某种试剂，使之与封闭离子生成比 NIn 更加稳定的配合物，而不再与指示剂配位，这种方法称为掩蔽，这种试剂称为掩蔽剂。根据掩蔽反应的类型，掩蔽的方法可分为配位掩蔽法、沉淀掩蔽法和氧化还原掩蔽法等，应用最广泛的是配位掩蔽法。如用 EDTA 滴定水中的 Ca^{2+}、Mg^{2+} 时，Fe^{3+}、Al^{3+} 为封闭离子，可加入掩蔽剂三乙醇胺消除干扰。常用的配位掩蔽剂见表 8-4。

表 8-4 常用的配位掩蔽剂及使用范围

名称	使用 pH 范围	被掩蔽的离子	备注
KCN	>8	Co^{2+}，Ni^{2+}，Cu^{2+}，Zn^{2+}，Hg^{2+}，Ti^{3+} 及铂族元素	剧毒，须在碱性溶液中使用
NH$_4$F	4~6	Al^{3+}，Ti^{4+}，Sn^{4+}，Zr^{4+}，W^{6+} 等	用 NH$_4$F 比用 NaF 好，因 NH$_4$F 加入 pH 变化不大
	10	Al^{3+}，Mg^{3+}，Ca^{2+}，Sr^{2+}，Ba^{2+} 及稀土元素	
三乙醇胺（TEA）	10	Al^{3+}，Ti^{4+}，Sn^{4+}，Fe^{3+}	与 KCN 合用可提高掩蔽效果
	11~12	Al^{3+}，Fe^{3+} 及少量 Mn^{2+}	
酒石酸	1.2	Sb^{3+}，Sn^{4+}，Fe^{3+} 及 5mg 以下的 Cu^{2+}	在维生素 C 存在下
	2	Fe^{3+}，Sn^{4+}，Mn^{2+}	
	5.5	Al^{3+}，Sn^{4+}，Fe^{3+}，Ca^{2+}	
	6~7.5	Mg^{2+}，Cu^{2+}，Fe^{3+}，Al^{3+}，MO^{4+}，Sb^{3+}，W^{6+}	
	10	Al^{3+}，Sn^{4+}	

请你想一想

KCN 为剧毒物，你知道剧毒品的标识是什么样的吗？ 若在酸性条件下使用 KCN 可发生什么化学反应？

二、常用的金属指示剂

配位滴定中，常用的金属指示剂有 EBT、二甲酚橙（xylene orange，简称 XO）和钙指示剂（calcon-carboxylic acid，简称 NN）等，它们的应用范围、封闭离子和掩蔽剂选择情况如表 8-5 所示。

表 8-5 常用的金属指示剂

名称	简写符号	pH 范围	缓冲体系	颜色变化 MIn	颜色变化 In	直接滴定离子	封闭离子	掩蔽剂
铬黑 T	EBT	7~10	NH$_3$-NH$_4$Cl	红色	蓝色	Mg^{2+}，Zn^{2+}，Pb^{2+}，Hg^{2+}	Al^{3+}，Fe^{3+}，Cu^{2+}，Ni^{2+}，Ni^{2+}	三乙醇胺，KCN

续表

名称	简写符号	pH范围	缓冲体系	颜色变化 MIn	颜色变化 In	直接滴定离子	封闭离子	掩蔽剂
二甲酚橙	XO	<6	HAc – NaAc	红色	亮黄色	Bi^{3+}, Pb^{2+}, Zn^{2+}, Cd^{2+}, Hg^{2+}	Al^{3+}, Fe^{3+}, Cu^{2+}, Co^{2+}, Ni^{2+}	三乙醇胺，氟化胺
钙指示剂	NN	10~13	NaOH	红色	蓝色	Ca^{2+}	Al^{3+}, Fe^{3+}, Cu^{2+}, Co^{2+}, Ni^{2+}	三乙醇胺，酒石酸

请你想一想

如果一种溶液中含有 Ca^{2+} 和 Mg^{2+} 两种离子，要如何分别测定他们的含量？该如何选择指示剂？

任务三　EDTA 滴定法的滴定液

EDTA 滴定法中使用的滴定液主要有 EDTA 滴定液和锌滴定液两种。

一、EDTA 滴定液的配制与标定

由于 EDTA 在水中溶解度小，所以常用 EDTA 二钠盐配制标准溶液，也称 EDTA 溶液。常用的浓度为 0.01~0.05mol/L。一般采用间接法进行配制，即先粗略配制成与标示浓度近似的浓度，再通过标定确定其准确浓度。

（一）EDTA 滴定液（0.05mol/L）的配制

EDTA 二钠盐摩尔质量为 372.26g/mol，在室温下溶解度为每 100ml 水中 11.1g。配制 0.05mol/L 的 EDTA 滴定液时取 EDTA – 2Na·2H₂O 19g，溶于约 300ml 温水中，冷却后稀释至 1000ml，摇匀，贮存在玻璃塞瓶中，避免与橡皮塞、橡胶管发生接触。

（二）EDTA 滴定液（0.05mol/L）的标定

EDTA 的标定常用 ZnO 或金属 Zn 为基准物质，用 EBT 或二甲酚橙作指示剂。

1. 以 ZnO 为基准物　精密称取在 800℃灼烧至恒重的基准氧化锌 0.12g，加稀盐酸 3ml 使溶解，加水 25ml 及甲基红指示液 1 滴，滴加氨试液至溶液呈现微黄色，再加水 25ml 与氨 – 氯化铵缓冲液 10ml，再加铬黑 T 指示剂少量，用 EDTA 滴定液滴定至溶液由紫红色变为纯蓝色即为终点。如用二甲酚橙为指示剂，则当 ZnO 在盐酸中溶解后加水 50ml、0.5% 二甲酚橙指示剂 2~3 滴，然后滴加 60% 六亚甲基四胺溶液至呈紫红色，再多加 3ml，用 EDTA 溶液滴定至溶液由紫红色变成亮黄色即为终点。滴定结果用空白试验进行校正。

2. 以金属锌为基准物　先用稀盐酸洗去纯金属锌粒表面氧化物，然后用水洗去 HCl，再用丙酮漂洗一下，沥干后于 110℃烘 5 分钟备用。精密称取锌粒约 0.1g，加稀盐酸 5ml，至水浴上温热溶解，其余步骤与上述方法相同。

《中国药典》（2020 年版）规定，乙二胺四乙酸二钠（EDTA）滴定液标定用的基准物质为氧化锌，用铬黑 T 作指示剂。根据准确滴定 Zn^{2+} 的最高酸度和 EBT 指示剂的适宜 pH 范围，标定时溶液的酸度应控制在 pH 为 10.0。因此，ZnO 用稀盐酸溶解后，以甲基红作为酸碱指示剂，用氨试液调节至中性左右，再加氨 – 氯化铵缓冲液。终点时，溶液由红色变为纯颜色。

标定前：　$ZnO + 2HCl \Longrightarrow ZnCl_2 + H_2O$

标定反应：　$Zn^{2+} + H_2Y^{2-} \Longrightarrow ZnY^{2-} + 2H^+$

终点时：　$ZnIn^-$（紫红色）$+ H_2Y^{2-} \Longrightarrow ZnY^{2-} + HIn^{2-}$（纯蓝色）$+ H^+$

计量关系：

$$\frac{n_{ZnO}}{n_{EDTA}} = \frac{1}{1}$$

根据称取基准 ZnO 的重量和终点时消耗滴定液的体积即可计算滴定液的准确浓度：

$$c_{EDTA} = \frac{m_{ZnO}}{M_{ZnO} \times V_{EDTA}}$$

二、锌滴定液的配制与标定

EDTA 滴定法返滴定与测定配位剂含量时常用锌滴定液。锌滴定液采用间接法进行配制。

（一）锌标准溶液（0.05mol/L）的配制

取硫酸锌 15g（相当于锌约 3.3g），加稀盐酸 10ml 与水适量使溶解成 1000ml，摇匀。

（二）锌标准溶液（0.05mol/L）的标定

精密量取锌溶液 25ml，加甲基红指示液 1 滴，滴加氨试液至溶液显微黄色，加水 25ml，氨 – 氯化铵缓冲液（pH10.0）10ml 与铬黑 T 指示剂少量，用 EDTA 滴定液（0.05mol/L）滴定至溶液由紫红色变为纯蓝色，即为终点。将滴定的结果用空白试验校正。

根据精密量取的锌滴定液的体积、终点时消耗 EDTA 滴定液的体积与浓度即可计算锌滴定液的准确浓度，计算公式如下：

$$c_{Zn^{2+}} = \frac{c_{EDTA} \times (V_{EDTA} - V_{空白})}{V_{Zn^{2+}}}$$

任务四　EDTA 滴定法的应用与示例

药品检验中，EDTA 滴定法的滴定方式主要为直接滴定和剩余滴定，可用来测定金属化合物［如 $MgSO_4$、$CaCl_2$、ZnO、$Al(OH)_3$ 等］、配位化合物（如依地酸二钠等）、阴离子（如 SO_4^{2-}）等的含量。

一、镁盐的测定

镁盐的测定多采用 EDTA 直接滴定法，以铬黑 T 为指示剂。以 $MgSO_4 \cdot 7H_2O$ （246.5g/mol）的测定为例，其操作步骤如下。

取本品约 0.25g，精密称定，加蒸馏水 30ml 溶解后加 $NH_3 \cdot H_2O - NH_4Cl$ 缓冲液 10ml 与铬黑 T 指示剂 3 滴，用 EDTA 滴定液（0.05mol/L）滴定至溶液自紫红色转变为纯蓝色，即为终点。其滴定反应为：

$$Mg^{2+} + H_2Y^{2-} \Longleftrightarrow MgY^{2-} + 2H^+$$

含量计算公式为：

$$MgSO_4\% = \frac{c_{EDTA} \times V_{EDTA} \times M_{MgSO_4}}{m_s} \times 100\%$$

二、钙盐的测定

钙盐的药物较多，如氯化钙、葡萄糖酸钙和乳酸钙等，大多可采用 EDTA 滴定。现以葡萄糖酸钙（$C_{12}H_{22}O_{14}Ca \cdot H_2O$，448.4g/mol）为例，其操作步骤如下。

取本品 0.5g，精密称定，加水 100ml，微温使溶解，加氢氧化钠试液 15ml 与钙紫红素指示剂 0.1g，用 EDTA 滴定液（0.05mol/L）滴定至溶液自紫色转变为纯蓝色。每 1ml EDTA 滴定液（0.05mol/L）相当于 22.42mg 的 $C_{12}H_{22}O_{14}Ca \cdot H_2O$。

其含量计算公式为：

$$葡萄糖酸钙\% = \frac{TFV}{m_s} \times 100\%$$

式中，T 为 EDTA 滴定液（0.05mol/L）对葡萄糖酸钙的滴定度，22.42×10^{-3} g/ml；F 为浓度校正因子，EDTA 滴定液实际浓度与理论浓度（0.05mol/L）的比值；V 为实际消耗的 EDTA 滴定液的体积，ml；m_s 为葡萄糖酸钙样品的质量，g。

三、水的硬度测定 📱 微课1

水的硬度是指溶解于水中的钙、镁离子的总量，其含量越高，表示水的硬度越大。测定水的硬度，实际上就是测定水中钙、镁离子的总量，再把钙离子、镁离子的量均折算成 $CaCO_3$ 或 CaO 的质量以计算硬度。水的硬度常用以下两种方式表示。

（1）$CaCO_3$（mg/L）　以每升水中所含钙、镁离子的总量相当于 $CaCO_3$ 的毫克数表示。一般蒸汽锅炉的用水要求水的硬度在 $CaCO_3$ 5mg/L 以下。

（2）度　每升水中所含钙、镁离子的总量相当于 10mgCaO 为 1 度。

制药用水的原水通常为生活饮用水，国家《生活饮用水卫生标准》（GB5749—2006）中规定，生活饮用水的总硬度以 $CaCO_3$ 计，应不超过 450mg/L。

水的硬度测定操作步骤：取水样 100ml，加 $NH_3 \cdot H_2O - NH_4Cl$ 缓冲液 10ml，铬黑 T 指示剂 3 滴，用 EDTA 滴定液（0.01mol/L）滴定至溶液由紫红色变为纯蓝色即为终点。

硬度计算公式：

$$CaCO_3 （mg/L） = \frac{c_{EDTA} \times V_{EDTA} \times M_{CaCO_3} \times 1000}{V_{水样}}$$

$$CaO （度） = \frac{c_{EDTA} \times V_{EDTA} \times M_{CaO} \times 100}{V_{水样}}$$

四、铝盐的测定

常用的铝盐药物有氢氧化铝、硫糖铝、铝碳酸镁等，测定这些药物中铝的含量大多采用络合滴定法，但铝盐不能用 EDTA 直接滴定，因为 Al^{3+} 与 EDTA 的络合反应速度太慢，为了加快反应速度，通常在铝盐试液先加入过量的 EDTA，并加热煮沸几分钟，待络合反应完全后，再用锌标准溶液回滴剩余量的 EDTA，以氢氧化铝的测定为例，其操作步骤如下。

取本品约 0.6g，精密称定，加盐酸与水各 10ml，煮沸溶解后，放冷，定量转移至 250ml 量瓶中，用水稀释至刻度，摇匀；精密量取 25ml，加氨试液中和至恰析出沉淀，再滴加稀盐酸至沉淀恰溶解为止，加醋酸 – 醋酸铵缓冲液（pH 6.0）10ml，再精密加 EDTA 滴定液（0.05mol/L）25ml，煮沸 3~5 分钟，放冷，加二甲酚橙指示液 1ml，用锌滴定液（0.05mol/L）滴定至溶液由黄色转变为红色，并将滴定的结果用空白试验校正。每 1ml EDTA 滴定液（0.05mol/L）相当于 3.900mg 的 Al（OH）$_3$。

其含量计算公式为：

$$Al （OH）_3\% = \frac{T \times F \times \left[V_{EDTA} - \frac{c_{Zn^{2+}}}{c_{DETA}} （V_{空白} - V_{Zn^{2+}}） \right]}{m_s \times \frac{25.00}{250.00}} \times 100\%$$

式中，T 为 EDTA 滴定液（0.05mol/L）对 Al（OH）$_3$ 的滴定度，3.900×10^{-3} g/ml；F 为浓度校正因子，EDTA 滴定液实际浓度 c_{EDTA} 与理论浓度（0.05mol/L）的比值；m_s 为 Al（OH）$_3$ 样品的质量，g。

实训十一　0.05mol/L EDTA 滴定液的配制与标定 📱微课2

一、实训目的

1. 学会 0.05mol/L EDTA 标准溶液的配制方法。
2. 掌握用 ZnO 作基准物质标定 EDTA 溶液的原理和方法。
3. 学会用金属指示剂判断滴定终点的方法。

二、实训原理

EDTA 标准溶液常用乙二胺四乙酸二钠盐（EDTA·2Na·H$_2$O：372.24）配制。一一般采用间接法进行配制，即先制成与标示浓度近似的溶液，再以 ZnO 或 Zn 为基准物质标定其浓度。滴定在 pH = 10 的条件下进行，以铬黑 T（EBT）为指示剂，溶液由紫红色变为纯蓝色时即为终点。

滴定前：　　　$Zn^{2+} + HIn^{2-} \rightleftharpoons ZnIn^-$（紫红色）$+ H^+$

标定反应：　　$Zn^{2+} + H_2Y^{2-} \rightleftharpoons ZnY^{2-}$（无色）$+ 2H^+$

终点时：　　　$ZnIn^-$（紫红色）$+ H_2Y^{2-} \rightleftharpoons ZnY^{2-} + HIn^{2-}$（纯蓝色）$+ H^+$

三、仪器与试剂

1. 仪器　万分之一天平、酸式滴定管（50ml）、锥形瓶（250ml）、量筒（100ml）、烧杯（500ml）、玻璃塞试剂瓶（1000ml）。

2. 试剂　氨 - 氯化铵缓冲液（pH 为 10.0）、稀盐酸、氨水（1:1）、基准氧化锌、EDTA 二钠、铬黑 T 指示剂。

四、实训步骤

1. 0.05mol/L EDTA 溶液的配制　取乙二胺四乙酸二钠约 19g，置于烧杯（500ml）中，加 300ml 蒸馏水溶解，然后移入玻璃试剂瓶中，加蒸馏水稀释到 1000ml，盖上玻璃塞，摇匀，贴上标签备用。

2. 0.05mol/L EDTA 溶液的标定　用减重法精密称取三份在 800℃ 灼烧至恒重的基准氧化锌 0.108 ~ 0.132g（称量至 0.0001g），分别置于 250ml 锥形瓶中，加稀盐酸 3ml 使 ZnO 全部溶解后，加水 25ml 及 0.025% 甲基红乙醇溶液 1 滴，滴加氨试液至溶液呈现微黄色，再加水 25ml 与氨 - 氯化铵缓冲液（pH 10.0）10ml，再加铬黑 T 指示剂少量，用 EDTA 滴定液滴定至溶液由紫红色变为纯蓝色即为终点。记录消耗 AgNO_3 溶液的体积，并将滴定结果用空白试验进行校正。每 1ml 乙二胺四乙酸二钠滴定液（0.05mol/L）相当于 4.069mg 的氧化锌。按下式计算 EDTA 溶液的准确浓度：

$$c_{EDTA}（mol/L）= \frac{m_{ZnO}}{M_{ZnO} \times (V_{EDTA} - V_{空白}) \times 10^{-3}}（M_{ZnO} = 81.38g/mol）$$

3. 数据记录

项目	测定次数		
	1	2	3
称取基准物 ZnO 的质量 m（g）			
滴定消耗 EDTA 标准溶液的体积 V（ml）			
EDTA 标准溶液的浓度 c（mol/L）			
EDTA 标准溶液的浓度平均值 $\bar{c}$（mol/L）			
相对平均偏差 $R\bar{d}$（%）			

4. 计算过程

五、思考题

实训步骤中"滴加氨试液至溶液呈现微黄色",有时会出现浑浊,这是为什么?

实训十二　水的总硬度的测定

一、实训目的

1. 掌握水的硬度的测定的意义和常用的硬度表示方法;用配位滴定法测定水的总硬度的原理、方法和相关计算。

2. 熟悉金属指示剂变色原理及滴定终点的判断。

二、实训原理

水的硬度是水质的一项重要指标,测定水的硬度,实际上就是测定水中 Ca^{2+}、Mg^{2+} 的总量,再把 Ca^{2+}、Mg^{2+} 的量均折算成 $CaCO_3$ 或 CaO 的质量以计算硬度。一般把小于 4 度的水称为很软的水,4 ~ 8 度称为软水,8 ~ 16 度称为中等硬水,16 ~ 32 度称为硬水,大于 32 度称为很硬水。

测定时,水样调节 pH = 10.0,以铬黑 T 为指示剂,用 EDTA 直接滴定水中的 Ca^{2+}、Mg^{2+},其反应为:

滴定前:　$Mg^{2+} + HIn^{2-} \rightleftharpoons MgIn^-$（紫红色）$+ H^+$

滴定时:　$Ca^{2+} + H_2Y^{2-} \rightleftharpoons CaY^{2-} + 2H^+$

　　　　　$Mg^{2+} + H_2Y^{2-} \rightleftharpoons MgY^{2-} + 2H^+$

终点时:$MgIn^-$（紫红色）$+ H_2Y^{2-} \rightleftharpoons MgY^{2-} + HIn^{2-}$（纯蓝色）$+ H^+$

三、仪器与试剂

1. 仪器　酸式滴定管（50ml）、单标线移液管（20ml、50ml）、容量瓶（100ml）、锥形瓶（250ml）、量筒（10ml、100ml）及烧杯（500ml）。

2. 试剂　EDTA 滴定液（0.05mol/L）、氨 – 氯化铵缓冲液（pH = 10.0）、稀盐酸、0.05% 甲基红指示剂及铬黑 T 指示剂。

四、实训步骤

1. 0. 01mol/L EDTA 滴定液的配制　精密量取 EDTA 滴定液（0. 05mol/L）20ml，移入 100ml 量瓶中，加蒸馏水稀释至刻度，摇匀，即得。

2. 水样的制备　精密吸取自来水样 100ml 三份，分别置于 250ml 锥形瓶中，加入氨 – 氯化氨缓冲液（pH = 10.0）10ml，铬黑 T 指示剂少量，用 EDTA 滴定液（0. 01mol/L）滴定至溶液由紫红色变为纯蓝色即为终点。记录消耗的 EDTA 滴定液（0. 01mol/L）的体积，按下式计算水的硬度。

$$CaCO_3 （mg/L） = \frac{c_{EDTA} \times V_{EDTA} \times M_{CaCO_3} \times 1000}{V_{水样}} （M_{CaCO_3} 为 100.09g/mol）$$

$$CaO （度） = \frac{c_{EDTA} \times V_{EDTA} \times M_{CaO} \times 100}{V_{水样}} （M_{CaO} 为 56.08g/mol）$$

3. 数据记录

项目	测定次数		
	1	2	3
水样体积 $V_{水样}$（ml）			
滴定消耗 EDTA 标准溶液的体积 V（ml）			
水的硬度：$CaCO_3$（mg/L）			
水的硬度平均值：$CaCO_3$（mg/L）			
相对平均偏差 $\overline{Rd}$（%）			

EDTA 标准溶液的浓度 c_{EDTA} = 　　　　 mol/L。

4. 计算过程

5. 结果讨论与误差分析

目标检测

一、选择题

1. EDTA 滴定 Mg^{2+} 生成的配合物颜色是（　　）。
   A. 蓝色　　　　　　B. 无色　　　　　　C. 紫红色　　　　　　D. 亮黄色

2. EDTA 与大部分金属离子反应的摩尔比是（　　）。
   A. 1∶1　　　　　　B. 1∶2　　　　　　C. 1∶3　　　　　　D. 1∶4

3. 在配位滴定中，不仅要调节酸度，还需要加入一定量的（　　），使在整个滴定过程中维持 pH 在允许的范围内。

A. 酸 B. 碱

C. 缓冲液 D. 氧化还原性物质

4. 关于金属指示剂应具备的条件，下列说法错误的是（　　）。

A. MIn 应溶于水 B. MIn 的稳定性应适当

C. MIn 应无色 D. 与金属离子反应要快速、灵敏

5. 在配位滴定法中，《中国药典》规定用基准的氧化锌标定 0.05mol/L EDTA，选用铬黑 T 作指示剂，滴定终点颜色为（　　）。

A. 酒红色　　B. 纯蓝色　　C. 亮黄色　　D. 亮绿色

6. 在配位滴定法中，指示剂铬黑 T 使用的 pH 范围为（　　）。

A. 小于6.3　　B. 大于6.3　　C. 7～11　　D. 12～13

7. 用于配位滴定法的反应必须符合的条件是（　　）。

A. 反应生成的配合物应很稳定

B. 反应需在加热下进行

C. 反应速率要快

D. 生成的配合物配位数必须固定

E. 必须有适当的指示滴定终点的方法

8. EDTA 与金属离子配位的主要特点有（　　）。

A. 无论金属离子有无颜色，均生成无色配合物

B. 生成的配合物大都易溶于水

C. 生成的配合物稳定

D. 生成的配合物大都是 1：1

E. 因生成的配合物稳定性很高，故 EDTA 配位能力与溶液酸度无关

9. 配位滴定法中，金属指示剂应具备的条件是（　　）。

A. In 与 MIn 的颜色要相近 B. MIn 的稳定性要适当

C. 显色反应灵敏、迅速 D. MIn 应不溶于水

E. 具有良好的变色可逆性

10. 水的硬度测定中，正确的测定条件包括（　　）。

A. pH=10 B. 醋酸－醋酸钠缓冲液

C. 氨－氯化铵缓冲液 D. pH=5

E. pH=2

二、计算题

1. 精密称取基准氧化锌 0.6030g，置于烧杯内，用盐酸溶解后转移至 100ml 容量瓶内，稀释至刻度，混匀。用移液管移取 20.00ml 上述溶液，加氨－氯化铵缓冲溶液及铬黑 T 指示剂少量，用待标定的 EDTA 滴定液滴定，终点时消耗 EDTA 滴定液 29.33ml。计算该 EDTA 滴定液的浓度。（ZnO 为 81.38g/mol）

2. 精密量取锌溶液 25ml，加甲基红指示液 1 滴，滴加氨试液至溶液显微黄色，加

水 25ml，氨 - 氯化铵缓冲液（pH = 10.0）10ml 与铬黑 T 指示剂少量，用 EDTA 滴定液（0.05024mol/L）滴定至溶液由紫红色变为纯蓝色，共用去 24.90ml，空白试验用去 0.08ml。试计算锌滴定液的准确浓度。

3. 称取葡萄糖酸钙（$C_{12}H_{22}CaO_{14} \cdot H_2O$）试样 0.4983g，溶解后以 EBT 为指示剂，在 pH = 10 的氨性缓冲液中用 0.05005mol/L 的 EDTA 滴定，消耗 EDTA 滴定液的体积为 21.78ml，每 1ml 乙二胺四乙酸二钠滴定液（0.05mol/L）相当于 22.42mg 的 $C_{12}H_{22}CaO_{14} \cdot H_2O$。试计算葡萄糖酸钙的含量。（葡萄糖酸钙为 448.4g/mol）

书网融合……

 微课1　　　　微课2　　　　划重点　　　　自测题

▶▶ 项目九　氧化还原滴定法

知识要求

1. **掌握**　氧化还原反应速度的影响因素及提高措施；高锰酸钾法、碘量法、亚硝酸钠法的概念、原理和测定条件。

2. **熟悉**　氧化还原反应的相关概念；氧化还原滴定法的概念、分类及特点。

3. **了解**　电极电位、能斯特方程。

能力要求

1. 会配制高锰酸钾滴定液、碘滴定液和亚硝酸钠滴定液。

2. 会运用高锰酸钾法、碘量法、亚硝酸钠法对物质含量进行测定。

3. 会正确、规范使用滴定分析仪器，记录测量数据，计算分析结果。

任务一　概述

一、概念

氧化还原滴定法是以氧化还原反应为基础的一类滴定分析方法。氧化还原滴定法能直接测定具有氧化性或还原性的物质，还可以测定一些能与氧化剂或还原剂发生定量反应的本身无氧化还原性的物质，既可测定无机化合物，也可测定有机化合物。

二、提高氧化还原反应速率的方法

氧化还原反应的反应机理和过程比较复杂，反应速度较慢，且常伴有副反应发生，介质对反应过程有较大的影响。因此，在测定时必须严格控制滴定反应条件，以保证滴定反应满足滴定分析法的要求。氧化还原反应速度首先取决于反应物本身的性质，此外影响因素主要有浓度、温度、催化剂等。

（一）浓度

根据质量作用定律，增加反应物浓度能加快反应速度。对于有 H^+ 或 OH^- 参与的氧化还原反应，溶液的酸度也对反应速度产生影响。如 $K_2Cr_2O_7$ 在酸性溶液中氧化 I^- 的反应：

$$Cr_2O_7^{2-} + 6I^- + 14H^+ \rightarrow 2Cr^{3+} + 3I_2 + 7H_2O$$

增加 $[I^-]$ 和 $[H^+]$，可使反应的速度加快。

（二）温度

升高温度可提高反应速度。一般情况下，温度每升高 $10℃$，反应速度增加 $2 \sim 3$ 倍。如用 $KMnO_4$ 滴定 $H_2C_2O_4$ 时，由于在室温下反应较慢，需加热到 $75 \sim 85℃$。

$$2MnO_4^- + 5C_2O_4^{2-} + 16H^+ \rightarrow 2Mn^{2+} + 10CO_2 \uparrow + 8H_2O$$

（三）催化剂

加入催化剂是提高反应速度的有效方法。如用 $KMnO_4$ 滴定 $H_2C_2O_4$ 时，还可在滴定前加入 Mn^{2+} 作为催化剂，使反应速度加快。此反应也可不另加催化剂，因其反应能生成 Mn^{2+} 进而加速反应，这种由反应产物起催化作用的反应称为自动催化反应。

三、氧化还原滴定法的分类

按照滴定反应中滴定剂的名称不同，氧化还原滴定法包括碘量法、高锰酸钾法、亚硝酸钠法、铈量法、重铬酸钾法、溴量法等，如表 9 - 1 所示。

表 9 - 1　氧化还原滴定法的分类

方法名称	高锰酸钾法	碘量法		亚硝酸钠法
		直接碘量法	间接碘量法	
滴定液	$KMnO_4$	I_2	$Na_2S_2O_3$	$NaNO_2$
半反应	$MnO_4^- + 8H^+ + 5e \rightleftharpoons Mn^{2+} + 4H_2O$	$I_2 + 2e \rightleftharpoons 2I^-$	$I_2 + 2e \rightleftharpoons 2I^-$	$NO_2^- + 2H^+ + e \rightleftharpoons NO + H_2O$

任务二　碘量法 　微课1

实例 9 - 1　维生素 C 含量的测定　取本品约 $0.2g$，精密称定，加新沸过的冷水 $100ml$ 与稀醋酸 $10ml$ 使溶解，加淀粉指示液 $1ml$，立即用碘滴定液 （$0.05mol/L$） 滴定，至溶液显蓝色并在 30 秒内不褪色。每 $1ml$ 碘滴定液 （$0.05mol/L$） 相当于 $8.806mg$ 的 $C_6H_8O_6$。本品为 L - 抗坏血酸，含 $C_6H_8O_6$ 不得少于 99.0%。

问题　什么叫作碘量法？滴定液有哪些？淀粉指示剂是如何指示滴定终点的？

碘量法是利用 I_2 的氧化性或 I^- 的还原性进行物质含量测定的方法。I_2 是中等强度的氧化剂，能与较强的还原剂定量反应；I^- 是中等强度的还原剂，能与许多强氧化剂定量反应生成 I_2。因此，碘量法可采用不同的滴定方式测定还原性物质和氧化性物质。碘量法分为直接碘量法和间接碘量法。

一、直接碘量法

（一）概念

直接碘量法又称为碘滴定法，利用 I_2 的氧化性，是以碘滴定液直接测定还原性较强的物质（如 SO_3^{2-}、$S_2O_3^{2-}$、巯基化合物、维生素 C 等）的碘量法。

（二）滴定条件

1. 一般情况下，直接碘量法通常在酸性、中性或弱碱性溶液中进行。如果 pH > 9，将会发生下列副反应：

$$3I_2 + 6OH^- = IO_3^- + 5I^- + 3H_2O$$

2. 当用直接碘量法测定硫代硫酸钠含量时，需在中性或弱酸性溶液中进行。在中性或弱酸性溶液中 $Na_2S_2O_3$ 和 I_2 的滴定反应如下：

$$2Na_2S_2O_3 + I_2 = Na_2S_4O_6 + 2NaI$$

终点时，根据消耗碘滴定液的体积和浓度即可计算出硫代硫酸钠的含量。

若在碱性溶液中，除 I_2 与 OH^- 反应生成 IO_3^- 外；I_2 和 $S_2O_3^{2-}$ 还将会发生下述副反应：

$$S_2O_3^{2-} + 4I_2 + 10OH^- = 2SO_4^{2-} + 8I^- + 5H_2O$$

若在强酸性溶液中，$Na_2S_2O_3$ 溶液会发生分解：

$$S_2O_3^{2-} + 2H^+ = SO_2 + S\downarrow + H_2O$$

3. 指示剂。直接碘量法使用最多的是淀粉指示剂。淀粉能吸附 I_2 生成深蓝色化合物，反应可逆且非常灵敏，I_2 的浓度为 $10^{-5} \sim 10^{-6}$ mol/L 即显蓝色。计量点前，加入的 I_2 滴定液与被测还原剂完全反应，计量点后，稍过量的 I_2 滴定液与淀粉指示剂作用，溶液呈现蓝色指示滴定终点的到达。如实例 9 - 1 中维生素 C 的含量测定。

二、间接碘量法

（一）概念

间接碘量法又称为滴定碘法，是以 I_2 和 $Na_2S_2O_3$ 发生的定量反应为基础的氧化还原滴定法。包括置换碘量法和剩余碘量法。氧化性较强的物质（如 IO_3^-、BrO_3^-、$Cr_2O_7^{2-}$、Cu^{2+} 等）可与 I^- 反应，定量地置换出 I_2，然后用 $Na_2S_2O_3$ 滴定液滴定置换出来的 I_2，这种方法称为置换碘量法。而氧化性较弱的物质，若与 I_2 的反应速度较慢或可溶性差（如焦亚硫酸钠、葡萄糖等），或可与 I_2 生成难溶沉淀（如咖啡因）或发生取代反应（如安乃近），不能直接滴定，可先加入定量过量的 I_2 滴定液使与其完全反应，再用硫代硫酸钠滴定液滴定剩余的碘滴定液，这种方法称为剩余碘量法。间接碘量法的滴定反应式为：

$$2S_2O_3^{2-} + I_2 = S_4O_6^{2-} + 2I^-$$

本章主要讨论置换碘量法。

（二）置换碘量法的测定原理

（1）分析依据　滴定终点时，根据 I_2 与 $Na_2S_2O_3$ 的物质的量关系，由消耗滴定液的物质的量求算出 I_2 的物质的量；然后再根据被测组分与 I_2 的物质的量关系，求算出被测组分的物质的量。

$$终点时消耗的 \ n_{Na_2S_2O_3} \longrightarrow I_2 \ 的物质的量 \longrightarrow 被测组分的物质的量$$

（2）滴定终点的确定　间接碘量法使用淀粉指示剂来指示滴定终点的到达。化学计量点前，因溶液中有 I_2 存在，故 I_2 与加入的淀粉指示剂作用，溶液呈蓝色。到达计量点时，I_2 与 $Na_2S_2O_3$ 滴定液完全反应，溶液的蓝色消失。为防止滴定前溶液中的大量碘被淀粉牢固吸附，应在滴定至近终点时，再加入淀粉指示剂。

（三）置换碘量法的测定条件

1. 反应条件

（1）溶液的酸度　IO_3^-、BrO_3^-、$Cr_2O_7^{2-}$ 等氧化性较强的含氧酸盐与 I^- 反应时，H^+ 参与反应，为使反应进行完全和提高反应速度，一般控制溶液的酸度在 ［H^+］ 为 $1mol/L$ 左右。但在用 $Na_2S_2O_3$ 滴定 I_2 之前，应将溶液的酸度降低到 $0.2mol/L$ 左右，以防止 $Na_2S_2O_3$ 在强酸性溶液中发生分解。

（2）加入过量的 KI　既可以提高 I^- 的还原能力和反应速度；又能使置换出的 I_2 与 I^- 形成 I_3^-，防止 I_2 的挥发。

（3）使用碘量瓶　作为反应容器并用水密封，在室温下进行反应，以防止 I_2 的挥发和 I^- 被空气中的 O_2 氧化。

（4）避光，静置　由于光线照射能加速酸性溶液中的 I^- 被空气氧化，所以应放在暗处反应。因反应速度较慢，因此需放置一段时间以使反应完全。

2. 滴定 I_2 的条件

（1）溶液的酸度　滴定 I_2 时，应在弱酸性或中性条件下滴定。因此在用 $Na_2S_2O_3$ 滴定 I_2 之前，加水稀释，将溶液的酸度降低到 $0.2mol/L$ 左右，以防止 $Na_2S_2O_3$ 在强酸性溶液中发生分解。

（2）淀粉指示液　在近终点时加入淀粉指示液，若加入太早，碘和淀粉吸附太牢，终点时蓝色不易褪去，使终点推迟。

（3）滴定初始阶段，快滴慢摇，减少碘的挥发　置换出的 I_2 挥发和溶液中的 I^- 被空气中的氧气氧化是置换碘量法测定误差的主要来源。综上所述，防止 I_2 挥发的方法有：①加入过量的 KI；②在室温下进行反应；③使用碘量瓶作为反应容器；④在滴定时初始阶段快滴慢摇。防止溶液中的 I^- 被空气中的氧气氧化的方法有：①避光、密塞；②反应完全后立即滴定；③在滴定初始阶段快滴慢摇。

三、滴定液

（一）0.05mol/L 碘滴定液的配制与标定

1. 0.05mol/L 碘滴定液的配制　碘具有挥发性和腐蚀性，不易准确称量，故采用间接配制法配制碘滴定液。由于 I_2 难溶于水，但易溶于 KI 溶液生成 I_3^- 配离子，反应是可逆的，所以加 KI 以增加 I_2 的溶解度。为除掉碘中微量碘酸盐杂质以及中和 $Na_2S_2O_3$ 滴定液中少量 Na_2CO_3，加入少量盐酸，再加水稀释至规定体积。用垂熔过滤器过滤除掉未溶解的碘或其他杂质后再标定。

【配制】取碘 13.0g，加碘化钾 36g 与水 50ml 溶解后，加盐酸 3 滴与水适量使成 1000ml，摇匀，用垂熔玻璃滤器滤过。

2. 0.05mol/L 碘滴定液的标定　碘滴定液用已知浓度的 $Na_2S_2O_3$ 滴定液通过比较法标定。即使用已知准确浓度的 $Na_2S_2O_3$ 滴定液与待标定的 I_2 滴定液反应，从而求出 I_2 滴定液的浓度。

【标定】精密量取上述碘液 25ml，置于碘瓶中，加水 100ml 与盐酸溶液（9→100）1ml，轻摇混匀，用硫代硫酸钠滴定液（0.1mol/L）滴定至近终点时，加淀粉指示液 2ml，继续滴定至蓝色消失。根据硫代硫酸钠滴定液（0.1mol/L）的消耗量，算出本液的浓度，即得。

> **请你想一想**
>
> 配制碘滴定液的过程，为什么不选用滤纸，而采用垂熔玻璃漏斗进行过滤？

如需用碘滴定液（0.025mol/L）时，可取碘滴定液（0.05mol/L）加水稀释制成。

3. 碘滴定液的贮藏　碘滴定液要求置于玻璃塞的棕色玻璃瓶中，密闭，在凉处保存，是为了避免碘滴定液遇光、受热和与橡胶等有机物接触引起浓度改变。

（二）0.1mol/L 硫代硫酸钠滴定液的配制与标定

1. 0.1mol/L 硫代硫酸钠滴定液的配制　结晶硫代硫酸钠（$Na_2S_2O_3 \cdot H_2O$）易风化或潮解，且含有少量的 S、S^{2-}、SO_3^{2-}、Cl^-、CO_3^{2-} 等杂质，因此不能直接配制硫代硫酸钠滴定液。此外，硫代硫酸钠溶液不稳定，其原因如下。

（1）与溶解在水中的 CO_2 作用　$Na_2S_2O_3 + CO_2 + H_2O \rightarrow NaHCO_3 + NaHSO_3 + S\downarrow$

（2）与水中溶解的 O_2 作用　$2Na_2S_2O_3 + O_2 \rightarrow 2Na_2SO_4 + 2S\downarrow$

（3）与水中存在的嗜硫菌等微生物的作用　$Na_2S_2O_3 \rightarrow Na_2SO_3 + S\downarrow$

因此，配制硫代硫酸钠溶液时，应使用新煮沸放冷的蒸馏水，以除去水中的 CO_2 和 O_2，并杀死嗜硫细菌；加入少量碳酸钠，使溶液呈微碱性（pH 9~10），即可抑制嗜硫细菌生长，又可防止硫代硫酸钠分解。

【配制】用托盘天平称取硫代硫酸钠 26g 与无水碳酸钠 0.20g，加新沸过的冷水适量使溶解成 1000ml，摇匀，放置暗处一个月后滤过。

2. 0.1mol/L 硫代硫酸钠滴定液的标定

（1）标定方法　硫代硫酸钠滴定液采用基准物质标定法进行标定。标定硫代硫酸钠滴定液的基准物质有 $K_2Cr_2O_7$、KIO_3、$KBrO_3$、$K_3[Fe(CN)_3]$ 等，其中 $K_2Cr_2O_7$ 最常用。

【标定】取在120℃干燥至恒重的基准重铬酸钾 0.15g，精密称定，置于碘量瓶中，加水 50ml 使溶解，加碘化钾 2.0g，轻轻振摇使溶解，加稀硫酸 40ml，摇匀，密塞；在暗处放置 10 分钟后，加水 250ml 稀释，用本液滴定至近终点时，加淀粉指示液 3ml，继续滴定至蓝色消失而显亮绿色，并将滴定的结果用空白试验校正。每 1ml 硫代硫酸钠滴定液（0.1mol/L）相当于 4.903mg 的重铬酸钾，根据本液的消耗量与重铬酸钾的取用量，算出本液的浓度即得。

（2）标定原理　用基准 $K_2Cr_2O_7$ 标定硫代硫酸钠滴定液的原理为间接碘量法。

1）标定反应

置换碘的反应　　$Cr_2O_7^{2-} + 6I^- + 14H^+ \rightarrow 2Cr^{3+} + 3I_2 + 7H_2O$

滴定碘的反应　　$2S_2O_3^{2-} + I_2 \rightarrow S_4O_6^{2-} + 2I^-$

2）计算依据　基准 $K_2Cr_2O_7$ 的物质的量——置换出 I_2 的物质的量——终点时消耗 $Na_2S_2O_3$ 的物质的量——$Na_2S_2O_3$ 滴定液物质的量浓度。

3）计算公式

$$c_{Na_2S_2O_3} = \frac{6 \times m_{K_2Cr_2O_7}}{M_{K_2Cr_2O_7} V_{终点}}$$

（3）标定条件

1）置换碘的反应　$Cr_2O_7^{2-}$ 与 I^- 的反应速度较慢，为加快反应速度和防止碘的挥发，故采取以下措施：①加入过量的 KI 以提高反应的速度和程度，防止碘挥发；②控制溶液酸度在 0.5mol/L 左右，酸度过高，I^- 易被空气氧化；③反应在碘量瓶中进行，并密封、避光放置 10 分钟。

2）滴定碘的反应　用 $Na_2S_2O_3$ 滴定液滴定 I_2 时应注意以下问题：①用 $Na_2S_2O_3$ 滴定液滴定前将溶液稀释，既可防止 $Na_2S_2O_3$ 分解，减慢 I^- 被空气氧化的速度，又可降低 Cr^{3+} 的浓度，便于终点观察；②应滴定至近终点、溶液呈浅黄绿色时，再加入淀粉指示剂，防止大量碘被淀粉牢固吸附，使标定结果偏低；③若滴定至终点后，溶液迅速回蓝，表明 $Cr_2O_7^{2-}$ 与 I^- 反应不完全，可能是酸度不足或稀释过早造成的，应重新标定；④为防止碘的挥发，滴定时要快滴轻摇。

（4）标定过程

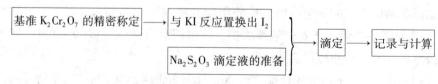

四、应用与示例

凡能与 I_2 完全反应且反应速度较快的还原性物质，如乙酰半胱氨酸、二巯基丙醇、硫代硫酸钠、维生素 C、维生素钠（钙）等，都可用直接碘量法测定其含量。

一些能与 I_2 完全反应但反应速度较慢或可溶性差的还原性物质，如焦亚硫酸钠、葡萄糖、咖啡因等，可采用剩余碘量法测定。

许多氧化性物质，如含氧酸盐、过氧化物、卤素、Fe^{3+}、Sb^{5+}、Cu^{2+} 等，能定量地将 KI 氧化为 I_2，可采用置换碘量法测定。

（一）维生素 C 的含量测定

1. 原理解析 维生素 C 的分子结构中含有烯二醇基，具有较强的还原性，能被 I_2 定量氧化成二酮基，反应式如下：

$$
\underset{\substack{||\\O}}{C}-\underset{\substack{|\\OH}}{C}=\underset{\substack{|\\OH}}{C}-\underset{\substack{|\\OH}}{C}-CH_2OH + I_2 = \underset{\substack{||\\O}}{C}-\underset{\substack{||\\O}}{C}=\underset{\substack{|\\O}}{C}-\underset{\substack{|\\OH}}{C}-CH_2OH + 2HI
$$

因维生素 C 易被空气氧化，在碱性溶液中氧化更快，故应在醋酸的酸性溶液中进行滴定，以减少维生素 C 受其他氧化剂的影响。由于纯化水中含有溶解氧，必须事先煮沸，否则会使分析结果偏低。

化学计量点时，根据维生素 C 与 I_2 的计量关系为 1：1，可计算出维生素 C 的百分含量：

$$
\omega = \frac{c_{I_2} \times V_{I_2} \times 10^{-3} \times M_{C_6H_8O_6}}{m_s} \times 100\%
$$

2. 测定方法 用分析天平精密称取 3 份供试品，分别置于洁净的编号的碘量瓶内并记录。用量筒量取 100ml 新沸冷水分别置于三个碘量瓶中，然后用小量筒或刻度管量取 10ml 稀醋酸分别置于碘量瓶中，摇动使溶解。在碘量瓶内分别加入淀粉指示液 1ml。将标定好的碘滴定液装于棕色酸式滴定管中，调节至零刻度。用碘滴定液（0.05mol/L）滴定至溶液由无色→蓝色，读取消耗滴定液的体积。

（二）焦亚硫酸钠（$Na_2S_2O_5$）的含量测定

1. 原理解析 由于焦亚硫酸钠（$Na_2S_2O_5$）与 I_2 反应速度慢，不能用碘滴定液直接滴定，可与定量过量的 I_2 充分作用后，剩余的 I_2 用 $Na_2S_2O_3$ 回滴，从而计算含量。剩余碘量法测定焦亚硫酸钠的滴定反应如下。

（1）滴定反应

$\underset{\text{被测组分}}{Na_2S_2O_5}$ + $\underset{\text{滴定液}}{2I_2（定量过量）}$ + $3H_2O$ ══ $Na_2SO_4 + H_2SO_4 + 4HI$

（2）返滴定反应

$\underset{\text{过量滴定液}}{I_2（剩余）}$ + $\underset{\text{返滴定液}}{2Na_2S_2O_3}$ ══ $Na_2S_4O_6 + 2NaI$

（3）化学计量关系 计量点时：

$$
\frac{n_{Na_2S_2O_3}}{n_{I_2}} = \frac{2}{1}
$$

（4）结果计算

1）过量 I_2 滴定液的物质的量　由滴定终点时消耗 $Na_2S_2O_3$ 滴定液的体积和浓度，可计算过量的 I_2 滴定液的量。

$$n_{I_2(过量)} = \frac{1}{2} \times n_{Na_2S_2O_3} = \frac{1}{2} \times (cV_{终点})_{Na_2S_2O_3}$$

2）与 $Na_2S_2O_5$ 反应的 I_2 滴定液的物质的量　等于加入 I_2 滴定液的总量减去过量的 I_2 滴定液。

$$n_{I_2} = n_{I_2(总量)} - n_{I_2(过量)} = (cV)_{I_2} - \frac{1}{2} \times (cV_{终点})_{Na_2S_2O_3}$$

3）$Na_2S_2O_5$ 的含量　根据与 $Na_2S_2O_5$ 反应的 I_2 滴定液的物质的量即可计算 $Na_2S_2O_5$ 的含量，计算公式为：

$$Na_2S_2O_5\% = \frac{m_{Na_2S_2O_5}}{m_s} \times 100\% = \frac{\frac{1}{2} \times \left[(cV)_{I_2} - \frac{1}{2} \times (cV_{终点})_{Na_2S_2O_3} \right] \times M_{Na_2S_2O_5}}{m_s} \times 100\%$$

应用剩余碘量法时，一般都在条件相同的情况下做一空白滴定，可消除仪器误差和试剂误差。结果计算时，可从空白滴定与回滴的差数求出被测物质的含量，而无需知道 I_2 滴定液的浓度，计算公式为：

$$Na_2S_2O_5\% = \frac{1}{4} \cdot \frac{C_{Na_2S_2O_3} (V_{空白} - V_{回滴}) \cdot M_{Na_2S_2O_5}}{m_s} \times 100\%$$

2. 测定方法　用分析天平精密称取 3 份供试品，分别置于洁净的编号的碘量瓶内，于碘量瓶中精密加入 50ml 碘滴定液（0.05mol/L），密塞，振摇溶解。用刻度管量取 1ml 盐酸于碘量瓶中，密塞慢摇。装硫代硫酸钠滴定液（0.1mol/L）于酸式滴定管中，调节至零刻度。用硫代硫酸钠滴定液（0.1mol/L）进行滴定，至溶液由棕褐色变为浅黄绿色时，加入淀粉指示液，溶液立即变为蓝色，继续滴定至溶液蓝色消失。读取消耗硫代硫酸钠滴定液的体积，平行测定三次。同法做空白，记录空白体积 V_0。

（三）碘酸钾（KIO_3）的含量测定

1. 原理解析　碘酸钾具有较强的氧化性，能与 I^- 发生反应定量地置换出 I_2。用 $Na_2S_2O_3$ 滴定液滴定 I_2，根据消耗 $Na_2S_2O_3$ 滴定液的体积和浓度，即可计算出 KIO_3 的含量。滴定反应为：

置换碘　$IO_3^- + 5I^- + 6H^+ \Longrightarrow 3I_2 + 3H_2O$

滴定碘　$I_2 + 2Na_2S_2O_3 \Longrightarrow Na_2S_4O_6 + 2NaI$

化学计量关系为：1mol $Na_2S_2O_3$ 相当于 6mol KIO_3。

终点时，由消耗 $Na_2S_2O_3$ 滴定液的体积和浓度即可计算供试品中 KIO_3 的百分含量，计算公式为：

$$KIO_3\% = \frac{\frac{1}{6} \times (cV_{终点})_{Na_2S_2O_3} \times M_{KIO_3}}{m_s} \times 100\%$$

2. 测定方法 用分析天平精密称取供试品于洁净容量瓶内，加水溶解并稀释至刻度，摇匀。用移液管精密量取供试品溶液 25ml，置于碘瓶中，用托盘天平称取 2gKI，加入碘量瓶，再用量筒量取 10ml 稀盐酸加入碘量瓶，立即密塞，振摇，将碘量瓶加水封，暗处放置 5 分钟。装硫代硫酸钠滴定液（0.1mol/L）于酸式滴定管中，调节至零刻度。用硫代硫酸钠滴定液（0.1mol/L）对进行滴定，至溶液由棕褐色变为浅黄绿色时，加入淀粉指示液，溶液立即变为蓝色，继续滴定至溶液蓝色消失，读取消耗滴定液的体积。平行测定三次。同法做空白，记录空白体积 V_0。

任务三 高锰酸钾法

实例分析

实例 9 - 2 硫酸亚铁含量的测定 取本品约 0.5g，精密称定，加稀硫酸与新沸过的冷水各 15ml 溶解后，立即用高锰酸钾滴定液（0.02mol/L）滴定至溶液显持续的粉红色。每 1ml 高锰酸钾滴定液（0.02mol/L）相当于 27.80mg 的 $FeSO_4 \cdot 7H_2O$。本品含 $FeSO_4 \cdot 7H_2O$ 应为 98.5% ~ 104.0%。

问题 1. 采用高锰酸钾滴定液对硫酸亚铁进行含量测定，会发生哪种类型的化学反应？

2. 滴定过程为什么不加入指示剂来判断滴定终点呢？

一、概述

（一）概念及基本原理

高锰酸钾法是以高锰酸钾为滴定液的氧化还原滴定法。高锰酸钾的氧化能力较强，可在强酸性溶液中直接或间接的测定还原性或氧化性物质含量。

高锰酸钾法常以 H_2SO_4 调节溶液的酸度，将酸度控制在 1 ~ 2mol/L，在强酸性溶液中 MnO_4^- 被还原成 Mn^{2+}，生成的 Mn^{2+} 能加快氧化还原反应的速率。

$$MnO_4^- + 8H^+ + 5e \longrightarrow Mn^{2+} + 4H_2O$$

高锰酸钾滴定液本身为紫红色，用它滴定无色或浅色溶液时，一般不需另加指示剂。如 100ml 被测溶液，用 0.02mol/L 的高锰酸钾滴定液滴定时，在未到达化学计量点之前，高锰酸钾的紫红色，随滴入随褪去，反应完全后，过量半滴 $KMnO_4$ 溶液就能使整个溶液变成浅红色，表示滴定终点已经到达。这种以滴定液本身的颜色引起溶液颜色变化而指示终点的方法，称为自身指示剂法。如实例 9 - 2 中硫酸亚铁含量的测定。

（二）滴定条件

1. 溶液的酸度

（1）溶液的酸度一般控制在 0.5 ~ 1mol/L。酸度过高，会导致 $KMnO_4$ 分解。若在微酸性、中性或弱碱性溶液中，$KMnO_4$ 的半反应为：

$$MnO_4^- + H_2O + 3e \longrightarrow MnO_2 + 4OH^-$$

MnO_4^- 氧化能力降低，反应进行程度不完全，且产物 MnO_2 为棕褐色、不溶于水，影响终点的判断。

若在强碱性溶液中，$KMnO_4$ 的半反应为：

$$MnO_4^- + e \longrightarrow MnO_4^{2-}$$

此时，MnO_4^- 的氧化能力最低，且产物 MnO_4^{2-} 为绿色，影响终点的判断。

（2）溶液的酸度调节以硫酸为宜。因为硝酸有氧化性，盐酸具有还原性，容易发生副反应。

2. 滴定反应速度　高锰酸钾在常温下反应较慢，为加快其反应速度，可在滴定时采取以下措施。

（1）加热　以加快反应速度。但在空气中易氧化或加热易分解的还原性物质，如亚铁盐、过氧化氢等则不能加热。

（2）催化剂

1）加催化剂　加入 Mn^{2+} 作催化剂。

2）自动催化　用高锰酸钾滴定还原性物质时，即使在加热情况下，滴定之初反应也较慢，但随着滴定液的加入反应逐渐加快。这时因为随着滴定液不断加入，生成的 Mn^{2+} 不断增加，Mn^{2+} 在反应中起催化作用，加快了反应速度。这种由反应过程中自身产生的物质具有催化作用引起的催化现象，称为自动催化现象。

（3）快速滴定　是在滴定终点前快速加入大部分滴定液与被测组分反应，然后再缓缓滴定至终点的滴定方法。快速滴定可提高反应物浓度，加快反应速度。

你知道吗

高锰酸钾法测定方式的不同

高锰酸钾法应用较广，可采用不同方式测定还原性物质、氧化性物质或非氧化性物质。

直接滴定法：许多还原性物质可用 $KMnO_4$ 滴定液直接滴定，如 $FeSO_4$、H_2O_2、$NaNO_2$ 等，该方法操作简便。

剩余滴定法：有些氧化性物质，若不能直接使用 $KMnO_4$ 滴定液滴定，可在 H_2SO_4 溶液酸性条件下，先加入定量过量的 $Na_2C_2O_4$ 基准物质或滴定液，加热使得反应进行完全后，再用 $KMnO_4$ 滴定液滴定剩余过量的 $Na_2C_2O_4$，从而求出被测氧化性物质的含量。

间接滴定法：有些物质不具有氧化性或还原性，不能使用 $KMnO_4$ 滴定液进行直接滴定或剩余滴定，可考虑采用间接滴定法进行测定。如样品 $CaCl_2$ 的含量测定时，首先将 Ca^{2+} 转变为 CaC_2O_4 沉淀，进行过滤取沉淀，用稀硫酸将沉淀溶解，然后用 $KMnO_4$ 滴定液滴定溶液中的 $H_2C_2O_4$，从而间接求得 $CaCl_2$ 的含量。反应过程如下：

$$Ca^{2+} + C_2O_4^{2-} \longrightarrow CaC_2O_4$$

$$CaC_2O_4 + 2H^+ \longrightarrow H_2C_2O_4 + Ca^{2+}$$
$$2MnO_4^- + 5H_2C_2O_4 + 6H^+ \longrightarrow 2Mn^{2+} + 10CO_2\uparrow + 8H_2O$$

二、滴定液

（一）0.02mol/L 高锰酸钾滴定液的配制

1. 配制方法 由于高锰酸钾试剂常含有 MnO_2 等杂质，因此高锰酸钾滴定液采用间接配制法。

【配制】取高锰酸钾 3.2g，加水 1000ml，煮沸 15 分钟，密塞，静置 2 日以上，用垂熔玻璃滤器滤过，摇匀。

2. 配制注意事项 蒸馏水中常含有少量还原性杂质，且还原产物 MnO_2 有催化作用，能加速 $KMnO_4$ 分解。故在配制时将 $KMnO_4$ 溶液煮沸，使 $KMnO_4$ 与还原性杂质快速完全反应，并用垂熔滤器滤除还原产物 MnO_2，以免在贮藏过程中浓度改变。

（二）0.02mol/L 高锰酸钾滴定液的标定

1. 基准物质 标定高锰酸钾滴定液常用的基准物质有草酸（$H_2C_2O_4 \cdot 2H_2O$）、草酸钠（$Na_2C_2O_4$）、三氧化二砷（As_2O_3）、硫酸亚铁铵 $[Fe_3(NH_4)_2(SO_4)_2 \cdot 6H_2O]$ 和纯铁丝等。其中 $Na_2C_2O_4$ 不含结晶水、吸湿性小、热稳定性好、易精制，故最为常用。

【标定】取在 105℃ 干燥至恒重的基准草酸钠约 0.2g，精密称定，加新沸过的冷水 250ml 与硫酸 10ml，搅拌使溶解，自滴定管中迅速加入待标定的高锰酸钾溶液约 25ml（边加边搅拌，以避免产生沉淀），待褪色后，加热至 65℃，继续滴定至溶液显微红色并保持 30 秒钟不褪；当滴定终了时，溶液温度应不低于 55℃。平行测定 3 次，根据本液的消耗量与草酸钠的取用量，算出本液的浓度，即得。

2. 标定原理

（1）标定反应 $5C_2O_4^{2-} + 2MnO_4^- + 16H^+ \longrightarrow 2Mn^{2+} + 10CO_2 + 8H_2O$

计量点时：$$\frac{n_{C_2O_4^{2-}}}{n_{MnO_4^-}} = \frac{5}{2}$$

（2）标定结果 根据称取草酸钠的重量和终点时消耗滴定液的体积即可计算出滴定液的准确浓度，计算公式为：

$$c_{KMnO_4} = \frac{2}{5} \times \frac{m_{Na_2C_2O_4}}{M_{Na_2C_2O_4} \cdot V_{终点}}$$

3. 标定条件

（1）温度 室温下标定反应速度较慢，接近终点时，因反应物浓度很低，反应速度更为缓慢。故药典采用一次快速加入大部分 $KMnO_4$ 滴定液后，将溶液加热至 65℃，以提高反应速度。温度低于 55℃，反应速度太慢；温度超过 90℃，会使 $C_2O_4^{2-}$ 部分分解，导致标定的 $KMnO_4$ 滴定液浓度偏高。

（2）溶液的酸度　溶液的酸度应适当。酸度不足，易生成 MnO_2 沉淀；酸度过高，会引起 $Na_2C_2O_4$ 分解。

（3）滴定速度　为提高反应速度，首先快速滴定加入大部分滴定液，然后由于反应产物 Mn^{2+} 的自动催化和加热溶液，滴定的速度可适当加快，但不宜过快，否则 $KMnO_4$ 在热的酸性溶液中发生分解。近终点时，溶液中的 $C_2O_4^{2-}$ 浓度已很低，应小心滴定，以免影响标定精确度。

（4）滴定终点的判断　$KMnO_4$ 可作为自身指示剂。因空气中的还原性气体和尘埃均能使 $KMnO_4$ 缓慢分解而褪色，故滴定至溶液显微红色并保持 30 秒不褪色即为终点。

（三）高锰酸钾滴定液的贮藏

由于热、光、酸或碱能促使 $KMnO_4$ 分解，以及 $KMnO_4$ 具有强氧化性，所以在贮藏 $KMnO_4$ 滴定液时，应避光、隔绝空气、不使用橡胶塞，故采用玻璃塞的棕色玻璃瓶、密闭保存。

> **请你想一想**
>
> 配制高锰酸钾滴定液时，"煮沸 15 分钟，密塞，静置 2 日以上"的目的是什么？

三、应用与示例

高锰酸钾法应用广泛。在酸性溶液中，高锰酸钾法可以通过直接滴定的方式测定许多还原性物质，如草酸盐 $C_2O_4^{2-}$、过氧化氢 H_2O_2、亚铁盐 Fe^{2+}、亚硝酸盐（NO_3^-）等；结合 $Na_2C_2O_4$ 滴定液或 $FeSO_4$ 滴定液，通过高锰酸钾法返滴定的方式可以测定一些强氧化性物质，如 ClO_3^-、CrO_4^{2-}、BrO_3^-、IO_3^-、$S_2O_8^{2-}$、MnO_4^-、PbO_2 等；采用高锰酸钾法间接滴定的方式还可测定一些非氧化还原性物质，如 Ca^{2+} 等。

（一）硫酸亚铁含量测定的原理解析

硫酸亚铁具有还原性，可以用高锰酸钾直接滴定。滴定反应为：

$$5Fe^{2+} + 2MnO_4^- + 8H^+ == 5Fe^{3+} + 2Mn^{2+} + 4H_2O$$

滴定终点可以利用滴定液本身的颜色来确定。根据终点时消耗 $KMnO_4$ 滴定液的体积和浓度即可计算出硫酸亚铁的百分含量，计算公式为：

$$FeSO_4 \cdot 7H_2O\% = \frac{F \times T_{KMnO_4(0.02)FeSO_4 \cdot 7H_2O} \times V_{终点}}{m_s} \times 100\%$$

加入稀硫酸的作用为：①提高高锰酸钾的氧化能力，使反应进行完全；②防止 Fe^{2+} 的水解。使用新沸过的冷水的目的是为了消除水中溶解氧的干扰。

（二）硫酸亚铁含量测定的方法

用减重法精密称取 3 份供试品，分别置于洁净的锥形瓶内并记录。用量筒量取稀硫酸与新沸过的冷水各 15ml 于 3 个锥形瓶中，装高锰酸钾滴定液（0.02mol/L）于酸式滴定管中，调节至零刻度。滴定至溶液由无色变为粉红色。读取消耗滴定液的体积，平行测定 3 次。同法做空白，记录空白体积 V_0。

你知道吗

如何检测水中的化学需氧量（COD）

化学需氧量（COD）是指在一定条件下，采用强氧化剂处理水中的还原性物质时，可根据所消耗的氧化剂量求出。它能反映出水中还原性物质的含量，水中所含的还原性物质主要是各种有机物，以及少量亚硝酸盐、硫化物、亚铁盐等，因此，COD 是反映水质受有机物污染情况的一个重要指标。COD 越大，说明水体受到有机物污染越严重，而有机物对工业水系统的危害很大，因此，测定 COD 是十分有必要的，使用到的方法有高锰酸钾法、重铬酸钾法、快速消解法、分光光度法等。

目前普遍应用的是高锰酸钾法与重铬酸钾法，均需将水样调节在一定酸度范围再测定。高锰酸钾法适用于测定水样中有机物含量的相对比较值，操作方便，缺点是氧化率较低；重铬酸钾法则适用于测定水样中有机物的总含量，氧化率高，再现性较好。

任务四　亚硝酸钠法

一、基本原理和滴定条件

（一）亚硝酸钠法的概念

亚硝酸钠法是以亚硝酸钠为滴定液，在盐酸酸性条件下，测定芳香族伯胺和仲胺类化合物的氧化还原滴定法。其中，亚硝酸钠滴定芳香族伯胺的反应为重氮化反应，称为重氮化滴定法；亚硝酸钠滴定芳香族仲胺的反应为亚硝基化反应，称为亚硝基化滴定法。两者总称为亚硝酸钠法，其中以重氮化滴定法最为常用。

（二）重氮化滴定法的测定原理

芳香族伯胺类化合物在酸性条件下与亚硝酸钠反应生成伯胺的重氮盐，滴定反应方程式为：

$$NaNO_2 + 2HCl + ArNH_2 \rightleftharpoons [Ar^+N\equiv N]\ Cl^- + NaCl + 2H_2O$$

计量点时：

$$\frac{n_{NaNO_2}}{n_{芳伯胺}} = \frac{1}{1}$$

重氮化滴定法常采用永停滴定法确定化学计量点。

（三）重氮化滴定法的滴定条件

重氮化滴定法测定芳香族伯胺的含量时，为保证测定结果的准确度，需注意以下几个方面。

1. 酸的种类和溶液的酸度　由于在盐酸中重氮化滴定反应的速度较快，滴定产物芳伯胺重氮盐在盐酸中溶解度也较大，所以常用盐酸。由于酸度过高，盐酸会与芳伯胺成盐，妨碍芳伯胺的游离；酸度过低，重氮盐易分解且易与未反应的芳伯胺发生偶联反应，使测定结果偏低，因此滴定时，酸度应控制在 1~2mol/L。

2. 采用快速滴定法　室温下滴定时，重氮化滴定法采用快速滴定法，即将滴定管尖插入供试品溶液液面下约 2/3 处，在不断搅拌下一次滴入大部分亚硝酸钠滴定液，近终点时将滴定管尖提出液面，在不断搅拌下再缓缓滴定至终点。快速滴定法不仅可以通过提高供试品溶液中的滴定液浓度来提高反应速度，还可减少亚硝酸的逸失和分解，使反应完全，提高测定结果的准确度。

3. 苯环上取代基团　苯环上取代基团会影响滴定反应速度，特别是在胺基的对位上，吸电子基团如—X、—COOH、—NO$_2$、—SO$_3$H 等，能使反应速度加快；斥电子基团如—OH、—CH$_3$、—OR 等，能使反应速度减慢。对于反应较慢的药物，常加入 KBr 作为催化剂。

二、滴定液

（一）0.1mol/L NaNO$_2$ 滴定液的配制

NaNO$_2$ 滴定液采用间接法配制。NaNO$_2$ 滴定液不稳定，久置时浓度会显著下降。但若溶液呈弱碱性（pH≈10）可提高其稳定性，浓度三个月内几乎不变，故配制时需加入少量碳酸钠作稳定剂。

【配制】取亚硝酸钠 7.2g，加无水碳酸钠（Na$_2$CO$_3$）0.10g，加水适量使溶解成 1000ml，摇匀。

（二）0.1mol/L NaNO$_2$ 滴定液的标定

标定 NaNO$_2$ 滴定液常用对氨基苯磺酸为基准物质。对氨基苯磺酸为分子内盐，在水中溶解速度缓慢，故需加入氨试液使其溶解，再加盐酸调节酸度。NaNO$_2$ 滴定液的标定采用快速滴定法，永停滴定法确定滴定终点。滴定反应为：

$$H_2N-\!\!\!\bigcirc\!\!\!-SO_3H + NaNO_2 + 2HCl \Longleftrightarrow [N\equiv N^+-\!\!\!\bigcirc\!\!\!-SO_3H] + NaCl + 2H_2O$$

根据精密称定的基准对氨基苯磺酸的重量和消耗的 NaNO$_2$ 滴定液的体积，即可计算其准确浓度，计算公式为：

$$c_{NaNO_2} = \frac{m_{基准}}{M_{基准} \times V_{终点}}$$

【标定】取在 120℃ 干燥至恒重的基准对氨基苯磺酸约 0.5g，精密称定，加水 30ml 与浓氨试液 3ml 溶解后，加盐酸（1→2）20ml，搅拌，在 30℃ 以下用待标定的 NaNO$_2$ 滴定液迅速滴定，滴定时将滴定管尖端插入液面下约 2/3 处，随滴随搅拌；至近终点时，将滴定管尖端提出液面，用少量水洗涤管尖，洗液并入溶液中，继续缓缓滴定，用永停滴定法指示终点。平行测定 3 次，根据 NaNO$_2$ 滴定液的消耗量与对氨基苯磺酸的取用量，算出 NaNO$_2$ 滴定液浓度，即得。

（三）0.1mol/L NaNO₂ 滴定液的贮藏

置于具玻璃塞的棕色玻璃瓶中，密闭保存。

三、应用与示例

重氮化滴定法主要用于测定芳伯胺类药物如盐酸普鲁卡因、盐酸普鲁卡因胺、氨苯砜和磺胺甲噁唑等，还可测定水解后具有芳伯胺结构的药物如对乙酰氨基酚、醋氨苯砜等。亚硝基化滴定法主要用于测定芳仲胺类药物如磷酸伯氨喹片等。

（一）氨苯砜含量测定的原理解析

氨苯砜为芳伯胺类物质，能与 NaNO₂ 滴定液在盐酸作用下，发生重氮化反应，反应按 1：1 定量进行。反应式为：

$$NaNO_2 + 2HCl + ArNH_2 \rightleftharpoons \left[Ar^+N\equiv N \right] Cl^- + NaCl + 2H_2O$$

（二）氨苯砜含量测定的方法

精密称定氨苯砜待测样品约 0.25g，置于 100ml 的烧杯中，加入盐酸溶液（1→2）15ml 进行充分溶解后，再加水 40ml，振摇，加入 KBr 2g，混匀。用 NaNO₂ 滴定液（0.1mol/L）进行滴定至永停滴定仪电流指针偏离零点，并不再回到零点，记录对应的消耗滴定液

> **请你想一想**
>
> 重氮化滴定法用于测定芳伯胺类药物时，为什么不选用硫酸或硝酸进行调节酸度？

的体积。平行测定 3 次。氨苯砜待测样品的百分含量按下式计算：

$$\omega = \frac{c_{NaNO_2} \times V_{NaNO_2} \times 10^{-3} \times M_{C_{12}H_{12}N_2O_2S}}{m_s} \times 100\%$$

实训十三　碘滴定液的配制与标定

一、实训目的

1. 熟悉 0.1mol/L I₂ 滴定液的配制方法。
2. 熟练掌握利用 Na₂S₂O₃ 滴定液比较法标定 I₂ 滴定液的方法。
3. 掌握以淀粉指示剂确定滴定终点的方法。

二、实训原理

碘具有挥发性和腐蚀性，不易准确称量，故采用间接配制法配制碘滴定液。碘滴定液可用已知浓度的 Na₂S₂O₃ 滴定液通过比较法标定。即使用已知准确浓度的 Na₂S₂O₃ 滴定液与待标定的 I₂ 滴定液反应，从而求出 I₂ 滴定液的浓度。化学反应为：

$$2Na_2S_2O_3 + I_2 \Longrightarrow Na_2S_4O_6 + 2NaI$$

三、仪器与试剂

1. 仪器 托盘天平、棕色酸式滴定管（50ml）、碘量瓶（250ml）、移液管（25ml）、烧杯（500ml）、棕色试剂瓶（500ml）、垂熔玻璃漏斗、量筒（100ml）。

2. 试剂 I_2（固体）、KI（固体）、$Na_2S_2O_3$ 滴定液（0.1mol/L）、HCl（1mol/L）、淀粉指示剂、纯化水。

四、实训步骤

1. 0.05mol/L 碘滴定液的配制 称取碘 13.0g，加碘化钾 36g 与水 50ml 溶解后，加盐酸 3 滴与水适量使成 1000ml，摇匀，用垂熔玻璃滤器滤过，置于棕色试剂瓶中，放在暗处进行保存。

2. 0.05mol/L 碘滴定液的标定 精密量取上述碘液 25ml，置于碘量瓶中，加水 100ml 与盐酸溶液 1ml，轻摇混匀，用硫代硫酸钠滴定液（0.1mol/L）滴定至近终点时，加淀粉指示液 2ml，继续滴定至蓝色消失。平行测定 3 次。按下式计算碘滴定液的浓度：

$$c_{I_2} = \frac{c_{Na_2S_2O_3} \times V_{Na_2S_2O_3}}{2V_{I_2}}$$

3. 数据记录

项目	测定次数		
	1	2	3
移取待标定的碘滴定液体积（ml）			
滴定消耗 $Na_2S_2O_3$ 滴定液的体积 V（ml）			
待标定碘滴定液的浓度（mol/L）			
平均值（mol/L）			
平均偏差			
相对平均偏差（%）			

4. 计算过程

5. 结果讨论与误差分析

实训十四　硫代硫酸钠滴定液的配制与标定

一、实训目的

1. 熟练 0.1mol/L 硫代硫酸钠滴定液的配制方法。

2. 掌握应用置换碘量法标定硫代硫酸钠滴定液的方法；以淀粉指示剂确定滴定终点的方法。

二、实训原理

结晶硫代硫酸钠（$Na_2S_2O_3 \cdot 5H_2O$）易风化或潮解，且含有少量的 S、S^{2-}、SO_3^{2-}、Cl^-、CO_3^{2-} 等杂质，因此采用间接配制法配制硫代硫酸钠滴定液。为了避免水中的 CO_2、O_2、微生物等对实验的干扰，配制过程应使用新煮沸放冷的蒸馏水，以及加入少量碳酸钠，使溶液呈微碱性。标定硫代硫酸钠滴定液的基准物质有 $K_2Cr_2O_7$、KIO_3、$K_3[Fe(CN)_3]$、$KBrO_3$ 等，其中 $K_2Cr_2O_7$ 最常用。

置换碘的反应　　$Cr_2O_7^{2-} + 6I^- + 14H^+ \rightleftharpoons 2Cr^{3+} + 3I_2 + 7H_2O$

滴定碘的反应　　$2S_2O_3^{2-} + I_2 \rightleftharpoons S_4O_6^{2-} + 2I^-$

三、仪器与试剂

1. **仪器**　托盘天平、电子天平、碱式滴定管（50ml）、碘量瓶（250ml）、容量瓶（250ml）、移液管（25ml）、烧杯（500ml）、棕色试剂瓶（500ml）及垂熔玻璃漏斗。

2. **试剂**　$Na_2S_2O_3 \cdot 5H_2O$（分析纯）、$Na_2C_2O_4$（固体）、$K_2Cr_2O_7$（基准物质）、KI（固体）、H_2SO_4（3mol/L）、淀粉指示剂及纯化水。

四、实训步骤

1. **0.1mol/L 硫代硫酸钠滴定液的配制**　用托盘天平称取硫代硫酸钠 26g 与无水碳酸钠 0.20g，加新沸过的冷水适量使溶解成 1000ml，摇匀，转移至棕色试剂瓶中，放置暗处一个月后滤过。

2. **0.1mol/L 硫代硫酸钠滴定液的标定**　取在 120℃ 干燥至恒重的基准重铬酸钾 0.15g，精密称定，置于碘量瓶中，加水 50ml 使溶解，加碘化钾 2.0g，轻轻振摇使溶解，加稀硫酸 10ml，摇匀，密塞；在暗处放置 10 分钟后，加水 100ml 稀释，用 $Na_2S_2O_3$ 滴定至近终点时，加淀粉指示液 3ml，继续滴定至蓝色消失而显亮绿色，平行测定 3 次。按下式计算 $Na_2S_2O_3$ 滴定液的浓度：

$$c_{Na_2S_2O_3} = \frac{6 \times m_{K_2Cr_2O_7}}{M_{K_2Cr_2O_7} \times V_{终点} \times 10^{-3}}$$

3. 数据记录

项目	测定次数		
	1	2	3
称取基准物重铬酸钾的质量（g）			
滴定消耗 $Na_2S_2O_3$ 标准溶液的体积 V（ml）			
$Na_2S_2O_3$ 标准溶液的浓度（mol/L）			
平均值（mol/L）			
平均偏差			
相对平均偏差（%）			

4. 计算过程

5. 结果讨论与误差分析

实训十五 维生素 C 含量的测定 微课 2

一、实训目的

1. 掌握直接碘量法测定维生素 C 含量的方法；使用淀粉指示剂确定滴定终点。
2. 熟悉直接碘量法测定维生素 C 含量的基本原理。

二、实训原理

因维生素 C 的分子结构中含有烯二醇基，具有较强的还原性，能被 I_2 定量氧化成二酮基，所以可采用直接碘量法测定其含量。反应式如下：

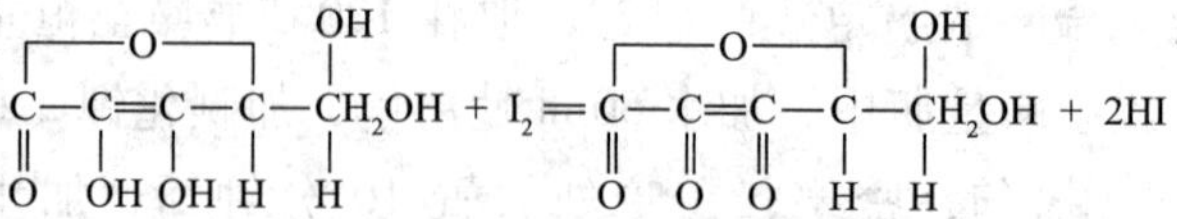

因维生素 C 易被空气氧化，在碱性溶液中氧化更快，故应在醋酸的酸性溶液中进行滴定，以减少维生素 C 受其他氧化剂的影响。由于纯化水中含有溶解氧，必须事先煮沸，否则会使分析结果偏低。

化学计量点时，根据维生素 C 与 I_2 的计量关系为 1∶1，可计算出维生素 C 的百分含量：

$$\omega = \frac{c_{I_2} \times V_{I_2} \times 10^{-3} \times M_{C_6H_3O_6}}{m_s} \times 100\%$$

三、仪器与试剂

1. 仪器 电子天平、酸式滴定管（50ml）、量筒（10ml）、量筒（100ml）、碘量瓶（250ml）。

2. 试剂 维生素C原料药、I_2 滴定液（0.05mol/L）、稀醋酸、淀粉指示剂。

四、实训步骤

1. 维生素C原料药含量的测定 精密称取维生素C原料药约0.2g，加新沸放冷的水100ml与稀醋酸10ml使溶解，加淀粉指示液1ml。立即用碘滴定液（0.05mol/L）滴定，至溶液显蓝色并在30秒内不褪色，记录消耗的碘滴定液的体积，平行测定3次。维生素C原料药的百分含量按下式计算：

$$\omega = \frac{c_{I_2} \times V_{I_2} \times 10^{-3} \times M_{C_6H_8O_6}}{m_s} \times 100\%$$

2. 数据记录

项目	测定次数		
	1	2	3
称取维生素C原料药的质量（g）			
滴定消耗碘滴定液的体积 V（ml）			
维生素C原料药的含量 ω（%）			
平均值（mol/L）			
平均偏差			
相对平均偏差（%）			

3. 计算过程

4. 结果讨论与误差分析

实训十六　过氧化氢含量的测定

一、实训目的

1. 熟练应用高锰酸钾法测定 H_2O_2 含量的方法。
2. 掌握高锰酸钾法测定 H_2O_2 滴定速度控制及终点判断。

二、实训原理

H_2O_2 本身既有氧化性，又有还原性。在强酸性溶液中，可与 $KMnO_4$ 反应，原理为：

$$5H_2O_2 + 2MnO_4^- + 6H^+ \longrightarrow 5O_2 \uparrow + 2Mn^{2+} + 8H_2O$$

三、仪器与试剂

1. 仪器　吸量管（5ml）、移液管（25ml）、具塞磨口锥形瓶（250ml）、容量瓶（100ml）、酸式滴定管（50ml）。

2. 试剂　市售 30% H_2O_2 溶液、3mol/L H_2SO_4 溶液、$KMnO_4$ 滴定液（0.02mol/L）、纯化水。

四、实训步骤

1. 30% H_2O_2 溶液含量的测定　精密量取 30% H_2O_2 溶液 5.00ml，移至装有 30ml 纯化水的 100ml 容量瓶中，加水稀释至刻度，摇匀。精密吸取稀释液 25ml 3 份，分别置于 3 个 250ml 锥形瓶中，各加 3mol/L H_2O_2 溶液 10ml，用大 MnO_4 滴定液（0.02mol/L）滴定至溶液显微红色并保持 30 秒内不褪色，即为终点。记录所消耗的大 MnO_4 滴定液的体积。按照下式计算 H_2O 的含量：

$$\rho_{H_2O_2} = \frac{5}{2} \times \frac{c_{KMnO_4} \times V_{KMnO_4} \times M_{H_2O_2} \times 10^{-3}}{V_s \times \frac{25}{100}}$$

2. 数据记录

项目	测定次数		
	1	2	3
移取 30% H_2O_2 溶液的体积（ml）			
滴定消耗 $KMnO_4$ 滴定液的体积 V（ml）			
H_2O_2 溶液的含量（g/ml）			
平均值（g/ml）			
平均偏差			
相对平均偏差（%）			

3. 计算过程

4. 结果讨论与误差分析

实训十七 永停滴定法测定磺胺甲噁唑的含量

一、实训目的

1. 掌握永停滴定法测定磺胺甲噁唑的原理和方法。
2. 熟悉永停滴定仪的结构和操作方法。

二、实训原理

磺胺甲噁唑属于芳伯胺类物质，在酸性条件下，可与 $NaNO_2$ 定量发生重氮化反应，产生重氮盐。两者的化学计量关系是 1∶1。采用永停滴定法指示滴定终点，未达到滴定终点前，$NaNO_2$ 无过量，没有可逆电对生成，永停滴定仪电流指针停在零的位置；到达滴定终点后，稍有过量的 $NaNO_2$，溶液中会产生 $NaNO_2$，以及它的分解产物 NO，则可快速产生 $NaNO_2$/NO 可逆电对，使得铂电极发生电解反应，电路中有电流通过后，永停滴定仪电流指针偏离零点，随着亚硝酸钠滴定液过量越多，电流指针偏离零点越大，并不再回到零点，电流偏转点即为滴定终点。

$$NaNO_2 + 2HCl + ArNH_2 \rightleftharpoons [Ar^+N\equiv N]\ Cl^- + NaCl + 2H_2O$$

计量点时：

$$\frac{n_{NaNO_2}}{n_{芳伯胺}} = \frac{1}{1}$$

三、仪器与试剂

1. 仪器　电子天平、永停滴定仪、磁性转子、电磁搅拌器、铂电极、酸碱两用滴定管（25ml）、烧杯（100ml）、量筒（50ml）。

2. 试剂　$NaNO_2$ 滴定液（0.1mol/L）、盐酸溶液（1→2）、磺胺甲噁唑、KBr、纯化水。

四、实训步骤

1. 磺胺甲噁唑含量的测定　精密称定磺胺甲噁唑约 0.5g，置于 100ml 的烧杯中，加入盐酸溶液（1→2）15ml 进行溶解充分后，再加水 40ml，振摇，加入 KBr 2g，混匀。用 NaNO$_2$ 滴定液（0.1mol/L）进行滴定至永停滴定仪电流指针偏离零点，并不再回到零点，记录对应的消耗滴定液的体积。平行测定 3 次。磺胺甲噁唑的百分含量按下式计算：

$$\omega = \frac{c_{NaNO_2} \times V_{NaNO_2} \times 10^{-3} \times M_{C_{10}H_{11}O_3S}}{m_s} \times 100\%$$

2. 数据记录

项目	测定次数		
	1	2	3
称取磺胺甲噁唑的质量（g）			
滴定消耗 NaNO$_2$ 滴定液的体积 V（ml）			
磺胺甲噁唑的含量 ω（%）			
平均值（mol/L）			
平均偏差			
相对平均偏差（%）			

3. 计算过程

4. 结果讨论与误差分析

目标检测

一、选择题

1. 高锰酸钾法滴定时调节溶液的酸度宜选用（　　）。

    A. HCl   B. H$_2$SO$_4$ C. HAC   D. HNO$_3$

2. 高锰酸钾法滴定的过程中，反应速度（　　）。

    A. 一直非常缓慢 B. 很快   C. 逐步加快   D. 由快到慢

3. 间接碘量法测定物质的含量，指示剂应在（　　）加入。

    A. 滴定前   B. 近终点   C. 终点后   D. 终点时

4. 配制硫代硫酸钠滴定液时，加入少量（　　）保持其稳定。

    A. NaCl   B. Na$_2$CO$_3$ C. Na$_2$C$_2$O$_4$ D. As$_2$O$_3$

5. NaNO$_2$ 法滴定时调节溶液的酸度宜用（　　）。

A. HCl　　　　　　B. H_2SO_4　　　　　C. HAC　　　　　　D. HNO_3

6. 氧化还原反应中规定，还原反应是（　　）。

A. 得电子的反应　　　　　　　　B. 失电子的反应

C. 无电子得失的反应　　　　　　D. 有电子得失的反应

7. 直接碘量法使用的滴定液是（　　）。

A. $Na_2S_2O_3$　　　　B. I_2　　　　　C. $AgNO_3$　　　　D. NH_4SCN

8. 置换碘量法使用的滴定液是（　　）。

A. $Na_2S_2O_3$　　　　B. I_2　　　　　C. $AgNO_3$　　　　D. NH_4SCN

9. 直接碘量法以淀粉为指示剂的滴定终点现象是（　　）。

A. 出现蓝色　　　B. 蓝色消失　　　C. 出现棕色　　　D. 棕色消失

10. $NaNO_2$ 法中重氮化滴定法的对象是（　　）。

A. 伯胺　　　　　B. 仲胺　　　　　C. 芳伯胺　　　　D. 芳仲胺

二、计算题

1. 精密称取基准物质 $K_2Cr_2O_7$ 0.1030g，用蒸馏水溶解后，加酸进行酸化，加足量 KI 用 $Na_2S_2O_3$ 溶液滴定，消耗溶液 19.70ml，求 $Na_2S_2O_3$ 溶液的物质的量浓度。（$K_2Cr_2O_7$ 的相对分子量是 294.18g/mol）

2. 有一份 $Na_2S_2O_3$ 样品重量为 0.1710g，用 0.05014mol/L 碘滴定液进行滴定，消耗滴定液 20.60ml，求样品 $Na_2S_2O_3$ 的含量。（$Na_2S_2O_3$ 的相对分子量是 158.11g/mol）

书网融合……

　微课1　　　　　微课2　　　　　划重点　　　　　自测题

▶▶ 项目十 电位分析法和永停滴定法

学习目标

知识要求

1. **掌握** 指示电极和参比电极的概念、作用、要求和分类；直接电位法测定溶液 pH 的原理、测定方法和影响因素；可逆电极和不可逆电极的概念及其作用；永停滴定法的概念、原理和滴定类型。
2. **熟悉** 原电池和电解池的概念、组成和作用原理。
3. **了解** 电化学分析法的概念和分类。

能力要求

1. 会准备玻璃电极并应用酸度计测定溶液的 pH。
2. 会使用永停滴定仪进行永停滴定操作和判断滴定终点。

📋 任务一 概述

一、化学电池

电化学分析方法是根据电化学原理建立起来的一类分析方法的总称。这类方法的共同特点是在进行测定时使试样溶液构成一个化学电池的组成部分，然后测量电池的某些参数（如电流、电压等），或这些参数的变化来进行定性或定量分析。

电化学分析法的基本装置是化学电池，化学电池是一种电化学反应器，由两个电极插入适当的电解质溶液中组成，在电极上发生电化学反应。根据电极反应是否自发进行，将化学电池分为原电池和电解池两类。

（一）原电池

将化学能转变为电能的装置称为原电池，原电池的电极反应是自发进行的。现以铜－锌原电池为例说明原电池的原理。将锌片、铜片分别插入 $ZnSO_4$、$CuSO_4$ 溶液中，两溶液间用饱和盐桥相连，两极用导线连接，并在导线之间接一个电流计，如图 10 - 1 所示。

两个电极的电极反应（半电池反应）为：

锌电极（负极）反应：$Zn - 2e = Zn^{2+}$，铜电极（正极）反应：$Cu + 2e = Cu^{2+}$。

电池反应：$Zn + Cu^{2+} = Zn^{2+} + Cu$

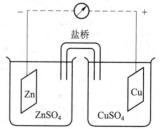

图 10 - 1　铜－锌原电池示意图

上述原电池可用简式表示为：

$$(-)Zn|Zn^{2+}(C_{Zn^{2+}})\parallel Cu^{2+}(C_{Cu^{2+}})|Cu(+)$$

根据规定，用"-"表示负极，写在左边，负极上发生氧化反应；用"+"表示正极，写在右边，正极上发生还原反应；电极的两相界面和不相混溶的两溶液之间的界面，用"|"或","表示；连接两溶液、消除液接电位的盐桥用"‖"表示；电池中的溶液应注明浓（活）度，如有气体应注明温度和压力，如不注明，系指25℃及101.33kPa；固体、单质或纯液体的浓（活）度规定为1；气体或均相的电极反应，不能单独组成电极，须同时使用惰性导体（如铂、金或碳等）以传导电流。

原电池的每个半电池中，都包含有同一元素的不同氧化数的两种物质，其中氧化数高的物质称为氧化型（或氧化态），用符号 OX 表示，氧化数低的物质称为还原型（或还原态），用符号 Red 表示。半电池中的氧化型物质和还原型物质构成一个氧化还原电对，简称电对，用符号 OX/Red 表示。如铜锌原电池的两电对分别为 Zn^{2+}/Zn 和 Cu^{2+}/Cu。半电池中作为导体的固态物质称为电极。有些电极既起导电作用，又参与电极反应，如原电池中的锌片和铜片。另一些只起导电作用，而不参与电极反应，称为惰性电极，常用的有石墨和金属铂。

铜锌原电池中能产生电流，原因是原电池两电极的电位大小不等。氧化还原电对组成的电极的电位称为电极电位，用 $E_{OX/RED}$ 符号表示。在任意状态下，某个氧化还原电对的电极电位值可根据能斯特方程式求得。

1. 能斯特方程的一般表达式　通常，一个可逆氧化还原反应的半反应均用还原反应表示，反应通式为：

$$OX + ne \rightleftharpoons Red$$

它的电极电位用能斯特（Nernst）方程表示为：

$$E_{OX/Red} = E^{\ominus}_{OX/Red} + \frac{RT}{nF}lg\frac{\alpha_{OX}}{\alpha_{Red}}$$

式中，α_{OX}、α_{Red} 分别为氧化型和还原型的活度；R 为气体常数，等于 8.3143J/K·mol；T 为绝对温度，等于（273.15 + t）K；n 为得失电子数；F 为法拉第常数，等于 96487C/mol；$E^{\ominus}_{OX/Red}$ 为标准电极电位。

2. 能斯特方程的常用表达式　当温度为 298.15K 时，将上述常数代入一般表达式，并将自然对数换算为常用对数，得到能斯特方程的常用表达式：

$$E_{OX/Red} = E^{\ominus}_{OX/Red} + \frac{0.059}{n}lg\frac{\alpha_{OX}}{\alpha_{Red}}$$

3. 能斯特方程的书写规则

（1）$\frac{\alpha_{OX}}{\alpha_{Red}}$ 为参与电极反应的所有氧化型即电极还原反应式左边的物质的活度（包括反应式中的 H^+ 或 OH^-）的乘积与所有还原型即电极反应式右边的物质的活度（包括反应式中的 H^+ 或 OH^-）乘积之比。

（2）活度的方次等于电极反应中的系数。

（3）活度的单位为 mol/L。

（4）凡固体物质及单质、纯液体，活度规定为1。

如，氧化还原电对 $Cr_2O_7^{2-}/Cr^{3+}$ 组成的电极反应为：

$$Cr_2O_7^{2-} + 14H^+ + 6e \rightleftharpoons 2Cr^{3+} + 7H_2O$$

298.15K 时，氧化还原电对 $Cr_2O_7^{2-}/Cr^{3+}$ 的电极电位为：

$$E_{Cr_2O_7^{2-}/Cr^{3+}} = E_{Cr_2O_7^{2-}/Cr^{3+}}^\circ + \frac{0.059}{6}\lg\frac{\alpha_{Cr_2O_7^{2-}} \cdot \alpha_{H^+}^{14}}{\alpha_{Cr^{3+}}^2}$$

（二）电解池

将电能转变为化学能的装置称为电解池，电解池的电极反应不能自发进行，只有在两个电极上外加一定电压后才能发生。现以双铂电极电解含有电对 I_2/I^- 的溶液为例说明电解池的原理，如图 10-2 所示。在含有 I_2 和 KI 的混合溶液中插入两个铂电极，将电池的正负极通过导线分别与两个电极相连。

与电池正极相连的电极称为阳极，与电池负极相连的电极称为阴极。电流由阳极通过溶液流向阴极，电子则由阴极通过导线流向阳极。两极上发生的反应如下：

阳极发生氧化反应：　　$2I^- - 2e = I_2$

阴极发生还原反应：　　$I_2 + 2e = 2I^-$

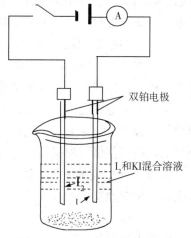

图 10-2　电解池示意图

二、参比电极

电位分析法中，必须使用两支电极和被测组分溶液组成原电池，将被测组分的浓度转变为电动势。为了使电动势和被测组分浓度之间的关系符合能斯特方程，一支电极的电位应随被测组分浓度变化，而另一支电极的电位应与被测组分浓度无关且保持不变。根据电极的作用不同，电位分析法中使用的电极可分为参比电极和指示电极。

在恒温恒压条件下，电极电位不随溶液中被测离子浓（活）度的变化而变化，具有恒定电位数值的电极称为参比电极。参比电极可以作为指示电极电位的测量基准。

1. 标准氢电极　作为测量其他电极电位的基准，国际上规定它的电极电位为零。但标准氢电极制作麻烦，操作条件难以控制，使用不方便，实际电位测量时很少采用。

2. 甘汞电极　一般由金属汞、甘汞（Hg_2Cl_2）和KCl 溶液组成。

甘汞电极由内、外两个玻璃管构成，内管盛 Hg

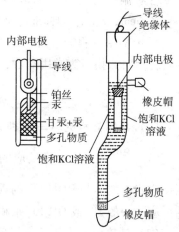

图 10-3　甘汞电极构造示意图

和 $Hg - Hg_2Cl_2$ 的糊状混合物，下端用石棉或纸浆类多孔物堵住，组成内部电极，上端封入一段铂丝与导线连接。外部套管内盛 KCl 溶液，电极下部与待测试液接触部分是用素烧瓷等微孔物质作隔离层，其作用是能阻止电极内外溶液的相互混合，又为内外溶液提供离子的通道，兼作测量电位时的盐桥，如图 10-3 所示。

甘汞电极可表示为：Hg，Hg_2Cl_2（s）| KCl 溶液

电极反应为：$Hg_2Cl_2 + 2e \rightleftharpoons 2Hg + 2Cl^-$

电极电位为（25℃）：$E_{Hg_2Cl_2/Hg \cdot Cl} = E^{\ominus}_{Hg_2Cl_2/Hg \cdot Cl^-} + 0.059 \lg [Cl^-]$

甘汞电极的电位取决于 Cl^- 的浓度，它随着 $[Cl^-]$ 的增大而减小。当 $[Cl^-]$ 一定时，甘汞电极的电位为一定值，见表 10-1。其中，饱和甘汞电极（SCE）由于结构简单，电极电位稳定，制造容易，使用方便，在电位法测定中最为常用。

表 10-1　不同浓度 KCl 溶液的甘汞电极的电位（25℃）

KCl 溶液的浓度（mol/L）	0.1	1	饱和
电极电位 E（V）	0.3337	0.2807	0.2415

3. 银-氯化银电极　由覆上一层氯化银的银丝浸入氯化钾溶液组成。电极内充溶液用素烧瓷或其他合适的微孔材料作隔层与待测溶液隔开，其作用是阻止电极内外溶液互相混合，如图 10-4 所示。

银-氯化银电极可表示为：Ag，$AgCl$ | KCl 溶液。

电极反应为：$AgCl + e \rightleftharpoons Ag + Cl^-$

电极电位为（25℃）：$E_{AgCl/Ag,Cl^-} = E^{\ominus}_{AgCl/Ag,Cl^-} + 0.059 \lg [Cl^-]$

银-氯化银电极的电位取决于 $[Cl^-]$，当 $[Cl^-]$ 一定时，银-氯化银电极的电位为一定值，见表 10-2。

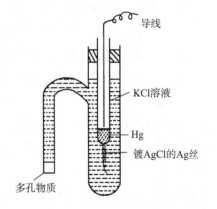

图 10-4　银-氯化银电极的构造

表 10-2　不同浓度 KCl 溶液的银-氯化银电极的电位（25℃）

KCl 溶液的浓度（mol/L）	0.1	1	饱和
电极电位 E（V）	0.2880	0.2223	0.2000

银-氯化银电极构造简单、体积小，常作为玻璃电极和其他离子选择性电极的内参比电极；参比电极电位稳定，可逆性好；重现性好；制作简单；使用方便，使用寿命长。

三、指示电极

电极电位随被测离子浓（活）度的变化而改变的电极称为指示电极。电极电位与被测离子的浓（活）度之间的关系符合能斯特方程。

电位法所用的指示电极有很多种，一般可分为两大类：金属基电极和离子选择性电极。

1. 金属基电极　是以金属为基体的电极，电极电位的建立是基于电子转移反应，是电位法中最早使用的电极。

（1）金属－金属离子电极（第一类电极）

1）组成　能够发生可逆氧化还原反应的金属（Ag、Pb、Cu、Zn、Hg 等）和该金属离子的溶液。

2）电极电位　与溶液中金属离子浓度（活度）的对数值成线性关系。

3）应用　测定金属离子的浓度。

4）实例　如银电极，记为 Ag｜Ag$^+$。

电极反应　　　　　　　　　$Ag^+ + e \Longrightarrow Ag^+$

电极电位　　　　$E_{Ag^+/Ag} = E^\ominus_{Ag^+/Ag} + 0.0591g\ [Ag^+]\ (25℃)$

（2）金属－金属难溶盐电极（第二类电极）

1）组成　金属表面涂上金属难溶性盐和该难溶盐的阴离子溶液。

2）电极电位　与溶液中难溶盐的阴离子浓度（活度）的对数值成线性关系。

3）应用　测定难溶性盐相关阴离子的浓度。

4）实例　如 Ag－AgCl 电极，记为 Ag｜AgCl｜Cl$^-$。

电极反应　　　　　　　　　$AgCl + e \Longrightarrow Ag + Cl-$

电极电位　　　　$E_{AgCl/Ag} = E^\ominus_{AgCl/Ag} + 0.0591g\ [Cl^-]\ (25℃)$

（3）惰性金属电极（零类电极）

1）组成　惰性金属（Au、Pt）与某氧化型和还原型电对的溶液（惰性金属不参与电极反应，在电极反应过程中仅起传递电子的作用）。

2）电极电位　取决于溶液中氧化型和还原型电对的浓度比值。

3）应用　测定有关电对的氧化型或还原型浓度及它们的比值。

4）实例　如将铂丝插入含有 Ce^{4+} 和 Ce^{2+} 溶液中组成 Ce^{4+}/Ce^{2+} 电对的铂电极，记为 Pt｜Ce^{4+}，Ce^{2+}。

电极反应　　　　　　　　　$Ce^{4+} + 2e \Longrightarrow Ce^{2+}$

电极电位　　　$E_{Ce^{4+}/Ce^{2+}} = E^\ominus_{Ce^{4+}/Ce^{2+}} + \dfrac{0.059}{2}lg\ \dfrac{[Ce^{4+}]}{[Ce^{2+}]}\ (25℃)$

2. 离子选择性电极　也称为膜电极。它是一种利用选择性电极膜对溶液中特定离子产生选择性响应，从而指示该离子浓度的电极。电极电位的建立是基于离子的扩散和交换反应，与特定离子的浓（活）度的关系符合能斯特方程。

离子选择性电极可分为以下几种类型。

$$
\text{离子选择性电极} \begin{cases} \text{基本电极} \begin{cases} \text{晶体膜电极} \begin{cases} \text{均相膜电极（如氟离子选择电极）} \\ \text{非均相膜电极（如铜离子选择电极）} \end{cases} \\ \text{非晶体膜电极} \begin{cases} \text{刚性基质电极（如玻璃膜电极）} \\ \text{非刚性基质电极（如钙离子选择电极）} \end{cases} \end{cases} \\ \text{敏化电极} \begin{cases} \text{气敏电极（如氨气敏电极）} \\ \text{酶电极（如尿素酶电极）} \end{cases} \end{cases}
$$

指示电极的电极电位与被测离子浓度的关系符合能斯特方程；对离子浓度响应速度快，重现性好；结构简单。

应该指出，某种电极作参比电极还是指示电极，不是固定不变的。例如银-氯化银电极通常用作参比电极，但它又可以作为测定 Cl^- 的指示电极；pH 玻璃电极通常是测定 H^+ 浓度的指示电极，但它又可以作为测定 Cl^-、I^- 时的参比电极。

> **请你想一想**
>
> 1. 离子选择性电极的选择性是由什么决定的？
> 2. 离子选择性电极的电极电位与被测离子的浓（活）度之间成线性关系吗？

为使测量操作更加简便，减少测量用溶液的用量，有时将指示电极和参比电极结合在一起，构成复合电极。如将玻璃电极和参比电极结合在一起的复合 pH 玻璃电极。

任务二　直接电位法测定溶液 pH

实例分析

实例　苄星青霉素的酸碱度检查　取本品 50mg，加水 10ml 制成混悬液，依《中国药典》（2020 年版）四部（通则 0631）测定，pH 应为 5.0～7.5。

问题　1. 溶液酸碱度的测定方法有哪些？
　　　　2. 什么是直接电位法？直接电位法测定 pH 时为什么用玻璃电极作为指示电极？
　　　　3. 玻璃电极的性能对测定结果有何影响？直接电位法测定 pH 的理论依据是什么？

一、测定原理及方法

直接电位法是根据电池电动势与有关离子浓度之间的函数关系（能斯特方程），直接测出有关离子浓度的方法。常用于溶液 pH 的测定和其他离子浓度的测定。

（一）酸度计

酸度计是一种专为使用玻璃电极测量溶液 pH 而设计的输入阻抗很大的电子电位计，可以测量电动势，也可以将电动势直接转换为 pH。

酸度计主要包括测量电池和主机（电位计）两个部分。测量电池由 pH 复合电极（玻璃电极与饱和甘汞电极复合而成）和供试品溶液组成。主机部分主要包括功能选择旋钮、量程选择钮、定位旋钮、斜率旋钮、温度补偿旋钮、显示装置等。

（二）玻璃电极（GE） e 微课1

直接电位法测定溶液的 pH 时，可使用的指示电极有氢电极、氢醌电极和玻璃电极，其中以玻璃电极最为常用。

1. 玻璃电极的构造 由特殊组成的玻璃材料制成，把这种玻璃连接在厚壁硬质玻璃管的一端，吹制成厚度为 0.05 ~ 0.1mm 的球形膜，球内装有 pH 一定的内参比缓冲液［一般用 HCl（0.1mol/L）- KCl（0.1mol/L）组成］，在溶液中插入一支银 - 氯化银电极作为内参比电极，如图 10 - 5 所示。电极可表示为：

Ag | AgCl, Cl⁻（$C_{内部}$），H⁺（$C_{内部}$） | 玻璃膜 | H⁺（$C_{外部}$）

2. 玻璃电极的电极电位 玻璃电极属于膜电极。其膜电位的产生是由于溶液中的氢离子与玻璃膜中的钠离子发生离子扩散和交换的结果。

玻璃膜浸入水溶液中后，溶液中的 H⁺ 可进入玻璃膜与晶格内的 Na⁺ 进行交换，但其他高价阳离子和阴离子都不能进出晶格。当玻璃电极在水中充分浸泡（浸泡24小时以上）后，H⁺ 可向玻璃膜内渗透，并使交换反应达到平衡，在玻璃膜表面形成 10^{-4} ~ 10^{-5}mm 的水化凝胶层。在水化层外表面的 H⁺ 几乎全被交换，越深入水化层内部，交换的数量越少，达到干玻璃层则无交换。

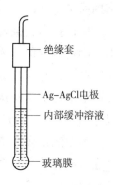

图 10 - 5 玻璃电极

由于溶液中和水化凝胶层中 H⁺ 浓度不同，H⁺ 将由浓度高的一方向低的一方扩散，剩下过剩的阴离子在溶液中，最后达到动态平衡，在两相界面上形成双电层，产生电位差即相界电位。

由于球形膜有内、外两个界面，内部参比溶液和内膜水化层界面上产生的相界电位称为内膜电位，用 $\varphi_{内膜}$ 表示，外部溶液和外膜水化层界面上产生的相界电位称为外膜电位，用 $\varphi_{内膜}$ 表示，玻璃电极的膜电位为内、外膜电位之差。

玻璃电极的组成除玻璃膜外，还有内参比电极银 - 氯化银电极，则玻璃电极的电极电位为：$\varphi_{玻} = \varphi_{膜} + \varphi_{内参比} = \varphi_{玻}^0 + 0.059\lg [H_{外部溶液}^+] = \varphi_{玻}^0 - 0.059pH$（25℃）

即玻璃电极的电位与外部溶液 pH 为线性关系，符合能斯特方程式，因此玻璃电极可作为溶液中氢离子浓度的指示电极，用于测定溶液的 pH。

3. 玻璃电极的性能

（1）电极斜率 当溶液的 pH 变化一个单位时，引起玻璃电极的电位变化称为电极斜率，用 S 表示：

$$S = \frac{\Delta\varphi}{\Delta pH}$$

S 的理论值为 $2.303RT/F$，25℃时为 0.059V。玻璃电极长期使用会老化，电极斜率会变小而导致测定误差。在25℃时斜率低于 0.052V 时就不宜使用。

（2）酸差和碱差 玻璃电极的电位与溶液 pH 的关系，只在一定范围内符合能斯特方程式，在此范围内可以按直线关系准确地进行测定，在强酸或强碱溶液中，则偏离直线关系，产生误差。当 pH > 9 时，由于 Na⁺ 相当于 H⁺ 也向凝胶层扩散，使测得的

pH 低于真实值，产生负误差，称为碱差或钠差。当 pH < 1 时，水分子与 H^+ 结合，使测得的 pH 高于真实值，产生正误差，称为酸差。

（3）不对称电位　从理论上说，当玻璃膜内外溶液的 pH 相同时，膜电位应该为零，但实际上往往有 1 ~ 30mV 的电位差，这个电位差称为不对称电位。造成不对称电位的原因，可能是由于制造时玻璃膜两侧的表面张力不均，或是玻璃受机械或化学侵蚀，以及表面被吸附物质沾污等原因造成的。每支玻璃电极的不对称电位不完全相同，并随时间变化而缓慢变化。在短时间内，可以视不对称电位为定值。玻璃电极在刚浸入溶液时，不对称电位往往较大，但会随着浸泡时间的延长逐渐减小，并达到恒定。

（4）电极的内阻　玻璃电极的内阻很大（50 ~ 500MΩ），用其组成原电池测定电动势时，只允许有很小的电流通过，否则会引起很大的测量误差，因此测定 pH 必须使用高输入阻抗的专用电子电位计。

（5）使用温度　玻璃电极一般使用温度为 5 ~ 45℃。在较低温度使用时，内阻增大，测定困难；温度过高，则电极使用寿命下降。

（6）特点　有较高的 ［H^+］ 响应灵敏度，不受溶液中氧化剂或还原剂存在的影响，对浑浊或胶体溶液均可使用。

（7）注意事项　玻璃电极（221 型）的使用范围为 pH = 1 ~ 9，当 pH > 9 时就产生碱误差，如测定 pH > 9 的溶液时，必须使用测定范围为 pH = 1 ~ 14 的 231 型高碱玻璃电极；玻璃电极在使用之前必须在蒸馏水中浸泡 24 小时以上；玻璃电极不能用硫酸或乙醇洗涤；不能用于含有氟化物的酸性溶液，否则会腐蚀玻璃；玻璃膜极薄，容易损坏，使用时要特别小心。

（三）溶液 pH 的测定原理

使用 pH 计（酸度计）测定溶液的 pH 值。pH 计（酸度计）应定期进行计量检定，并符合国家有关规定。测定前，应采用标准缓冲液校正仪器（表 10 – 3），也可用国家标准物质管理部门发放的标示 pH 值准确至 0.01pH 单位的各种标准缓冲液校正仪器。

表 10 – 3　酸度计校正用的标准缓冲溶液

温度（℃）	草酸盐标准缓冲液	苯二甲酸盐标准缓冲液	磷酸盐标准缓冲液	硼砂标准缓冲液	氢氧化钙标准缓冲溶液（25℃饱和溶液）
0	1.67	4.01	6.98	9.64	13.43
5	1.67	4.00	6.95	9.40	13.21
10	1.67	4.00	6.92	9.33	13.00
15	1.67	4.00	6.90	9.28	12.81
20	1.68	4.00	6.88	9.23	12.63
25	1.68	4.01	6.86	9.18	12.45
30	1.68	4.02	6.85	9.14	12.49
35	1.69	4.02	6.84	9.10	12.13
40	1.69	4.04	6.84	9.07	11.98
45	1.70	4.05	6.83	9.04	11.84
50	1.71	4.06	6.83	9.01	11.71

用直接电位法测定溶液的 pH 时，选择玻璃电极（GE）为指示电极，饱和甘汞电

极（SCE）为参比电极，与待测溶液组成原电池，记为：

$$(-)\ 玻璃电极\ |\ 待测溶液\ |\ 饱和甘汞电极\ (+)$$

电池电动势（EMF）与溶液 pH 的关系符合能斯特方程式：

$$EMF = E_{SCE} - E_{GE} = K + 0.059pH\ (25℃)$$

在玻璃电极、饱和甘汞电极与待测溶液组成的原电池电动势和溶液 pH 的关系式中，如果常数 K 确定，玻璃电极的斜率与理论值一致，那么，根据测量得到的电动势即可直接计算溶液的 pH，计算公式如下：

$$pH = \frac{EMF - K}{0.059}$$

实际测量时，虽然 K 值对同一支玻璃电极来说是一定值，但对同一种玻璃吹制的多支玻璃电极，由于内充溶液 pH、氯离子浓度的差异及吹制时造成的玻璃膜表面状态的差异，K 值会有不同。即使是同一支玻璃电极，随电极使用时间的增加，K 值会发生微小的变动，且变动值不易被准确测定。故实际工作中常采用"两次测量法"或"两次校正法"测定溶液 pH。

（四）溶液 pH 的测定方法

1. 两次测量法　测定溶液 pH 时，使用同一对玻璃电极和饱和甘汞电极，在温度相同的条件下，进行两次测量。

第一次，将电极插入溶液 pH 准确已知的标准缓冲溶液中，测量电动势。

$$EMF_s = K_s + 0.059pH_s$$

第二次，将电极插入 pH 未知的待测溶液中，测量电动势。

$$EMF_x = K_x + 0.059pH_x$$

由于是同样的电极系统，故式中的 $K_s = K_x$，且 EMF_x、EMF_s、pH_s 均为已知值，两式相减后，即可计算出溶液的 pH。

$$pH_x = pH_s + \frac{EMF_x - EMF_s}{0.059}$$

按"两次测量法"的公式计算待测溶液的 pH，只要知道 EMF_x 和 EMF_s 的测量值和标准缓冲溶液的 pH_s，无需知道 K 的具体数据，因此可以消除由于 K 值的不确定性带来的误差。

需要注意的是，饱和甘汞电极在标准缓冲溶液和待测溶液中的液接电位往往不同，由此会引起误差。但若二者的 pH 接近（$\Delta pH < 3$），则液接电位不同引起的误差可忽略不计。所以测量所选用的标准缓冲溶液的 pH 应尽可能接近样品溶液的 pH。

2. 两次校正法

（1）温度补偿　溶液的 pH 随温度变化会有微小的变化，酸度计上装有温度补偿器，测定前，将温度补偿器调至被测溶液温度。

（2）第一次校正（定位）　由于不对称电位对测定有影响，酸度计上还装有定位调节器，第一次校正时，调节"定位"旋钮，使仪器读数恰好与标准缓冲溶液在测定温度下的 pH 一致，使电动势与溶液 pH 的关系符合能斯特方程式，即可消除不对称电位的影响。

$$EMF_{s_1} = K_{s_1} + s \cdot pH_{s_1}$$

（3）第二次校正 用另一 pH 准确已知的标准缓冲溶液与玻璃电极和饱和甘汞电极组成原电池，调节"斜率"旋钮，使仪器读数恰好与标准缓冲溶液在测定温度下的 pH 一致，即可抵消斜率的不一致引起的误差。

$$EMF_{s_2} = K_{s_2} + 0.059pH_{s_2}$$

请你想一想

1. "两次校正法"对定位和斜率校正所用的两个标准缓冲溶液有何要求？

2. 定位时应选择哪个标准缓冲溶液呢？ 是否两个标准缓冲溶液可以任选呢？

（4）测定待测溶液 pH 用待测溶液与玻璃电极和饱和甘汞电极组成原电池，测定其电动势，即可得到待测溶液的 pH。

$$EMF_x = K_{s_1} + 0.059pH_x$$

$$pH_x = pH_{s_2} + \frac{EMF_x - EMF_{s_2}}{0.059}$$

两次校正法不仅可以消除由于 K 值不确定带来的误差，而且可以消除电极斜率与理论值不一致而引起的误差，使测定结果的准确度更高。

药典规定，直接电位法测定溶液的 pH 采用两次校正法。

你知道吗

在滴定分析中，还可以用电极电位的突跃代替指示剂颜色的变化来确定滴定终点，这种方法称为电位滴定法。

在电位滴定中确定终点的方法，较之用指示剂指示终点的方法更客观，不存在终点的观测误差。同时，不受滴定液有色或浑浊的影响。当某些滴定反应没有适当的指示剂可用时，以及具有荧光的溶液和某些离子的连续滴定、某些非水滴定等，都可以用电位滴定法来测定。对于不同类型的滴定反应可选用不同的指示电极和参比电极。随着离子选择电极的迅速发展，可供选择的电极越来越多，所以电位滴定法在药物分析中的应用范围也将越来越广泛。

二、直接电位法的应用与示例

溶液 pH 的测定，在药学领域具有很重要的意义。例如，合成或分析反应条件的控制，注射液、滴眼液或其他药剂的配制，经常需要测定 pH。用 pH 试纸或比色法测定溶液的 pH 是一种简便的方法，但准确度较差（一般能准确到 0.1～0.3pH 单位）。用电位法测定溶液的 pH 则较精密，可以准确到 0.01pH 单位。

（一）盐酸普鲁卡因注射液的 pH 检查

盐酸普鲁卡因注射液系局部麻醉药，常加稀盐酸调节 pH 至 3.5 ~ 5.0，可抑制本品分解，使其稳定。若 pH 过低，其麻醉力降低，稳定性差；若 pH 过高，则药品易分解。其 pH 检查时，常以邻苯二甲酸氢钾标准缓冲溶液（pH4.00）定位，用磷酸盐（pH6.86）标准缓冲溶液校正斜率后再测定。

（二）荧光素钠注射液的 pH 检查

荧光素钠注射液系用于眼底和虹膜血管的荧光素血管造影检查的诊断药。荧光素钠在碱性溶液中具有染色活性，在酸性溶液中即失去荧光，常加入适量氢氧化钠调节 pH 至 8.0 ~ 8.5。其 pH 检查时，常以磷酸盐（pH6.86）标准缓冲溶液定位，再以硼砂标准缓冲溶液（pH9.18）校正斜率后再测定。

任务三 永停滴定法

实例分析

实例 磺胺嘧啶原料药的含量测定 取本品约 0.5g，精密称定，加盐酸溶液（1→2）25ml，再加水 25ml，振摇使溶解，照《中国药典》（2020 年版）中永停滴定法（通则 0701），用亚硝酸钠滴定液（0.1mol/L）滴定。每 1ml 亚硝酸钠滴定液（0.1mol/L）相当于 25.03mg 的 $C_{10}H_{10}N_4O_2S$。

问题 1. 永停滴定法的分析依据是什么？

2. 永停滴定法主要适用于哪些药品的分析？

3. 什么是可逆电对？什么是不可逆电对？

一、了解永停滴定法

（一）概念

永停滴定法又称双电流滴定法或双安培滴定法，是根据滴定过程中电流的变化来确定滴定终点的滴定法。永停滴定法属于电流滴定法，常用于氧化还原体系。

测定时，将两个相同的铂电极插入供试品溶液中，在两个铂电极之间外加一个低电压（10 ~ 200mV）组成一个电解池，并在电路中串联一个高灵敏度的检流计。在不断搅拌下加入滴定液，观察滴定过程中检流计的指针变化，也可通过记录加入滴定液的体积 V 和相应的电流 I，绘制 $I - V$ 曲线，进而确定滴定终点。

（二）可逆电对与不可逆电对

1. 可逆电对 在氧化还原电对的溶液中插入双铂电极，外加很小电压即能在双铂电极上同时发生氧化和还原反应，两电极间有电流通过，这种电对称为可逆电对，例如 I_2/I^-、HNO_2/NO、Fe^{3+}/Fe^{2+}、Ce^{4+}/Ce^{2+} 等。

在外加电压下电极上发生的反应称为电解反应；电解反应产生的电流称为电解电流。

例如在有 I_2/I^- 电对存在的溶液中插入两个铂电极，两电极间外加一低电压，则两电极上同时发生电解，两电极间有电解电流通过。

阳极：发生氧化反应　　　　　　$2I^- - 2e \rightarrow I_2$

阴极：发生还原反应　　　　　　$I_2 + 2e \rightarrow 2I^-$

电对中氧化态和还原态浓度相同时电流最大；浓度不等时，电流取决于浓度小的氧化态或还原态浓度。

2. 不可逆电对　若在氧化还原电对的溶液中插入双铂电极，外加很小电压不能在双铂电极上同时发生电解反应，两电极间无电流通过，这种电对称为不可逆电对。如 $S_4O_6^{2-}/S_2O_3^{2-}$、MnO_4^-/Mn^{2+}、$Cr_2O_7^{2-}/Cr^{3+}$ 等。

例如在有 $S_4O_6^{2-}/S_2O_3^{2-}$ 电对存在的溶液中插入两个铂电极，两电极间外加一小电压，则只能在阳极上发生氧化反应，在阴极上不能发生还原反应，两电极间无电流通过。

阳极发生氧化反应　　　　　　$S_2O_3^{2-} - 2e \rightarrow S_4O_6^{2-}$

阴极不发生还原反应　　　　　　$S_4O_6^{2-} + 2e \rightarrow S_2O_3^{2-}$

即阳极上接受了 $S_2O_3^{2-}$ 放出的电子，传到阴极却无法送出，阴极发生短路，没有电流通过，电解过程无法进行。

（三）类型及终点判断

1. 滴定过程中电流的变化　滴定过程中，终点前，溶液中存在的氧化还原电对由被测组分及其反应产物组成，终点后，溶液中存在的氧化还原电对由滴定液及其反应产物组成。在外加低电压下，溶液中若存在可逆电对，双铂电极间就有电流通过；溶液中若存在不可逆电对，双铂电极间就无电流通过，永停滴定法就是据此现象确定滴定终点的。

2. 滴定终点的确定　滴定终点附近，溶液中的电对组成由被测组分及其反应产物转变为滴定液及其反应产物，因而引起电解电流的变化，根据电流的变化情况即可确定滴定终点。永停滴定法中，滴定终点附近电流的变化有以下三种情况。

（1）滴定液及其产物为可逆电对，被测组分及其产物为不可逆电对。以碘滴定硫代硫酸钠为例。

滴定反应：　　　　　　$I_2 + 2Na_2S_2O_3 \Longrightarrow Na_2S_4O_6 + 2NaI$

终点前：溶液中存在的电对为 $S_4O_6^{2-}/S_2O_3^{2-}$，是不可逆电对，双铂电极间无电流通过，电流计指针为 "0"。

终点时：溶液中没有可逆电对，电流计指针仍为 "0"；

终点后：滴定液稍过量，溶液中存在的电对为 I_2/I^-，是可逆电对，双铂电极间有电流通过，电流计指针偏转，随着滴定液的继续加入，电流逐渐增大，$[I_2]$ 与 $[I^-]$ 相等时电流最大。

滴定时电流变化曲线如图 10-6 所示，曲线上的转折点即为滴定终点。

（2）滴定液及其产物为不可逆电对，被测组分及其产物为可逆电对。以硫代硫酸钠滴定碘溶液为例。

滴定反应：$$2Na_2S_2O_3 + I_2 \xrightarrow{} Na_2S_4O_6 + 2NaI$$

终点前：溶液中存在的电对为 I_2/I^-，是可逆电对，双铂电极间有电流通过。

终点时：溶液中没有可逆电对，电流计指针为"0"。

终点后：滴定液过量，溶液中存在电对为 $S_4O_6^{2-}/S_2O_3^{2-}$，是不可逆电对，双铂电极间无电流通过，电流计指针将停留在"0"不动。

滴定时电流变化曲线如图 10-7 所示，曲线上的转折点即为滴定终点。

（3）滴定液及其产物为可逆电对，被测组分及其产物为可逆电对。以 Ce^{4+} 滴定 Fe^{2+} 为例。

滴定反应：$$Ce^{4+} + 2Fe^{2+} \xrightarrow{} 2Fe^{3+} + Ce^{2+}$$

终点前：溶液中存在的电对为 Fe^{3+}/Fe^{2+}，是可逆电对，双铂电极间有电流通过，电流由小变大，$[Fe^{3+}]$ 与 $[Fe^{2+}]$ 相等时电流最大，然后由大变小。

终点时：Ce^{4+} 与 Fe^{2+} 正好完全反应，溶液中为 Ce^{2+} 与 Fe^{3+} 离子，没有可逆电对，电流计指针为"0"。

终点后：滴定液稍过量，溶液中存在的电对为 Ce^{4+}/Ce^{2+}，是可逆电对，双铂电极间有电流通过，电流由小变大，$[Ce^{4+}]$ 与 $[Ce^{2+}]$ 相等时电流最大。

滴定时电流变化曲线如图 10-8 所示，曲线上的转折点即为滴定终点。

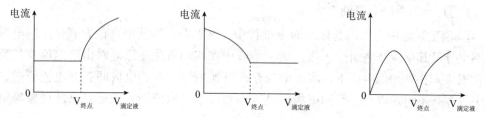

图10-6 可逆电对滴定不可逆电对　　图10-7 不可逆电对滴定可逆电对　　图10-8 可逆电对滴定可逆电对

（四）永停滴定装置

永停滴定的基本装置包括双铂电极、电磁搅拌器、外加电压装置、检流计、滴定管，如图 10-9 所示。永停滴定也可使用专用的永停滴定仪，如图 10-10 所示。

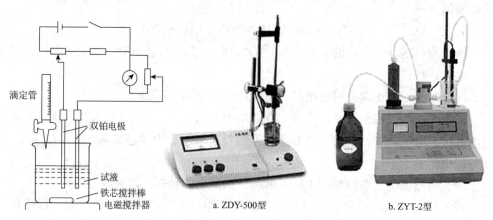

图10-9 永停滴定装置示意图　　　　图10-10 自动永停滴定仪

a. ZDY-500型　　　　　　b. ZYT-2型

二、应用与示例

永停滴定法在药品检验中主要用于重氮化滴定法和费休法测定水分的终点确定，是重氮化滴定法和卡尔费休法（Karl Fischer Method）测定水分中确定滴定终点的法定方法。

（一）盐酸普鲁卡因含量的测定

盐酸普鲁卡因分子结构中含有芳伯氨基，在酸性条件下与亚硝酸钠反应生成重氮化合物，发生的反应为：

$$H_2N-\!\!\!\bigcirc\!\!\!-COOCH_2CH_2N(C_2H_5)_2+NaNO_2+2HCl$$

$$\rightarrow N\!\equiv\!\underset{\underset{Cl}{|}}{N}-\!\!\!\bigcirc\!\!\!-COOCH_2CH_2N(C_2H_5)_2+NaCl+2H_2O$$

此反应可采用永停滴定法确定终点。终点前，溶液中为不可逆电对，双铂电极间无电流通过，电流表指针停在零位（或接近零位），终点后，稍过量的 $NaNO_2$ 滴定液在酸性条件下反应生成 NO，组下端的成可逆电对 HNO_2/NO，双铂电极间有电流通过，电流表指针偏转不再回到零点，指示滴定终点的到达。电解反应为：

阳极氧化反应　　　　　　　$NO + H_2O \rightarrow HNO_2 + H^+ + e$

阴极还原反应　　　　　　　$HNO_2 + H^+ + e \rightarrow NO + H_2O$

重氮化滴定时大都采用"快速滴定法"，即将滴定管的尖端插入液面下约 2/3 处，搅拌下，快速加入大部分亚硝酸钠滴定液至近终点，然后将滴定管尖端提出液面，用水冲洗后继续缓慢滴定，至电流计指针突然偏转并不恢复即为终点，记录终点时消耗滴定液的体积。含量计算公式为：

$$PROC\% = \frac{m_{PROC}}{m_{样品}} \times 100\% = \frac{c_{NaNO_2} \times V_{终点} \times M_{PROC}}{m_{样品}} \times 100\%$$

其中 $M_{PROC} = 272.77 g/mol$

$$或\ PROC\% = \frac{m_{PROC}}{m_{样品}} \times 100\% = \frac{F \times T \times V_{终点}}{m_{样品}} \times 100\%$$

你知道吗

重氮化反应的速度与酸的种类和浓度有关，在氢溴酸中最快，其次为盐酸，而在硫酸与硝酸中则较慢。但氢溴酸价格较高，常用盐酸。滴定液中加入适量溴化钾，可以加快重氮化反应的速度。

反应中，芳伯胺与盐酸的用量比为 1∶2，但实际测定时盐酸要过量，一般控制溶液酸度在 1mol/L 左右为宜。酸度过高，会阻碍芳伯胺的游离，影响重氮化反应的速度；酸度过低，生成的重氮盐可与未反应的芳伯胺偶合生成偶氮氨基化合物，使测定结果偏低。

（二） Karl Fischer 法测定微量水分

Karl Fischer 法（费休法）测定微量水分是非水滴定法，用永停滴定法确定滴定终点。滴定反应为：

$$I_2 + SO_2 + H_2O + 3C_5H_5N + CH_3OH \rightarrow 2C_5H_5N \cdot HI + C_5H_5NHSO_4CH_3$$

终点前，溶液中为不可逆电对，双铂电极间无电流通过，电流表指针停在零位（或接近零位），终点后，稍过量的 I_2 滴定液与溶液中的 I^- 组成可逆电对 I_2/I^-，双铂电极间有电流通过，电流表指针偏转不再回到零点，指示滴定终点的到达。电解反应为：

阳极氧化反应 $\qquad\qquad\qquad 2I^- \rightarrow I_2 + 2e$

阴极还原反应 $\qquad\qquad\qquad I_2 + 2e \rightarrow 2I^-$

例如，阿莫西林中水分的测定方法为：精密称取供试品 100～200mg，置于干燥的具塞锥形瓶中，加无水甲醇 10ml，在不断振摇（或搅拌）下用费休氏试液滴定至溶液由浅黄色变为红棕色。另取无水甲醇 10ml 做空白试验。

水分含量计算公式为：

$$\omega_{H_2O} = \frac{m_{H_2O}}{m_{样品}} \times 100\% = \frac{c_{NaNO_2} \times (V_{终点} - V_{空白}) \times M_{H_2O}}{m_{样品}} \times 100\%$$

其中 $M_{H_2O} = 18.02\text{g/mol}$

$$\omega_{H_2O} = \frac{m_{H_2O}}{m_{样品}} \times 100\% = \frac{T_{滴定液/H_2O} \times (V_{终点} - V_{空白})}{m_{样品}} \times 100\%$$

实训十八　直接电位法测定双黄连口服液和生理盐水的 pH

一、实训目的

1. 学会直接电位法测定溶液 pH 的方法。
2. 会根据样品选择标准缓冲溶液。
3. 会正确规范使用酸度计。

二、实训原理

将待测溶液与 pH 玻璃电极、甘汞电极（或 pH 复合电极）一起组成原电池，通过测定电池电动势，即可计算待测溶液的 pH。

$$pH = \frac{EMF - K}{0.059}$$

但因内充溶液 pH、氯离子浓度的差异及吹制时造成的玻璃膜表面状态的差异，K 值会有不同。即使是同一支玻璃电极，随电极使用时间的增加，K 值会发生微小的变动，且变动值不易被准确测定。

应用"两次校正法"，通过调节温度补偿器，消除温度变化引起的误差。用两种相差3个pH单位以下的标准缓冲溶液进行两次校正（定位和斜率校正），既可以消除由于K值的不确定性带来的误差，又可消除斜率的不一致引起的误差。

市售双黄连口服液pH应为5.0~7.0，生理氯化钠溶液pH应为4.5~7.0。

三、仪器与试剂

1. 仪器　酸度计、pH复合电极、烧杯（100ml）、洗瓶、滤纸片。

2. 试剂　苯二甲酸盐标准缓冲液（pH=4.00）、磷酸盐标准缓冲液（pH=6.86）、硼砂标准缓冲液（pH=9.18）。

四、实训步骤

1. 酸度计的准备

（1）将按照规定检定合格的酸度计，根据仪器说明书要求，接通电源预热数分钟。

（2）转动功能选择开关，选择pH测定档。

（3）选择"手动"温度补偿模式，用温度计测量溶液的温度，将温度补偿旋钮调节至溶液的温度；或连接温度传感器，使用"自动"温度补偿模式。

（4）将定位旋钮、斜率旋钮旋至规定的位置。

（5）按照电极说明书要求将事先处理好的电极安装在电极支架上，并与酸度计连接。

2. 试液的准备

（1）标准缓冲溶液的选择　按《中国药典》规定，应选择两个相差约3个pH单位的标准缓冲溶液，并使样品溶液的pH处于两者之间。其中与样品溶液pH接近的一个标准缓冲溶液用于进行第一次校正（定位）。

（2）供试品溶液的准备　液体样品直接取样，置于小烧杯中。固体样品须先称取规定量的样品溶解于定量的水中进行测定或加水振摇过滤后取滤液测定。

（3）将标准缓冲溶液与供试品溶液置于同一实验室中一定时间，使其温度达到平衡，测量其温度。

3. 酸度计的校正

（1）定位　将电极插入装有与样品pH接近的标准缓冲溶液的小烧杯中，轻轻摇动溶液后，调节"定位"旋钮使仪器显示的pH与标准缓冲溶液的pH相等。

（2）校正斜率　将电极插入装有另一标准缓冲溶液的小烧杯中，轻轻摇动溶液后，仪器示值与标准缓冲溶液的pH相差应不大于±0.02pH单位。否则，调节"斜率"旋钮使仪器显示的pH与标准缓冲溶液的pH相等。

（3）重复上述两步操作，直至仪器示值与标准缓冲液的pH相差不大于±0.02pH单位。

4. 供试品溶液测定　将电极插入装有样品溶液的小烧杯中，轻轻摇动溶液，仪器示值即为样品溶液的 pH。读取三次测量值，记录。

五、数据记录与结论

样品名称		批号	
规格		生产厂家	
酸度计型号		测定温度（℃）	
定位标准缓冲溶液名称		pH	
斜率校正标准缓冲溶液名称		pH	
序号	1	2	3
样品溶液 pH 测定值			
pH 平均值			
标准规定			
结论	本品按《中国药典》（2020 年版）二部检验上述项目，结果符合（不符合）规定		

六、特别提示

（1）直接电位法测定溶液 pH 时，应选择两个相差约 3 个 pH 单位的标准缓冲溶液，并使样品溶液的 pH 处于两者之间。其中与样品溶液 pH 较接近的一个标准缓冲溶液用于进行第一次校正（定位），另一个标准缓冲溶液用于第二次校正（斜率调节）。

（2）每次更换标准缓冲液或样品溶液前，电极必须用蒸馏水充分洗涤电极，然后将水吸尽，也可用所更换的标准缓冲液或样品溶液洗涤。

（3）在测定 pH 较高的供试品或标准缓冲液时，要注意碱差的问题，必要时选用适当的玻璃电极进行测定。

（4）对弱缓冲液或无缓冲作用溶液的 pH 测定，应先用邻苯二甲酸氢钾标准缓冲溶液校正仪器后测定供试品溶液的 pH，并重取供试品溶液再测，直至 pH 的读数在 1 分钟内改变不超过 ±0.05 为止；然后再用硼砂标准缓冲溶液校正仪器，再如上法测定；2 次 pH 的读数相差应不超过 0.1，取 2 次读数的平均值为供试液的 pH。

（5）配制标准缓冲液与溶液供试品的水，应是新沸过并放冷的纯化水，其 pH 应为 5.5~7.0。

（6）标准缓冲液一般可保存 2~3 个月，但发现有浑浊、发霉或沉淀等现象时，不能继续使用。

实训十九　永停滴定法测定磺胺嘧啶含量 📱微课2

一、实训目的

1. 根据《中国药典》规定，按照永停滴定法操作规程测定磺胺嘧啶的含量。
2. 会正确安装永停滴定装置或使用永停滴定仪。
3. 会判断永停滴定的终点。

二、实训原理

磺胺嘧啶是目前我国临床上常用的一种磺胺类抗感染药物，分子结构中具有芳伯氨基，其分子结构如下：

具有芳伯氨基的化合物（或在测定条件下能生成芳伯氨基的化合物），在酸性条件下，与亚硝酸钠反应生成重氮化合物，反应式如下：

$$Ar-NH_2 + NaNO_2 + 2HCl \rightarrow Ar-N_2^+Cl^- + NaCl + 2H_2O$$

磺胺嘧啶的含量用永停滴定法确定滴定终点。终点前，溶液中为不可逆电对，双铂电极间无电流通过，电流表指针停在零位（或接近零位），终点后，稍过量的 $NaNO_2$ 滴定液在酸性条件下反应生成 NO，组成可逆电对 HNO_2/NO，双铂电极间有电流通过，电流表指针偏转不再回到零点，指示滴定终点的到达。电解反应为：

阳极氧化反应　　　　　　$NO + H_2O \rightarrow HNO_2 + H^+ + e^-$

阴极还原反应　　　　　　$HNO_2 + H^+ + e^- \rightarrow NO + H_2O$

三、仪器与试剂

1. 仪器　永停滴定仪、分析天平、量筒（50ml，20ml）、烧杯（200ml）、试剂瓶（500ml）、药匙、称量纸、洗瓶。

2. 试剂　亚硝酸钠滴定液（0.1mol/L）、纯化水、盐酸溶液（1→2）、溴化钾。

四、实训步骤

1. 含量测定　取本品约0.5g，精密称定，照永停滴定法［《中国药典》（2020年版）四部（通则0701）］，用亚硝酸钠滴定液（0.1mol/L）滴定。每1ml亚硝酸钠滴定液（0.1mol/L）相当于25.03mg的 $C_{10}H_{10}N_4O_2S$。

2. 供试品溶液制备　取供试品约0.5g，精密称定，置于烧杯中，加水40ml与盐酸溶液（1→2）15ml，而后置电磁搅拌器上，搅拌使溶解，再加入溴化钾2g，即得供试品溶液。

3. 仪器准备 仪器开机预热。滴定管中加入亚硝酸钠滴定液,用亚硝酸钠滴定液润洗电极,然后连接到永停滴定仪上并浸入样品溶液中,在两电极间加上低电压,调节灵敏度。

4. 滴定 将铂-铂电极插入供试品溶液后,将滴定管的管尖插入液面下约 2/3 处,用亚硝酸钠滴定液(0.1mol/L 或 0.05mol/L)迅速滴定,随滴随搅拌,至近终点时,将滴定管管尖提出液面,用少量水淋洗滴定管管尖,洗涤液并入溶液中,继续缓缓滴定,至电流计针突然偏转,并不再回复,即为滴定终点,记录读数,并将滴定结果用空白试验校正。平行试验 3 次。

5. 数据记录

供试品的名称		生产厂家	
生产批号		规格	
检验项目		【含量测定】	
永停滴定仪型号			
NaNO₂ 滴定液浓度		校正因子 F	
序号	1	2	3
磺胺嘧啶质量(g)			
滴定液终点读数(ml)			
空白试验			
磺胺嘧啶含量			
含量平均值			
相对标准偏差			
标准规定	本品为 N-2-嘧啶基-4-氨基苯磺酰胺。按干燥品计算,含 $C_{10}H_{10}N_4O_2S$ 不得少于 99.0%		
结论	本品按《中国药典》(2020 年版)二部检验上述项目,结果符合(不符合)规定		

6. 计算公式

$$\omega_{C_{10}H_{10}N_4O_2S} = \frac{c_{NaNO_2} \times (V_{终点} - V_{空白})_{NaNO_2} \times M_{C_{10}H_{10}N_4O_2S}}{1000 \times m_{C_{10}H_{10}N_4O_2S}} \times 100\%$$

其中:$M_{C_{10}H_{10}N_4O_2S} = 250.3$

或 $$\omega_{C_{10}H_{10}N_4O_2S} = \frac{F \times (V_{终点} - V_{空白})_{NaNO_2} \times 25.03 \times 10^{-3}}{m_{C_{10}H_{10}N_4O_2S}} \times 100\%$$

7. 结果讨论与误差分析

目标检测

一、选择题

1. 在电位分析法中，玻璃电极可以用作（　　）。
   A. 参比电极　　　　　　　　　B. 指示电极
   C. 既可作参比电极，又可作指示电极　　D. 内参比电极

2. 直接电位法测定溶液的 pH 常选用的指示电极是（　　）。
   A. 氢电极　　　　　　　　　　B. 甘汞电极
   C. 玻璃电极　　　　　　　　　D. 银－氯化银电极

3. 《中国药典》规定直接电位法测定溶液 pH，应用的是（　　）法。
   A. 电位滴定法　　　　　　　　B. 两次称量法
   C. 两次校正法　　　　　　　　D. 永停滴定法

4. 测定溶液 pH 时，用标准缓冲溶液进行定位校正可以消除（　　）的影响。
   A. 酸差　　　　B. 碱差　　　　C. 液接电位　　　　D. 不对称电位

5. 玻璃电极属于（　　）。
   A. 第一类电极　　B. 第二类电极　　C. 零类电极　　　　D. 膜电极

6. 玻璃电极在使用前应在蒸馏水中浸泡（　　）以上。
   A. 2 小时　　　　B. 12 小时　　　　C. 24 小时　　　　D. 48 小时

7. 用直接电位法测定溶液的 pH，为了消除液接电位对测定结果的影响，要求缓冲溶液的 pH 与待测液的 pH 之差为（　　）。
   A. > 3　　　　　B. = 3　　　　　C. < 3　　　　　D. 没有要求

8. 玻璃电极在使用前需要在蒸馏水中浸泡 24 小时以上，目的是（　　）。
   A. 消除液接电位
   B. 消除不对称电位
   C. 形成水化层，降低和稳定不对称电位
   D. 消除膜电位

9. 下列关于 pH 玻璃电极碱差的说法不正确的是（　　）。
   A. 碱差也叫钠差
   B. 当产生碱差时，测定的结果偏小
   C. 当测定 pH < 1 的待测液时产生的误差称为碱差
   D. 碱差产生的原因是由于 Na^+ 处于相界面上的交换所致

10. 滴定开始时没有或只有极少电流通过，至终点时滴定剂稍过量，产生的电解电流使电流计偏转并不再返回零电流位置，则（　　）。
    A. 滴定剂为可逆电对，被测物为不可逆电对
    B. 滴定剂为不可逆电对，被测物为不可逆电对

    C. 滴定剂为不可逆电对，被测物为可逆电对

    D. 滴定剂为可逆电对，被测物为可逆电对

11. 下列属于不可逆电对的是（   ）。

    A. I_2/I^- B. $S_4O_6^{2-}/S_2O_3^{2-}$ C. Fe^{3+}/Fe^{2+} D. Ce^{4+}/Ce^{3+}

12. 永停滴定法指示终点的方法是（   ）。

    A. 指示剂法   B. 自身指示剂法

    C. 电动势突变   D. 电流突变

二、简答题

1. 什么是参比电极？什么是指示电极？

2. 简述玻璃电极的作用原理。为什么玻璃电极在使用前要在蒸馏水中浸泡 24 小时？

3. "两次测量法"是如何进行的？有何优点？

4. 不可逆电对滴定不可逆电对时，可以用永停滴定法确定滴定终点吗？为什么？

书网融合……

微课1   微课2   划重点   自测题

紫外-可见分光光度法

PPT

学习目标

知识要求

1. **掌握** 光吸收程度的表示形式及相互间的关系；朗伯-比尔定律的数学表达式及应用；吸光系数的表示形式及其关系；吸收光谱的影响因素和用途；紫外-可见分光光度计的组成和使用；紫外-可见分光光度法定性分析、定量分析的应用。

2. **熟悉** 光的概念、光的波动性和微粒性、电磁波谱和光谱区域的概念；物质分子内的运动形式、运动能级及能级跃迁的规律。

3. **了解** 紫外-可见分光光度法的概念和特点。

能力要求

1. 能按照规定配制和标定盐酸滴定液、氢氧化钠滴定液。

2. 会正确使用紫外-可见分光光度计测定给定波长处的吸光度。

3. 能按照操作规程进行相关药品的紫外-可见分光光度法定性和定量分析。

实例分析

实例 避光操作 精密量取本品适量，用水定量稀释成每 1ml 中约含维生素 B_{12} 25μg 的溶液，作为供试品溶液，照紫外-可见分光光度法（通则 0401），在 361nm 的波长处测定吸光度，按 $C_{63}H_{88}CoN_{14}O_{14}P$ 的吸收系数（$E_{1cm}^{1\%}$）为 207 计算，即得。

问题 1. 何谓紫外-可见分光光度法？

2. 紫外-可见分光光度计的类型有哪些？

3. 紫外-可见分光光度法定量、定性的方法有哪些？

任务一 概述

 微课1

紫外-可见分光光度法属于吸收光谱分析法，是通过测定被测组分在紫外-可见光区的特定波长处或一定波长范围内的吸光度，然后进行定性和定量分析的光学分析方法，具有以下特点。

（1）灵敏度高。可以测定 $10^{-7} \sim 10^{-4}$ g/ml 的微量组分。

（2）准确度较高。其相对误差一般在 $1\% \sim 5\%$。

（3）仪器价格较低，操作简便、快捷。

（4）应用范围广。既能进行定量分析，又可进行定性分析和结构分析；既可用于无机化合物的分析，也可用于有机化合物的分析。

任务二　光的性质和光吸收的基本定律

一、光的性质和物质对光的选择性吸收

（一）光的性质

光属于电磁辐射，又称电磁波，是以波的形式在空间高速传播的粒子流。它具有波动性和微粒性，即具有波粒二象性。光的波动性主要表现为光的传播、干涉、衍射等现象，用波长（λ）、传播速度（c）和频率（ν）描述，最常用的参数是波长，紫外–可见光的波长单位是纳米（nm），红外光的波长单位是微米（μm），在真空中三者的关系为：$\nu = c / \lambda$。在真空中，所有电磁辐射的传播速度都相同，并达到最大值，$c = 2.9979 \times 10^{10}$ cm/s。光的微粒性主要表现为光电效应、光的吸收和发射等现象，用每个光子具有的能量（E）描述，单位是电子伏特（eV）。光子的能量与频率、波长的关系为：$E = h\nu = hc / \lambda$，其中 h 为 Plank 常数，其值为 6.6262×10^{-34} J·s。如波长为 200nm 和 400nm 的光子的能量分别为 6.20eV 和 3.10eV。光子的能量与光的频率成正比，与光的波长成反比。

将光按照波长顺序排列得到的序列称为电磁波谱（也称为光谱），把电磁波谱划分为不同的区域称为光谱区域，见表 11 –1。

表 11 –1　电磁波谱及光谱区域

波长	光谱区域	光子能量	波长	光谱区域	光子能量
$10^{-3} \sim 0.1$ nm	γ 射线	$1.24 \times 10^{6} \sim 1.24 \times 10^{4}$ eV	$0.76 \sim 2.5$ μm	近红外光	$1.63 \sim 0.50$ eV
$0.1 \sim 10$ nm	X 射线	$1.24 \times 10^{4} \sim 1.24 \times 10^{2}$ eV	$2.5 \sim 50$ μm	中红外光	$0.50 \sim 2.48 \times 10^{-2}$ eV
$10 \sim 200$ nm	远紫外光	$1.24 \times 10^{2} \sim 6.20$ eV	$50 \sim 300$ μm	远红外光	$2.48 \times 10^{-2} \sim 4.14 \times 10^{-4}$ eV
$200 \sim 400$ nm	近紫外光	$6.20 \sim 3.10$ eV	0.3 mm ~ 1 m	微波	$4.14 \times 10^{-4} \sim 1.24 \times 10^{-7}$ eV
$400 \sim 760$ nm	可见光	$3.10 \sim 1.63$ eV	$1 \sim 1000$ m	无线电波	$1.24 \times 10^{-7} \sim 1.24 \times 10^{-10}$ eV

将具有同一波长的光称为单色光，包含不同波长的光称为复色光。通常所说的白光，如日光、白炽灯光，并不是单色光，而是由不同波长的光按一定的比例混合而成的。人眼能感觉的红、橙、黄、绿、青、蓝、紫等各种颜色的光为可见光，它们有不同的波长范围，也不是单色光。从复色光中分离出单色光的操作称为色散。

（二）物质分子的运动形式和运动能级

物质分子中有原子与电子，分子、原子和电子都以一定的形式在运动着，都具有

能量。在一定的环境条件下，整个分子处于一定的运动状态，即分子绕其重心轴的转动、分子内原子（或原子团）在其平衡位置附近的振动和电子运动，运动具有的能量分别称为转动能级（E_r）、振动能级（E_v）和电子能级（E_e），整个分子的能量为：$E = E_r + E_v + E_e$。

不同运动能级具有的能量大小顺序为：$E_r < E_v < E_e$。同一电子能级内，包含能量不同的若干振动能级和转动能级；同一振动能级内，包含能量不同的若干转动能级。

电子能级、振动能级和转动能级均具有基态和激发态。当分子吸收具有一定能量的光子时，就由基态（较低的能级）跃迁到激发态（较高的能级），称为能级跃迁。能级跃迁前后的能量变化值称为能级差，能级差值是量子化的，不连续的。分子的转动能级差、振动能级差和电子能级差分别为 $0.025 \sim 10^{-4}$ eV、$0.025 \sim 1$ eV 和 $1 \sim 20$ eV。紫外－可见光的能量与电子能级差相当。因此，由电子能级跃迁而对光产生的吸收，位于紫外及可见光部分。

物质分子的运动、运动能级和能级差如表 11 - 2 所示。

表 11 - 2　物质分子的运动、运动能级和能级差

分子的运动	运动能级	能级跃迁类型	能级跃迁前后的能级差	能量相当的光
分子转动	转动能级 E_r	转动能级跃迁	$\triangle E_r 0.025 \sim 10^{-4}$ eV	远红外光和微波 $50\,\mu m \sim 1.25$ cm
原子振动	振动能级 E_v	振动能级跃迁	$\triangle E_v 0.025 \sim 1$ eV	近红外和中红外光 $50 \sim 1.25\,\mu m$
电子运动	电子能级 E_e	电子能级跃迁	$\triangle E_e 1 \sim 20$ eV	紫外－可见光 $1.25\,\mu m \sim 60$ nm

（三）物质对光的选择性吸收

当光照射物质时，若光子的能量与物质发生能级跃迁前后的能级差刚好相等时，光可以被物质吸收，能量发生转移，引起物质的能级跃迁。由于单一物质的分子只有有限数量的量子化能级，所以物质对光的吸收具有选择性。

研究表明，只需把两种特定颜色的光按一定的比例混合就可以得到白光，这两种特定颜色的光称为互补色光。当一束白光照射到某一物质上时，物质呈现的颜色是该物质吸收颜色光的互补色光。表 11 - 3 列出了物质的颜色和吸收光之间的关系。

表 11 - 3　物质的颜色和吸收光之间的关系

吸收光	吸收光波长范围 λ（nm）	物质颜色（透射光）
紫	400 ~ 500	黄绿
蓝	450 ~ 480	黄
绿蓝	480 ~ 490	橙
蓝绿	490 ~ 500	红
绿	500 ~ 560	紫红
黄绿	560 ~ 580	紫
黄	580 ~ 600	蓝
橙	600 ~ 650	绿蓝
红	650 ~ 750	蓝绿

二、光吸收的基本定律

（一）物质对光的吸收程度的表示形式

假设一束平行单色光通过一个含有吸光物质的溶液，光通过后，一些光子被吸收，光的强度从 I_0 降至 I_t，光被吸收的程度可用透光率和吸光度来定量描述。

1. 透光率　透过光强度 I_t 与入射光强度 I_0 的比值，用符号 T 表示，常用百分数表示。

$$T = \frac{I_t}{I_0} \times 100\%$$

透光率越大，物质对光的吸收越少；透光率越小，物质对光的吸收越多。

2. 吸光度　物质吸收单色光的程度，用符号 A 表示。

$$A = \lg \frac{1}{T} = -\lg T$$

吸光度越大，物质对光的吸收越多；吸光度越小，物质对光的吸收越少。

（二）光的吸收定律

光的吸收定律是研究溶液对光吸收的最基本定律，它包含两条定律：一条称为朗伯定律，另一条称为比尔定律，二者结合称为朗伯–比尔定律。

1. 朗伯定律　当一束平行的单色光垂直照射到一定浓度的均匀透明溶液时，物质对入射光的吸光度与光程成正比（图 11 –1），即 $A \propto L$。

2. 比尔定律　当用一适当波长的单色光照射一溶液时，若光程一定，则物质对光的吸光度与溶液浓度成正比（图 11 –2），即 $A \propto c$。

3. 朗伯–比尔定律　物质对光的吸光度与溶液的浓度和液层的厚度的乘积成正比，数学表达式为：

$$A = KcL$$

式中，A 为吸光度；c 为溶液的浓度；L 为光通过溶液的厚度；K 为吸收系数。

朗伯–比尔定律只有在入射光为单色光和一定范围内的低浓度条件下才成立。

朗伯–比尔定律适用于紫外光区、可见光区以及红外光区内任一波长的单色光和均匀、无散射现象的气体、液体以及固体。

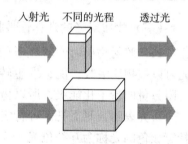

图 11 –1　朗伯定律示意图

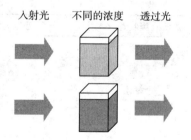

图 11 –2　比尔定律示意图

（三）吸收系数

1. 概念　吸收系数是指吸光物质在单位浓度及单位液层厚度时对某一波长单色光

的吸光度，即 $K = A/cL$。

2. 表示形式　由于物质溶液浓度的表示形式不同，吸收系数有百分吸收系数和摩尔吸收系数两种表示形式。

（1）百分吸收系数　是指在一定波长时，溶液浓度为 1%（W/V），液层厚度为 1cm 的吸光度，用 $E_{1cm}^{1\%}$ 表示。数学表达式为：

$$E_{1cm}^{1\%} = \frac{A}{c（\text{g}/100\text{ml}）\times L（\text{cm}）}$$

（2）摩尔吸收系数　是指在一定波长时，溶液浓度为 1mol/L，液层厚度为 1cm 的吸光度，用 ε 表示。数学表达式为：

$$\varepsilon = \frac{A}{c（\text{mol}/\text{L}）\times L（\text{cm}）}$$

在紫外 - 可见吸收光谱中，摩尔吸收系数值大于 104 的吸收峰称为强带，摩尔吸收系数小于 10^2 的称为弱带。

（3）两者关系

$$\varepsilon = \frac{M}{10} \times E_{1cm}^{1\%}$$

3. 用途

（1）定性分析　在一定条件（单色光波长、溶剂、温度等）下，吸收系数是药物的物理常数之一，为药物性状的一个特征值，可作为药物定性鉴别的重要依据。

（2）定量分析　在朗伯 - 比尔定律中，吸收系数定量反映了吸光度随溶液的浓度和液层厚度变化的比例关系，是进行药物含量测定的依据。吸收系数越大，表明物质的吸光能力越强，测定的灵敏度越高。

任务三　紫外 - 可见分光光度计及吸收光谱

一、紫外 - 可见分光光度计

在紫外及可见光区测量物质的透光率和吸光度的分析仪器称为紫外 - 可见分光光度计。

虽然紫外 - 可见分光光度计的商品类型很多，质量差别悬殊，但基本结构相似，均由光源、单色器、吸收池、检测器和讯号处理与显示器五个部分组成，如图 11 - 3 所示。下面对分光光度计的主要部件进行简单介绍。

光源 → 单色器 → 吸收池 → 检测器 → 信号处理与显示器

图 11 - 3　紫外 - 可见分光光度计的组成示意图

（一）光源

紫外 - 可见分光光度计的光源在紫外光区常用氘灯或氢灯，氘灯的发射强度和使用寿命比氢灯大 3 ~ 5 倍，氢灯在 300nm 以上能量已很低，而氘灯可使用到 400nm。氘灯实用波长范围为 190 ~ 400nm。可见光区常用光源为钨灯或卤钨灯，当钨灯灯丝温度达到 4000K 时，其发射能量大部分在可见光区，但灯的寿命显著减小，为此用卤钨灯代替钨灯，其使用波长范围为 350 ~ 2000nm。

（二）单色器

单色器的作用是将光源发射的复色光按波长顺序色散，并从中分离出所需波长的单色光。单色器由入射狭缝、准直镜、色散元件、物镜和出射狭缝构成（图 11 − 4）。色散元件的作用是将光源发射的复色光分解为不同波长的单色光。色散元件有棱镜和光栅两种，常用的是光栅。

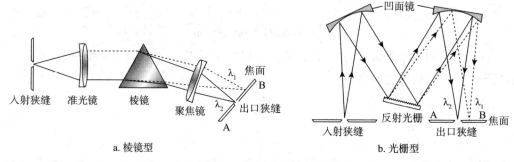

a. 棱镜型　　　　　　　　　　　　b. 光栅型

图 11 − 4　紫外 − 可见分光光度计单色器组成

（三）吸收池

吸收池是盛放空白溶液和样品溶液的器皿。玻璃吸收池只能用于可见光区，石英吸收池适用于紫外光区，也可用于可见光区。盛放空白溶液的吸收池和盛放样品溶液的吸收池应互相匹配，即有相同的光程长度与相同的透光性，两只吸收池的透光率之差应小于 0.3%，否则应进行校正。使用时要保证透光面光洁、无磨损和玷污。

（四）检测器

检测器是将光信号转变成电信号的光电转换装置，有光电池、光电管、光电倍增管和光二极管阵列检测器四种，常用的是光电管和光电倍增管。

（五）显示器

光电管输出的电信号很弱，需经放大才能以某种方式将测定结果显示出来，信号处理过程会包括一些数学运算如对数函数、浓度因素等运算乃至微分积分等处理。显示器有电表指示、数字显示、荧光屏显示、结果打印及曲线扫描等（图 11 − 5），显示的测量数据一般有透光率和吸光度两种，有的还可以转换成浓度、吸光系数等。现代分光光度计一般配有电脑或相关数据接口，可进行操作控制和信息处理等多功能操作。

a. 电表指示　　　b. 数字显示　　　c. 荧光屏显示　　　d. 计算机控制操作和处理信息

图11-5　不同显示装置的紫外－可见分光光度计

根据光路结构和检测器的不同，紫外－可见分光光度计的分类如图11-6所示。

$$紫外－可见分光光度计\begin{cases}单波长紫外－可见分光光度计\begin{cases}单波长单光束紫外－可见分光光度计\\单波长双光束紫外－可见分光光度计\end{cases}\\双波长紫外－可见分光光度计\\光二极管阵列检测的紫外－可见分光光度计\end{cases}$$

图11-6　紫外－可见分光光度计的分类

二、吸收光谱

吸收光谱也称为吸收曲线，是测定物质对不同波长单色光的吸收程度，以波长或波数为横坐标，吸光度或透光率为纵坐标所描绘的曲线。它能清楚地描述物质对一定波长范围光的吸收情况。测定用的光的波长范围在紫外－可见光区，称为紫外－可见吸收光谱，如图11-7所示。吸收曲线上的峰称为吸收峰，最大吸收峰的峰顶所对应的波长为最大吸收波长，用λ_{max}表示。吸收曲线上的谷称为吸收谷，最小吸收谷所对应的波长称为最小吸收波长，用λ_{min}表示。在吸收曲线的短波长一端呈现较强吸收但不成峰形的部分称为末端吸收。在峰的旁边产生的一个曲折，形状像肩的部分称为肩峰，其对应的波长用λ_{sh}表示。

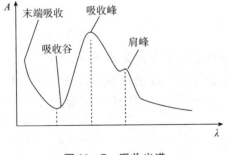

图11-7　吸收光谱

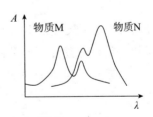

图11-8　不同物质的吸收曲线图

对于不同物质，由于它们对不同波长光的吸收具有选择性，因此，它们的λ_{max}的位置和吸收曲线形状互不相同（图11-8），可以据此对物质进行定性分析。

对于同一物质，浓度不同时，同一波长下的吸光度A不同，但其λ_{max}的位置和吸收曲线形状不变。物质的浓度越大，吸收光的程度越大，吸收曲线越高；物质的浓度越低，吸收光的程度越小，吸收曲线越低（图11-9）。

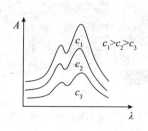 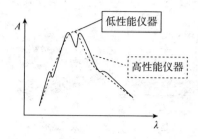

图 11-9　同一物质不同浓度的吸收曲线　图 11-10　不同性能的仪器测绘的 $KMnO_4$ 吸收曲线

　　而且在 λ_{max} 处吸光度 A 最大，在此波长下 A 随浓度的增大最为明显，可以据此对物质进行定量分析。

　　溶剂、温度、仪器的性能对吸收曲线也会产生一定的影响（图 11-10）。

　　吸收曲线中的特征值包括吸收峰的数目、吸收峰的位置、吸收谷的位置、吸收峰的强度、吸收峰的比值、吸收峰与吸收谷的比值以及吸收曲线的形状均可用于物质的定性鉴别、纯度检查、杂质检查。同时吸收曲线是选择定量分析条件的重要依据。

任务四　定性、定量分析方法

一、定性分析方法

　　利用紫外-可见吸收光谱的特征进行药物的鉴别、检查的分析方法称为紫外-可见分光光度法定性分析法。紫外-可见分光光度法在药品定性分析中的应用主要有三个方面：第一是性状检查，测定药物的吸收系数并与规定值比较；第二是药物鉴别，通过对照药物的吸收光谱特征鉴别药物的真伪；第三是纯度检查，包括杂质检查和杂质限量检查。

（一）定性鉴别

　　紫外-可见分光光度法对有机药物进行定性鉴别的依据是吸收光谱特征，包括吸收光谱形状、吸收峰数目、各吸收峰波长及吸光度值、各吸收谷波长及吸光度值、肩峰波长、吸光系数、峰-峰或峰-谷吸光度值之比等。具体的定性鉴别方法有以下三种。

　　1. 对比吸收光谱特征数据

　　（1）对比吸收峰所在的波长（λ_{max}）　对于只有一个吸收峰的化合物，最常用于鉴别的光谱特征数据是吸收峰所在的波长。

　　（2）对比吸收峰和谷的数目及所在的波长　若化合物有几个吸收峰，并存在谷和肩峰，可同时用几个峰值（λ_{max}）、肩峰值（λ_{sh}）和谷值（λ_{min}）作为鉴定依据，增加鉴别的特征性。

　　（3）对比吸收峰所在的波长和吸光度值　具有不同基团的化合物，可能有相同的

$\lambda_{\max}$ 值，但它们在 $\lambda_{\max}$ 处的摩尔吸收系数（$\varepsilon_{\max}$）值常有明显差异，一定浓度溶液的吸光度值也有较大差异，可进行化合物吸光基团的鉴别。

（4）对比吸光系数（$E_{1cm}^{1\%}$）　对于分子中含有相同吸光基团的同系物，它们的 $\lambda_{\max}$ 值和 $\varepsilon_{\max}$ 值常很接近，但因摩尔质量不同，百分吸收（$E_{1cm}^{1\%}$）值存在较大差别，可进行化合物的鉴别。

2. 对比吸光度的比值　有两个以上吸收峰的化合物，可用在不同吸收峰处（或峰与谷）的吸光度的比值来进行鉴别。因为用的是同一浓度的溶液和同一厚度的吸收池，吸光度的比值即吸光系数的比值，可消除因浓度和厚度不准确带来的误差。

3. 对比吸收光谱的一致性　用吸收光谱特征进行鉴别，不能发现吸收光谱中其他部分的差异。对于结构非常相似的化合物，可在相同条件下分别测绘吸收光谱，核对其一致性，也可与文献收载的标准图谱进行核对，只有吸收光谱完全一致才有可能是同一化合物；若有差异，则不是同一化合物。如醋酸可的松和醋酸泼尼松最大吸收长均为 238nm，吸收系数（$E_{1cm}^{1\%}$）分别为 375～405 和 373～393 也几乎完全相同，但它们的吸收光谱曲线存在一定的差异（图 11-11、图 11-12），据此可以鉴别。

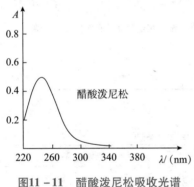

图11-11　醋酸泼尼松吸收光谱

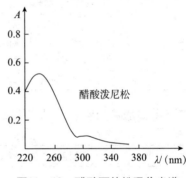

图11-12　醋酸可的松吸收光谱

（二）纯度检查

化合物的纯度检查包括杂质检查和杂质限量检查。

1. 杂质检查　一般通过检查吸收峰或吸光系数可确定某一化合物是否含有杂质。

（1）化合物无吸收而杂质有吸收　若某一化合物在某一紫外可见光区没有明显吸收，而杂质有较强的吸收峰，那么含有少量杂质就能被检测出来。

（2）化合物和杂质都有吸收　若化合物在某一波长处有较强的吸收峰，而所含杂质在此波长处无吸收或吸收很弱，杂质的存在将使化合物的吸收系数值降低。若杂质在此波长处有比化合物更强的吸收，则将使化合物的吸收系数增大。有吸收的杂质也将使化合物的吸收光谱变形。这些均可用作检查杂质是否存在的方法。

2. 杂质限量检查　化合物中的杂质常规定一个允许存在的限度。用紫外-可见分光光度法进行检查时，杂质限量一般以两种方式表示。

（1）以某个波长处的吸光度值表示。

（2）以峰谷吸光度的比值表示。

（三）实例解析

1. 醋酸可的松吸收系数的测定 见表11-4。

表11-4 醋酸可的松吸收系数的测定

分析过程	主要用品	操作内容
1. 供试品溶液的制备	仪器：分析天平，容量瓶、烧杯、玻璃棒、胶头滴管 试剂：无水乙醇	（1）用分析天平精密称取2份供试品分别置于洁净的编号的烧杯内并记录 （2）用无水乙醇溶解样品并转移到容量瓶中定容，摇匀，备用
2. 仪器的准备	仪器：紫外-可见分光光度计、比色皿、吸水纸 试剂：蒸馏水	（3）将紫外-可见分光光度计开机自检，预热 （4）将比色皿清洗干净备用
3. 测定		（5）选择光度测量功能，设定波长为238nm （6）以无水乙醇为参比，分别测定两份供试品溶液的吸光度
4. 记录与计算		（1）供试品信息　供试品名称____；规格____；生产批号____；生产厂家____ （2）供试品的称量　第一份 $m_{s1}=$____ g；第二份 $m_{s2}=$____ g （3）测定记录　测定波长：____；仪器型号：____；仪器编号：____ 比色皿校正值=____；$A_1=$____；$A_2=$____ （4）吸收系数计算结果　$E_{1cm}^{1\%}1=$____；$E_{1cm}^{1\%}2=$____
5. 数据处理		（1）修约　将计算结果修约，使其与药典标准中规定限度的有效位数相一致 （2）精密度计算　测定结果的精密度。 （3）结果　平均吸收系数=____
6. 结论		本品按照《中国药典》（2020年版）二部检验，吸收系数符合（不符合）药典规定

2. 布洛芬口服液的鉴别 见表11-5。

表11-5 布洛芬口服液的鉴别

分析过程	主要用品	操作内容
1. 供试品溶液的制备	仪器：分析天平、容量瓶、移液管、滤纸、漏斗、铁圈、铁架台 试剂：0.4%氢氧化钠溶液、1mol/L盐酸溶液	（1）取本品20ml，用1mol/L盐酸溶液调节pH至2.0，滤过 （2）用少量水洗涤残渣，晾干 （3）取残渣约25mg，置于100ml量瓶中，加0.4%氢氧化钠溶液溶解并稀释至刻度，摇匀
2. 仪器的准备	仪器：紫外-可见分光光度计、比色皿、吸水纸 试剂：蒸馏水	（4）将紫外-可见分光光度计开机，联机 （5）将比色皿清洗干净备用
3. 测定		（6）选择光谱扫描功能，以0.4%氢氧化钠溶液为参比溶液，对供试品液进行光谱扫描，打印图谱并查找波峰
4. 记录与计算		（1）供试品信息　供试品名称____；规格____；生产批号____；生产厂家____ （2）测定记录　仪器型号：____；仪器编号：____ （3）结果　$\lambda_{max(1)}=$____ nm，$\lambda_{max(2)}=$____ nm，$\lambda_{min(1)}=$____ nm，$\lambda_{min(2)}=$____ nm，$\lambda_{sh}=$____ nm
5. 结论		本品按照《中国药典》（2020年版）二部检验，符合（不符合）药典规定

3. 肾上腺素中酮体的杂质检查　由于在 310nm 处肾上腺酮的 HCl 溶液（9→2000）有吸收峰而肾上腺素几乎没有吸收，故《中国药典》规定用 HCl 溶液（9→2000）配制成每毫升含 2.0mg 的样品溶液，在 310nm 处的吸光度不得过 0.05。以肾上腺酮的 $\left(E_{1cm}^{1\%}\right)$ 435 值计算，相当于含肾上腺酮不超过 0.06%。具体操作见表 11 –6。

表 11 –6　肾上腺素中酮体的杂质检查

分析过程	主要用品	操作内容
1. 供试品溶液的制备	仪器：电子天平、容量瓶、烧杯、玻璃棒、胶头滴管 试剂：盐酸	（1）用电子天平称取 1 份供试品分别置于洁净的烧杯内 （2）配制（9→2000）盐酸溶液备用 （3）用（9→2000）盐酸溶液溶解样品并转移到容量瓶中定容，摇匀，备用
2. 仪器的准备	仪器：紫外－可见分光光度计、比色皿、吸水纸 试剂：蒸馏水	（4）将紫外－可见分光光度计开机自检，预热 （5）将比色皿清洗干净备用
3. 测定		（6）选择光度测量功能，设定波长为 310nm （7）以（9→2000）盐酸溶液为参比，测定供试品溶液的吸光度
4. 记录与计算		（1）供试品信息　供试品名称____；规格____；生产批号____；生产厂家____。 （2）测定记录　测定波长 = ____；仪器型号：____；仪器编号：____；比色皿校正值 = ____；A = ____
5. 数据处理		（1）修约　将计算结果修约，使其与药典标准中规定限度的有效位数相一致 （2）结果　A =
6. 结论		本品按照《中国药典》（2020 年版）二部检验，肾上腺酮杂质符合（不符合）药典规定

4. 碘解磷定注射液中分解产物的杂质检查　碘解磷定有很多杂质，如顺式异构体、中间体等。在 0.1mol/L HCl 溶液中碘解磷定的吸收峰 294nm 处，杂质无吸收；但在碘解磷定的吸收谷 262nm 处杂质有吸收，故可将其峰谷吸光度比值作为杂质限量的指标。《中国药典》规定碘解磷定注射液在 294nm 与 262nm 的吸光度比值应不小于 3.1，以控制其分解产物杂质的含量。如系纯品，则 $A_{294}/A_{262} = 3.9$，如有杂质，则在 262nm 处吸光度增大，在 294nm 处吸光度变小，使 A_{294}/A_{262} 小于 3.9。具体操作见表 11 –7。

表 11 –7　碘解磷定注射液中分解产物的杂质检查

分析过程	主要用品	操作内容
1. 供试品溶液的制备	仪器：移液管、容量瓶、玻璃棒、胶头滴管 试剂：盐酸溶液（9→2000）	（1）用移液管精密量取本品 5ml 于 250ml 容量瓶中，加盐酸溶液至刻度线，摇匀，精密量取 5ml 于另一 250ml 容量瓶中，加盐酸溶液至刻度线，摇匀，备用
2. 仪器的准备	仪器：紫外－可见分光光度计、比色皿、吸水纸 试剂：蒸馏水	（2）将紫外－可见分光光度计开机自检，预热 （3）将比色皿清洗干净备用
3. 测定		（4）选择光度测量功能，设定波长 （5）以（9→2000）盐酸溶液为参比，测定供试品溶液的吸光度

分析过程	主要用品	操作内容
4. 记录与计算	(1) 供试品信息 供试品名称____；规格____；生产批号____；生产厂家____ (2) 测定记录测定波长 = ____；仪器型号：____；仪器编号：____； 比色皿校正值 = ____；A_{294} = ____ A_{262} = ____ (3) 计算 A_{294}/A_{262} = ____	
	(1) 修约 将计算结果修约，使其与药典标准中规定限度的有效位数相一致 (2) 结果 A_{294}/A_{262} = _____	
6. 结论	本品按照《中国药典》（2020 年版）二部（2020）检验，分解产物检查符合（不符合）药典规定	

二、定量分析方法

（一）依据

紫外–可见分光光度定量分析法是通过测定被测组分在紫外–可见光区的特定波长处的吸光度，依据光的吸收定律进行含量测定的分析方法。根据比尔定律，物质在一定波长处的吸光度与浓度之间成线性关系，即 $A = Ec$。因此，只要选择适合的波长测定溶液的吸光度，即可求出浓度。

（二）分类

紫外–可见分光光度法定量分析法在药品领域中主要用于药品的含量测定和溶出度检查，测定方法一般有对照品比较法、吸收系数法、标准曲线法、计算分光光度法和比色法，常用的测定方法是吸收系数法、标准曲线法和对照品比较法。

1. 吸收系数法

（1）方法概念   吸收系数法是指在 A 与 c 之间的关系符合朗伯–比尔定律的情况下，根据测得的吸光度 A，利用质量标准给定的吸收系数，求出浓度或含量的方法。

（2）方法要求   吸收系数法测定药物的含量时，供试品应称取 2 份；按照各品种项下的要求配制测定用溶液，以使得测定的 A 值在 $0.3 \sim 0.7$；在规定的波长处或规定波长 $\pm 2\,nm$ 内的波长处测定吸光度。测定前应先对仪器进行校正。

（3）计算方法

1）按照规定的方法配制供试品溶液，在规定的波长处测定吸光度，然后根据比尔定律，以规定条件下的吸收系数计算含量。计算公式为：

$$c = \frac{A}{E_{1cm}^{1\%}} \ (g/100ml)$$

$$供试品的含量\% = \frac{c \times V \times 稀释倍数}{m} \times 100\%$$

2）按照规定的方法配制供试品溶液，在规定的波长处测定吸光度，先计算出供试

品的 $E_{1cm}^{1\%}$ 值，再与规定的吸收系数值比较，即可计算供试品的含量。计算公式为：

$$E_{1cm(供试品)}^{1\%} = \frac{A}{c_{供试品}（g/100ml）\times L（cm）}$$

$$供试品的含量\% = \frac{E_{1cm}^{1\%}（供试品）}{E_{1cm}^{1\%}（供试品规定）} \times 100\%$$

2. 标准曲线法

（1）方法概念　标准曲线法是紫外 - 可见分光光度法中最经典的定量方法，标准曲线是直接用标准溶液制作的曲线，是用来描述被测物质的浓度（或含量）在分析仪器响应信号值之间定量关系的曲线。绘制标准曲线的实际意义就是只要测得其吸光度值即可在标准曲线上查出相应的浓度值。特别适合于大批量样品的定量测定。

（2）方法要求

1）配制标准系列　取若干个相同规格的容量瓶，按照由少到多的顺序依次加入标准溶液，在相同的条件下加适量溶剂稀释，并分别加入等体积的试剂及显色剂，再加溶剂稀释至溶液的弯液面与标线相切，摇匀备用。

2）配制样品溶液　另取相同规格的容量瓶，精密吸取定体积的原样品溶液，按照与标准系列相同的操作程序和试验条件，配制一定浓度的样品溶液。

3）测定标准系列和样品溶液的吸光度　选择合适的参比（空白）溶液，在相同的条件下，以该溶液最大吸收波长（λ_{max}）的光作为入射光，分别测定标准系列各溶液和样品溶液所对应的吸光度。

4）绘制标准曲线　根据测定结果，以标准溶液浓度（c）为横坐标，所对应的吸光度（A）为纵坐标绘制曲线，称为标准曲线，也称为工作曲线或 $A - c$ 曲线。如果标准系列的浓度适当，测定条件合适，理想的标准曲线则是一条通过坐标原点的直线，如图 11 - 13 所示。

配制一系列不同浓度的标准溶液，选择合适的参比溶液，在相同条件下，以待测组分的最大吸收波长 λ_{max} 作为入射光，分别测定各标准溶液对应的吸光度。以浓度 c 为横坐标、吸光度 A 为纵坐标描绘曲线，称为标准曲线，也叫工作曲线。按照相同的实验条件和操作程序，用待测溶液配制未知试样溶液并测定其吸光度 A 样。

（3）计算方法　在标准曲线上找到与吸光度 $A_{样}$ 对应的未知试样溶液的浓度 $c_{样}$，如图 11 - 13 所示。最后，根据配制样品溶液时所取的原样品溶液的体积以及容量瓶的容积，用下式计算原样品溶液的浓度（$c_{原样}$）。

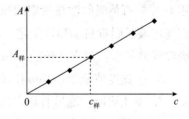

图 11 - 13　标准曲线

$$c_{原样} = c_{样} \times 稀释倍数$$

这种方法很适用于常规的分析工作，但仪器经搬动或维修后应重新校正波长。更换仪器时，必须重新绘制标准曲线。

3. 对照品比较法

（1）方法概念　对照品比较法简称对照法，是指在相同的条件下，在 A 与 c 之间的关系符合朗伯－比尔定律，即线性范围内，分别测定供试品溶液和已知准确浓度对照品溶液的吸光度，然后根据供试品溶液和对照溶液的吸光度、对照品溶液的浓度计算出供试品含量的方法。

（2）方法要求　对照法测定含量时，供试品、对照品均应取 2 份进行测定。为减小误差，应使用同一溶剂，对照品溶液中所含被测组分的量应为供试品溶液中被测组分标示量的（100 ± 10）％以内，在规定的波长处或规定波长 $\pm 2nm$ 内的波长处测定吸光度。测定前应先对仪器进行校正。

（3）计算方法　根据朗伯－比尔定律

$$A_{供试品} = E_{供试品} \cdot c_{供试品} \cdot L_{供试品}$$
$$A_{对照品} = E_{对照品} \cdot c_{对照品} \cdot L_{对照品}$$

因为是同种物质、同一台仪器、同一个吸收池、同一波长测定，故 $E_{供试品} = E_{对照品}$，$L_{供试品} = L_{对照品}$。

$$c_{供试品} / c_{对照品} = A_{供试品} / A_{对照品}$$

$$c_{供试品} = \frac{A_{供试品}}{A_{对照品}} \times c_{对照品}$$

$$供试品的含量\% = \frac{c_{供试品} \times V_{供试品} \times 稀释倍数}{m_s} \times 100\%$$

（三）要求

1. 溶剂测定前，应以空气为空白测定溶剂在不同波长处的吸光度，检查所用的溶剂在测定波长附近是否符合药检要求（表 11 – 8）。

表 11 –8　药物含量测定时对溶剂吸光度的规定

波长范围（nm）	220 ~ 240	241 ~ 250	251 ~ 300	300 以上
吸光度	< 0.4	< 0.2	< 0.1	< 0.05

所用溶剂均不得超过其截止波长；每次测定时使用的溶剂应相同。

2. 波长测定时，除另有规定外，应以配制供试品溶液的同批溶剂为空白对照，采用 1cm 的石英吸收池在规定的吸收峰波长 $\pm 2nm$ 以内测试几个点的吸光度，或由仪器在规定波长附近自动扫描测定，以核对供试品的吸收峰波长是否正确。除另有规定外，吸收峰波长应在规定波长的 $\pm 2nm$ 以内，并以吸光度最大的波长作为测定波长。

3. 吸光度值范围：一般供试品溶液的吸光度读数，以在 0.3 ~ 0.7 为宜。

4. 参比溶液：除另有规定外，选用溶剂作为参比溶液。

5. 吸收池：透光率相差在 0.3% 以下的可配对使用，否则须校正。

6. 单色光纯度仪器的狭缝波带宽度宜小于供试品吸收带的半高宽度的十分之一，否则测定的吸光度会偏低；狭缝宽度的选择，应以减小狭缝宽度时供试品的吸光度不再增加为准。大部分药物的测定可以使用 2nm 带宽，但某些品种则需用 1nm 带宽或更窄，如青霉素钾及钠的吸光度检查，否则在波长 264nm 处的吸光度会偏低。

7. 当溶液的 pH 对测定结果有影响时，应将供试品溶液的 pH 和对照品溶液的 pH 调成一致。

8. 容量仪器、分析天平均应经过检定校正。

（四）影响因素

1. 偏离比尔定律的因素、产生的误差及减免方法　按照比尔定律，吸光度与浓度之间的关系是一条通过原点的直线。但在实际工作中，往往会偏离线性而发生弯曲，在弯曲部分，吸光度与浓度之间的关系不是直线关系。若在弯曲部分进行定分析，将产生较大的测定误差。导致偏离线性的主要原因有光学因素和化学因素两方面。

（1）光学因素

1）非单色光的影响　比尔定律只适用于单色光，但仪器测定用的入射光则是波长范围较窄的复色光。由于同一物质对不同波长光的吸收程度不同，因而导致对比尔定律的偏离。

为避免非单色光造成的误差，测定时应选择较纯的单色光即波长范围很窄的光，同时应选择物质的最大吸收波长作为测定波长，因为在此处不仅测定灵敏度高，而且在峰处曲线比较平坦（图 11 - 14），E_1 和 E_2 差别不大，对比尔定律的偏离较小。

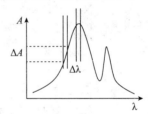

图 11 - 14　测定波长选择示意图

2）反射的影响　光通过折射率不同的两种介质的界面时，有一部分被反射。光通过吸收池时，有四个界面，约有 1/10 或更多的光能因反射而损失，使测得的吸光度偏高。一般情况下，可用参比溶液（除不含被测组分外其他成分与被测溶液相同）对比来补偿，即先让入射光通过装有参比溶液的吸收池，调节仪器的透光率为 100% 或吸光度为零，然后在用于测定被测溶液的透光率或吸光度，可消除因反射产生的误差。

3）散射的影响　溶液中的质点对入射光的散射作用，可使透过光减弱，测得的吸光度偏高。真溶液质点小，散射光小，可用参比溶液对比补偿；但胶体溶液、高分子溶液等质点大，散射光强，一般不易制备参比液补偿，测定吸光度常产生正误差。

4）非平行光的影响　通过吸收池的光一般都不是真正的平行光，倾斜光通过吸收池的实际光程比垂直照射的平行光的光程长，使测定的吸光度偏高。这是同一物质溶液用不同仪器测定吸光度产生差异的主要原因之一。

（2）化学因素的影响

1）溶液浓度的影响　比尔定律表示的物质溶液浓度与吸光度的直线关系，只有在入射光为单色光和一定范围内的低浓度时才成立。在较高浓度时将引起偏差。因为浓度较大（大于 0.01mol/L）时，溶液中的吸光粒子距离减小，以至于每个粒子都可影响其邻近粒子的电荷分布，使它们吸收测定波长光的能力发生改变，从而使吸光度和浓度之间的线性关系发生改变。其次，浓度较大时溶液对光折射率的显著改变使测得的吸光度发生较显著的变化，从而导致对比尔定律的偏离。因此测定时已为较稀的溶液（一般小于 0.01mol/L）。

2）浓度改变或溶液条件改变的影响　溶液中溶质可因浓度和溶液条件的改变而引

起离解、缔合或与溶剂间的作用的改变，使吸光物质的存在形式发生改变，导致吸光能力发生改变，从而发生偏离比尔定律的现象。如亚甲蓝阳离子水溶液，单体的吸收峰在660nm处，而二聚体的吸收峰在610nm处，浓度增大，聚合体增多，660nm处吸收峰减弱，610nm处吸收峰增强，吸收光谱形状，导致偏离比尔定律。

2. 透光率的测量误差　在紫外－可见分光光度法中，仪器误差主要是透光率测量误差（ΔT），来自仪器的噪声。一类与光信号无关，称为暗噪声；另一类随光信号强弱而变化，称为信号噪声。

A 值在 $0.2 \sim 0.7$（T 值 $65\% \sim 20\%$）范围之内时，测量误差较小，超出这个范围，测量误差急剧增大。

（五）实例解析

1. 西咪替丁（$C_{10}H_{16}N_6S$）片含量的测定　具体操作见表11-9。

表11-9　西咪替丁片的含量测定

分析过程	主要用品	操作内容
1. 供试品溶液的制备	仪器：分析天平、研钵、容量瓶、烧杯、玻璃棒、胶头滴管、量筒、滤纸、漏斗、铁架台、铁圈 试剂：盐酸	（1）用分析天平精密称定20片供试品的质量，用研钵研磨成细粉。取2份供试品分别置于洁净的编号的250ml容量瓶内 （2）用分析天平精密称取两份供试品粉末，用（0.9→1000）盐酸溶液溶解并稀释成200ml，摇匀，过滤 （3）精密量取续滤液2ml，置于200ml量瓶中，加（0.9→1000）盐酸溶液至刻度，摇匀，备用
2. 仪器的准备	仪器：紫外－可见分光光度计、比色皿、吸水纸 试剂：蒸馏水	（4）将紫外－可见分光光度计开机自检，预热，校正波长，检定 （5）将比色皿清洗干净备用
3. 测定		（6）选择光度测量功能，设定波长 （7）以空白溶液为参比，分别测定两份供试品溶液的吸光度
	（1）供试品信息　供试品名称____；规格____；生产批号____；生产厂家____ （2）称量记录　20片总重量=____g，供试品质量_{(1)}=____g，供试品质量_{(2)}=____g （3）供试品的稀释稀释前体积=____；稀释后体积=____；稀释倍数=____ （4）测定记录　测定波长=____；仪器型号：____；仪器编号：____；比色皿校正值=____；A_1=____；A_2=____ （5）计算 $C_{10}H_{16}N_6S_{(1)}$%=____%；$C_{10}H_{16}N_6S_{(2)}$%=____%	
5. 数据处理	（1）修约　将计算结果修约，使其与药典标准中规定限度的有效位数相一致 （2）计算精密度 （3）分析结果　平均含量%=_____%	
	本品按照《中国药典》（2020年版）二部检验，含量符合（不符合）药典规定	

2. 盐酸二甲双胍片含量的测定　具体操作见表 11 – 10。

表 11 – 10　盐酸二甲双胍片的含量测定

分析过程	主要用品	操作内容
1. 供试品溶液的制备	仪器：分析天平、容量瓶、烧杯、玻璃棒、胶头滴管、量筒 试剂：氢氧化钠	（1）用分析天平精密称取本品 20 片的重量，研细 （2）用分析天平精密称取适量（约相当于盐酸二甲双胍 100mg），置于 100ml 量瓶中，加水适量，超声处理 15 分钟使溶解，用水稀释至刻度，摇匀，滤过 （3）弃去初滤液 20ml，精密量取续滤液适量，用水定量稀释制成每 1ml 中约含 5μg 的溶液，备用
2. 对照品溶液的制备	仪器：分析天平、容量瓶、烧杯、玻璃棒、胶头滴管、量筒 试剂：盐酸二甲双胍对照品	（4）取盐酸二甲双胍对照品，精密称定，加水溶解并定量稀释制成每 1ml 中约含 5μg 的溶液，
3. 仪器的准备	仪器：紫外－可见分光光度计、比色皿、吸水纸 试剂：蒸馏水	（5）将紫外－可见分光光度计开机自检，预热，校正波长，检定 （6）将比色皿清洗干净备用
4. 测定		（7）选择光度测量功能，设定波长 （8）以空白溶液为参比，分别测定两份供试品溶液的吸光度
5. 记录与计算		（1）供试品信息　供试品名称____；规格____；生产批号____；生产厂家____ （2）称量记录　供试品质量$_{(1)}$ = ____ g；供试品质量$_{(2)}$ = ____ g；对照品质量$_{(1)}$ = ____ g，对照品质量$_{(2)}$ = ____ g （3）供试品的稀释稀释前体积 = ____；稀释后体积 = ____；稀释倍数 = ____ （4）测定记录　测定波长 = ____；仪器型号：____；仪器编号：____；比色皿校正值 = ____；$A_{供1}$ = ____，$A_{供2}$ = ____；$A_{对照1}$ = ____，$A_{对照2}$ = ____ （5）计算占标示量%$_{(1)}$ = ____%；占标示量%$_{(2)}$ = ____%
6. 数据处理		（1）修约　将计算结果修约，使其与药典标准中规定限度的有效位数相一致 （2）计算精密度 （3）分析结果　占标示量% = ____%
7. 结论		本品按照《中国药典》（2020 年版）二部检验，含量符合（不符合）药典规定

任务五　应用与示例

　　紫外－可见分光光度法是在 190～760nm 波长范围内测定物质的吸光度，用于鉴别、杂质检查和定量测定的方法。当光穿过被测物质溶液时，物质对光的吸收程度随光的波长不同而变化。因此，通过测定物质在不同波长处的吸光度，并绘制其吸光度与波长的关系图即得被测物质的吸收光谱。从吸收光谱中，可以确定最大吸收波长 λ_{max} 和最小吸收波长 λ_{min}。物质的吸收光谱具有与其结构相关的特征性。因此，可以通过特定波长范围内样品的光谱与对照光谱或对照品光谱的比较，或通过确定最大吸收波长，或通过测量两个特定波长处的吸收比值而鉴别物质。用于定量时，在最大吸收波长处测量一定浓度样品溶液的吸光度，并与一定浓度的对照溶液的吸光度进行比较或采用吸收系数法求算出样品溶液的浓度。

一、维生素 B₁₂ 注射液含量的测定

避光操作。精密量取本品适量，用水定量稀释成每 1ml 中约含维生素 B_{12} 25μg 的溶液，作为供试品溶液，照紫外 – 可见分光光度法［《中国药典》（2020 年版）四部通则 0401］，在 361nm 的波长处测定吸光度，按 $C_{63}H_{88}CoN_{14}O_{14}P$ 的吸收系数（λ_{max}）为 207 计算，即得。

👨‍🏫 请你想一想

在紫外光区，比色皿的材质要选用石英材料的，不能用玻璃比色皿，这是为什么呢？

二、维生素 B₁ 片含量的测定

取本品 20 片，精密称定，研细，精密称取适量（约相当于维生素 B_1 25mg），置于 100ml 量瓶中，加盐酸溶液（9 →1000）约 70ml，振摇 15 分钟使维生素 B_1 溶解，用上述溶剂稀释至刻度，摇匀，用干燥滤纸滤过，精密量取续滤液 5ml，置于另一 100ml 量瓶中，再加上述溶剂稀释至刻度，摇匀，照紫外 – 可见分光光度法［《中国药典》（2020 年版）四部通则 0401］，在 246nm 的波长处测定吸光度。按 $C_{12}H_{17}ClN_4OS \cdot HCl$ 的吸收系数（λ_{max}）为 421 计算，即得。

你知道吗

维生素 B₁ 片的药理作用

维生素 B_1 参与体内辅酶的形成，能维持正常糖代谢及神经、消化系统功能。摄入不足可致维生素 B_1 缺乏，严重缺乏可致"脚气病"以及周围神经炎等。

三、乙胺嘧啶性状的检查

取本品，精密称定，加 0.1mol/L 盐酸溶液溶解，并定量稀释制成每 1ml 中约含 13μg 的溶液，照紫外 – 可见分光光度法［《中国药典》（2020 年版）四部通则 0401］，在 272nm 的波长处测定吸光度，吸收系数（λ_{max}）为 309 ~ 329。

你知道吗

乙胺嘧啶属于致癌物

本品为白色结晶性粉末；无臭，无味。本品在乙醇或三氯甲烷中微溶，在水中几乎不溶。2017 年 10 月 27 日，世界卫生组织国际癌症研究机构公布了致癌物清单，乙胺嘧啶在 3 类致癌物清单中。

四、乙酰谷酰胺的检查

取本品 0.50g，加水 20ml 溶解后，照紫外 – 可见分光光度法［《中国药典》（2020 年版）四部通则 0401］，

👨‍🏫 请你想一想

吸光度 A 与透光率 T 之间的关系？

在 430nm 的波长处测定透光率，不得低于 95.0%。

实训二十　高锰酸钾溶液吸收光谱曲线的测定及含量测定

一、实训目的

1. 会正确、规范地使用紫外－可见分光光度计。
2. 熟悉紫外－可见分光光度计的基本构造及作用。
3. 会依据吸收光谱曲线确定最大吸收波长。

二、实训原理

高锰酸钾溶液呈紫红色，在可见光区有吸收，利用此特点可绘制吸收光谱曲线。通过吸收光谱曲线确定最大吸收波长，在最大吸收波长处进行含量测定。因此可以用紫外－可见分光光度法对高锰酸钾溶液进行定性和定量分析。

三、仪器与试剂

1. 仪器　紫外－可见分光光度计、分析天平、5ml 移液管 2 支、1000ml 容量瓶、25ml 容量瓶 6 个、100ml 烧杯。

2. 试剂　高锰酸钾对照品（固体）；高锰酸钾样品溶液。

四、实训步骤

（一）配制溶液

1. 配制标准溶液（125mg/L）　精密称取高锰酸钾对照品 0.1250g 置于 100ml 烧杯中，溶解后，定量转移 1000ml 容量瓶中，用纯化水稀释至标线，摇匀，即为高锰酸钾标准溶液（125mg/L）。

2. 配制标准系列　分别精密量取 1.00ml、2.00ml、3.00ml、4.00ml 和 5.00ml 高锰酸钾标准溶液（125mg/L），置于 25ml 容量瓶中，纯化水稀释至标线，摇匀。标准系列中各标准溶液的浓度依次为 5.0mg/L、10.0mg/L、15.0mg/L、20.0mg/L 和 25.0mg/L。

3. 配制样品溶液　精密量取高锰酸钾样品溶液 5.00ml，置于 25ml 容量瓶中，纯化水稀释至标线，摇匀，即为高锰酸钾供试品溶液。

（二）绘制吸收光谱曲线

以纯化水为空白溶液调节仪器基线后，测定标准系列中溶液浓度为 15.0mg/L 和高锰酸钾供试品溶液的吸收光谱曲线，并从吸收光谱曲线中确定最大吸收波长，比较两者的吸收光谱曲线和最大吸收波长。

（三）测定溶液吸光度

1. 标准曲线的绘制　在 λ_{max} 处，以纯化水为空白溶液调节基线后，依次将标准系列各标准溶液放入光路中，测其吸光度 A 值。以浓度（c）为横坐标、吸光度值（A）为纵坐标，绘制标准曲线。

2. 高锰酸钾供试品溶液的测定　在与绘制标准曲线相同的测定条件下，测定高锰酸钾供试品溶液吸光度值（A）。从标准曲线中查 A 值所对应的高锰酸钾供试品溶液的溶度 c。

$$c_{原样} = c_{稀释} \times 稀释倍数$$

五、实训结果

（一）定性分析

1. 绘制高锰酸钾溶液的吸收光谱曲线
（1）绘制标准系列中溶液浓度为 15.0mg/L 的吸收光谱曲线。
（2）绘制高锰酸钾供试品溶液的吸收光谱曲线。

2. 确定高锰酸钾溶液的最大吸收波长
（1）确定标准系列中溶液浓度为 15.0mg/L 的最大吸收波长。
（2）确定高锰酸钾供试品溶液的最大吸收波长。

3. 定性分析结论

（二）定量分析

1. 数据记录

项目		1	2	3	4	5	供试品溶液
c（mg/L）							
A	1						
	2						
	3						
平均值							

2. 绘制标准曲线（附坐标图）

3. 高锰酸钾溶液浓度

（1）高锰酸钾供试品溶液的浓度。

（2）高锰酸钾样品溶液的浓度。

目标检测

一、选择题

1. 紫外－可见分光光度法分析中使用的光的波长范围是（ ）nm。

    A. 400～760   B. 100～400   C. 200～400   D. 200～760

2. 下列对吸收系数没有影响的是（ ）。

    A. 比色皿厚度   B. 溶剂的种类

    C. 入射光的波长   D. 温度

3. 浓度测量的相对误差最小时的吸光度 A 等于（ ）。

    A. 0.368   B. 0.434   C. 0.486   D. 0.343

4. 下列分光光度计能获得导数光谱的是（ ）。

    A. 单光束   B. 双光束

    C. 双波长   D. 双光源

5. 在分光光度法中，运用朗伯－比尔定律进行定量分析采用的入射光为（ ）。

    A. 白光   B. 单色光

    C. 可见光   D. 紫外光

6. 在紫外可见分光光度法测定中，使用参比溶液的作用是（ ）。

    A. 调节仪器透光率的零点

    B. 吸收入射光中测定所需要的光波

    C. 调节入射光的光强度

    D. 消除试剂等非测定物质对入射光吸收的影响

7. 常用作光度计中获得单色光的组件是（ ）。

    A. 光栅（或棱镜）＋反射镜   B. 光栅（或棱镜）＋狭缝

    C. 光栅（或棱镜）＋稳压器   D. 光栅（或棱镜）＋准直镜

8. 符合朗伯－比尔定律的有色溶液，当浓度为 c 时，透光率为 T。若其他条件不变，浓度为 $c/3$ 时，透光率为（ ）。

    A. $T/3$ B. T^3 C. $3T$ D. $30\% T$

9. 若以物质的量浓度代入朗伯－比尔定律中得到的吸光系数是（ ）。

    A. 比吸收系数   B. 百分吸收系数

    C. 吸收系数   D. 摩尔吸收系数

10. 紫外－可见分光光度法分析时若比色皿的厚度一致，下列说法正确的是（ ）。

    A. 吸光度与浓度成正比   B. 透光度与浓度成正比

    C. 吸光度与波长成正比　　　　　　　　D. 吸光度与时间成正比

二、计算题

1. 某分析工作者，在光度法测定前用参比溶液调节仪器时，只调至透光率为 95.0%，测得某有色溶液的透光率为 35.2%，此时溶液的真正透光率为多少？

2. 称取维生素 C 样品 0.0500g 溶于 5mol/L 硫酸溶液中配成 100ml 溶液，准确量取此溶液 2.00ml 稀释至 100ml，取此溶液于 1cm 吸收池中，在 $\lambda_{max} = 245nm$ 处测得 A 值为 0.498。求样品中维生素 C 的质量分数。（$E_{1cm}^{1\%} = 560$）

书网融合……

微课1　　　微课2　　　微课3　　　划重点　　　自测题

PPT

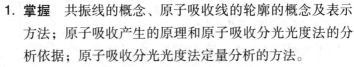
项目十二 原子吸收分光光度法

学习目标

知识要求

1. **掌握** 共振线的概念、原子吸收线的轮廓的概念及表示方法；原子吸收产生的原理和原子吸收分光光度法的分析依据；原子吸收分光光度法定量分析的方法。

2. **熟悉** 原子吸收分光光度法的概念和方法特点；原子吸收分光光度计的组成以及主要部件的名称与作用。

3. **了解** 原子吸收分光光度法测定条件的选择和消除干扰的方法。

能力要求

会使用原子吸收分光光度计；会按照原子吸收分光光度法的标准操作规程进行相关药品的分析检验。

实例分析

实例 注射用头孢他啶中碳酸钠的含量测定 精密称取经 110℃ 干燥 2 小时的氯化钠对照品适量，加水溶解并定量稀释制成每 1ml 中约含 2.8mg 的溶液。精密量取氯化钠溶液 4.0ml、4.5ml、5.0ml、5.5ml、6.0ml，分别置于 100ml 量瓶中，加硝酸 10ml，用水稀释至刻度，摇匀，作为对照品溶液（1）（2）（3）（4）（5）。精密称取本品适量（约相当于含碳酸钠 13mg），置于 100ml 量瓶中，加水适量溶解后，加硝酸 10ml，用水稀释至刻度，摇匀，作为供试品溶液。取硝酸 10ml 置于 100ml 量瓶中，用水稀释至刻度，摇匀，作为空白溶液。取上述溶液照原子吸收分光光度法（通则 0406 第一法），在 330.3nm 的波长处测定吸光度，计算碳酸钠的含量。

问题 1. 在原子吸收分光光度法中，测定波长是如何选择的？

2. 原子吸收分光光度法定量分析的依据是什么？进行定量分析有哪些方法？

3. 与紫外、红外等光谱法相比，原子吸收分光光度法具有什么特点？

任务一 概述
 微课1

原子吸收分光光度法（atomic absorption spectrophotometry，AAS）又称原子吸收光谱法，是基于试样蒸气中待测元素的基态原子对特征谱线的吸收特性，来测定试样中待测元素含量的分析方法。

原子吸收分光光度法和紫外－可见分光光度法一样，都遵循朗伯－比尔定律。但它们的吸收的物质状态不同。紫外－可见分光光度法是分子吸收，吸收带宽为几纳米到几十纳米，为宽带吸收光谱，使用的是连续光源（钨灯、氘灯）。而原子吸收光谱是基于气态的基态原子对光的吸收，吸收的带宽仅为 10^{-3} nm，为窄带吸收光谱，使用的是锐线光源（空心阴极灯），测量时必须将试样原子化。

一、基本原理

（一）原子能级与共振线

原子由原子核和绕核运动的核外电子组成。原子核外电子按照一定规律分布在各能级上，一个原子具有多种能级状态。最外层的电子在一般情况下，处于最低的能级状态，整个原子也处于最低能级状态即基态。当原子受外界能量激发时，其最外层电子可能跃迁到能量较高的能级，此时原子处于激发态。

原子从基态跃迁到第一激发态时，吸收的一定波长的辐射产生的吸收谱线，称为共振吸收线。处于第一激发态的原子再跃迁回基态时，则发出同样波长的辐射，称为共振发射线。共振吸收线和共振发射线统称为元素共振线。

原子吸收分光光度法正是利用处于基态的原子蒸气对从光源发射出的共振线的吸收来进行分析的，因此，元素的共振线又称为分析线。

电子除了在基态和第一激发态之间跃迁外，还可以在基态和其他能量较高的激发态之间跃迁，由光量子公式可知：

$$\Delta E = E_{激发态} - E_{基态} = h\nu = \frac{hc}{\lambda}$$

式中，h 为普朗克常数；c 为光速。元素原子的外层电子在基态和不同激发态之间跃迁时，所需的能量（ΔE）是不同的，发射和吸收的辐射的频率（ν）或波长（λ）是不同的，相应的就有许多发射线和吸收线，如图 12－1 所示。

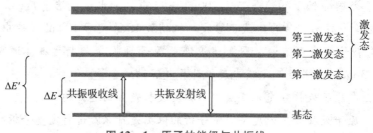

图 12－1　原子的能级与共振线

各元素的原子结构和外层电子排布不同，相应的基态和各激发态之间的能量差（ΔE）也不同，因此各元素的发射线和吸收线也不相同，各具其特征。每种原子特有的吸收线或发射线就成为相应元素具有特征性的光谱线，称为特征谱线。

由于从基态到第一激发态的跃迁所需的能量最低，因而这种跃迁最易发生，该谱线吸收最强，因此，共振线是各元素的特征谱线也是所有谱线中最灵敏的谱线，称为灵敏线。实际工作中,原子吸收分光光度法通常选用灵敏线进行分析;若待测元素浓度高或遇到干扰,也可选用次灵敏线或其他吸收线进行分析。表12-1列出了一些常见元素的常用分析谱线,大多数元素列出了两条吸收线,前者为主灵敏线,后者为次灵敏线,供实际工作中参考。

表12-1 原子吸收分光光度法中常见元素的常用分析谱线

元素	分析谱线(nm)		元素	分析谱线(nm)	
Al	309.3	338.3	K	766.5	769.9
As	193.6	197.2	Li	670.8	323.3
Ca	422.7	239.9	Mg	285.2	279.6
Cd	228.8	326.1	Na	589.0	330.3
Cr	357.9	359.4	Ni	232.0	341.5
Cu	324.8	327.4	Pb	216.7	283.3
Fe	248.3	325.3	Se	196.1	204.0
Hg	253.7		Zn	213.9	307.6

(二)原子吸收线的轮廓和变宽

不同元素原子吸收不同频率的光,若将透射光强度对吸收频率作图,即可看出,在中心频率 ν_0 处透射光强度最小,如图12-2所示。

原子吸收光谱的产生是由于原子外层电子能级的跃迁,从理论上讲,原子蒸气对某一波长辐射的吸收在吸收光谱上应是一条光谱线(无宽度),称为线状光谱。但由于多种因素的影响,实际的原子吸收光谱是具有一定波长或频率范围的吸收峰(有一定宽度),此称为原子吸收谱线的轮廓,原子吸收谱线的轮廓常用吸收系数对频率作图来表示,如图12-3所示。

原子蒸气中的基态原子吸收共振线的全部能量称为积分吸收,它相当于原子吸收轮廓线下面所包围的整个面积。K_ν 为原子对频率为 ν 的辐射的吸收系数,称为积分吸收系数。吸收系数在中心频率(ν_0)处有一极大值,

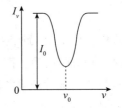

图12-2 I_ν 与 ν 的关系

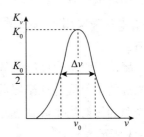

图12-3 吸收线轮廓与半宽度

称为峰值吸收系数,用 K_0 表示。吸收线的半宽度($\triangle\nu$)是在 $K_0/2$ 处所对应的谱线轮廓上两点间的频率差。习惯上用中心频率 ν_0 和半宽度 $\triangle\nu$ 表征吸收线的轮廓。原子吸收线的半宽度为 $0.001\sim0.005nm$,比分子吸收带的峰宽要小得多。

在没有外界因素影响的情况下,谱线本身所固有的宽度称为自然宽度,不同的谱线有不同的自然宽度。原子吸收谱线的宽度除与原子性质有关外,还与温度、压力、原子蒸气的浓度等因素有关。引起原子吸收谱线变宽主要因素有多普勒变宽(又称热变宽)、压力变宽(包括赫鲁兹马克变宽和劳伦兹变宽)等。在通常的原子吸收分析实

验条件下，吸收线的轮廓主要受多普勒变宽和劳伦兹变宽的影响。在分析测定中，谱线变宽往往会导致测定的灵敏度下降。

（三）试样中被测元素的原子化

原子吸收分光光度法测量对象是成原子状态的金属元素和部分非金属元素。气态的基态原子对特征谱线的吸收是原子吸收分光光度法的基础，测定的样品一般经高温破坏成气态的原子。在被测元素的高温原子化过程中，化合物解离并使元素转变成原子状态，蒸气中绝大部分为基态原子，处于激发态的原子很少（仅占原子总数的万分之几），可以认为所有的吸收都是在基态进行的，因此原子吸收的吸收线较少并具有很强的特征性，这是原子吸收分光光度法灵敏度高、抗干扰能力强的一个重要原因。

（四）吸光度与被测元素浓度的关系

若光的强度为 I_0 的特征谱线通过厚度为 l 的原子蒸气时，一部分特征谱线被吸收，透过的特征谱线的光的强度为 I_ν，与紫外 – 可见分光光度法一样，I_ν 与 I_0 服从朗伯 – 比尔定律，即：

$$I_v = I_0 e^{-K_\nu l} \text{ 或 } A = -\lg \frac{I_v}{I_0} = 0.434 K_v l$$

式中，K_ν 是积分吸收系数，它与入射光的频率、基态原子浓度及原子化温度有关。若能测出积分吸收值，即可计算待测原子浓度。但要测量宽度只有 10^{-3} nm 的吸收线轮廓的吸收值，现在的单色器在技术上还无法达到足够高的分辨率，所以测量积分吸收在目前是不可能的。

1955 年，澳大利亚物理学家沃尔什（A. Walsh）提出，用峰值吸收系数 K_0 代替积分吸收系数 K_ν，而 K_0 的测定只需要使用锐线光源，而不必使用高分辨率的单色器。

峰值吸收所使用的锐线光源必须满足两个条件：一是光源的发射线与原子吸收线的中心频率完全一致；二是光源的发射线半峰宽远小于原子吸收线半峰宽，如图 12 – 4 所示。

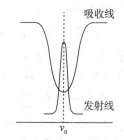

图 12 – 4　峰值吸收测量示意图

在一定条件下，峰值吸收系数 K_0 与单位体积原子蒸气中基态原子数 N_0 成线性关系：

$$K_0 = \frac{2}{\Delta \nu} \sqrt{\frac{\ln 2}{\pi}} \cdot K N_0$$

在实际测量中，采用锐线光源，用峰值吸收系数 K_0 代替 K_ν，则吸光度可表示为：

$$A = 0.434 \cdot \frac{2}{\Delta \nu} \sqrt{\frac{\ln 2}{\pi}} \cdot K N_0 \cdot l$$

在测定条件下，原子蒸气中基态原子数 N_0 近似等于原子总数 N。被测元素浓度 c 与原子总数 N 成正比，$\Delta \nu$ 为常数，厚度 l 一定，与其他常数合并到 K' 中，吸光度与被测元素在试样中的浓度关系可表示为：

$$A = K'c$$

即在一定条件下，峰值吸收处测得的吸光度与试样中被测元素的浓度成直线关系，这是原子吸收分光光度法定量分析的依据。

（五）原子吸收分光光度法的特点

1. 与紫外、红外等分子吸收光谱法相比　原子吸收分光光度法具有如下特点。

（1）灵敏度高。火焰法的绝对检出限量可达 10^{-9}g/ml，非火焰原子吸收法的检出限可达 10^{-13}g/ml。

（2）选择性好。不同元素的特征谱线不同，抗干扰能力强，测定时一般无需化学分离。

（3）准确度高，供试品只需简单处理，即可直接分析，易得到准确结果。在低含量分析中，能达到1%~3%的准确度。

（4）方法简便，分析速度快，测定一个元素一般只需要数分钟。如果用自动化仪器，每小时可分析100个以上的供试品。

（5）用途广泛，测定对象是呈原子状态的金属元素和部分非金属元素；能用于微量（百万分之几，ppm）和超微量（十亿分之几，ppb）分析，也可用于常量分析。

2. 原子吸收分光光度法的局限性

（1）工作曲线的线性范围较窄，一般为一个数量级范围。

（2）测定一种元素需更换一个特定元素的空心阴极灯，多元素同时测定极为不便。

（3）适宜于易挥发金属元素的含量测定。一些难熔元素，如稀土元素、锆、铪、铌、钽等以及非金属元素的含量测定，不能令人满意。

二、原子吸收分光光度计

（一）类型和构造

原子吸收分光光度计可分为单光束型和双光束型原子吸收分光光度计。此外，还有同时测定多元素的多波道型原子吸收分光光度计。应用较普遍的是单光束型。

原子吸收分光光度计的基本构造与紫外-可见分光光度计结构相似，只是用空心阴极灯的锐线光源代替氘灯和钨灯的连续光源，用原子化器代替吸收池。不同之处在于单色器的位置不同，原子吸收分光光度计的单色器在吸收池（原子化器）之后，紫外-可见分光光度计的单色器在吸收池之前。原子吸收分光光度计由光源、原子化器、单色器、背景校正系统、进样系统和检测系统等组成。

（二）主要部件

1. 光源　作用是发射待测元素的特征光谱供检测用。原子吸收分光光度计的光源应能发出稳定的比吸收线更窄的高强度的辐射，而且要求背景小、噪音低，光源寿命长。因此，需要应用能满足上述要求的线光源（发射出的谱线半宽度约 1×10^{-3}nm），也称锐线光源。常用的光源有空心阴极灯、无极放电灯和蒸气放电灯等，目前空心阴极灯应用最为广泛。空心阴极灯又称元素灯，是一种辉光放电管，阴极为圆柱形，内壁用待测元素的金属衬套，阳极为钨棒，装有铝片或钨丝作为吸收极；两极密封在带有石英窗的玻璃管中，管内抽成真空，并充有压强为几百帕的低压惰性气体（氖或氩）（图12–5）。当接通电源使空心阴极灯放电时，由于惰性气体原子的轰击，使阴极溅射出自由原子，并激发产生待测元素的特征谱线。

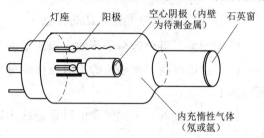

图12–5 空心阴极灯结构示意图

空心阴极灯的工作电流会影响辐射强度和灯的使用寿命。灯电流过小时，辐射强度小，放电不稳定；灯电流过大时，谱线变宽，灵敏度下降，灯寿命缩短。一般情况下，在保证放电稳定和足够光强的条件下，尽量选用低的工作电流。通常选用允许使用的最大电流的1/2 ~ 1/3 为工作电流。

2. 原子化器 作用是提供能量，使试样中待测元素转变为能吸收特征谱线的基态原子蒸气。原子化器的性能直接影响测定的精密度和灵敏度。原子化器分为火焰原子化器和无火焰原子化器，常见的无火焰原子化器有石墨炉原子化器、氢化物发生原子化器和冷蒸气发生原子化器等。

（1）火焰原子化器 由雾化器及燃烧器等主要部件组成。其功能是将供试品溶液雾化成气溶胶后，再与燃气混合，进入燃烧器产生的火焰中，以干燥、蒸发、离解供试品，使待测元素形成基态原子。燃烧火焰由不同种类的气体混合物产生，常用乙炔–空气火焰。

对于火焰原子化器，火焰的选择和调节是保证原子化效率的关键。对于分析线在200nm 以下的元素如 Se、P 等，因烃类火焰吸收明显，应选用氢火焰；对于易电离元素如碱金属和碱土金属，不宜用高温火焰；对于易形成难离解氧化物的元素如 B、Be、Al、Zn、稀土等，应采用高温火焰。另外，雾化状态，燃、助气比，燃烧器的高度等均会影响火焰区内基态原子的有效寿命，直接影响测定的灵敏度。

请你想一想

火焰原子化法需要用到乙炔燃气，乙炔为易燃易爆气体。

1. 实验时乙炔气体钢瓶的减压阀压力应设为多少合适？

2. 测定不同的样品时的火焰温度不同（贫燃火焰和富燃火焰），如何调节燃气与助燃气的比例来调节而火焰温度？

3. 乙炔气体钢瓶日常维护保养应注意哪些问题？

在火焰原子化法中，进样量过小，信号太弱；进样量过大，对火焰会产生冷却效应，吸光度下降。在保持燃气和助燃气一定比例与一定的总气体流量的条件下，测定吸光度随喷雾试样量的变化，达到最大吸光度的试样喷雾量，即合适的进样量。

（2）石墨炉原子化器　由电热石墨炉及电源等部件组成。其作用是使供试品溶液中的待测元素经过升温程序后形成基态原子。

石墨炉原子化法中，升温程序要经过干燥、灰化、原子化和清洗四个阶段，各阶段的温度与持续时间均要经过试验选择。干燥应在略低于溶剂沸点的温度下进行，防止溶剂暴沸造成待测元素的损失；灰化的目的是除去基体及干扰组分，在保证待测元素最小损失的前提下尽可能使用较高的灰化温度；原子化温度应选用达到待测元素最大吸收信号的最低温度；清洗阶段的目的是消除残留物产生的记忆效应，清洗温度应高于原子化温度。

石墨炉原子化器通常采用氩气作为流通保护气，保护气将汽化的干扰组分带走的同时，保护石墨管不因高温灼烧而氧化。在原子化阶段，应停止通保护气，以延长基态原子在石墨管中的停留时间。

你知道吗

原子吸收分光光度法灵敏度很高，极易受实验室各种用品的污染。

实验用水应用经超纯净水仪制备的去离子水。贮藏水的容器应尽量选用聚四氟乙烯材质的制品，如为玻璃材质，使用前应用适量的酸液进行浸泡并清洗。

实验室容器器皿如烧杯、容量瓶、移液管等应尽量选用聚四氟乙烯材质的制品，容器清洗时应先用高浓度的硝酸、盐酸溶液浸泡后再用去离子水冲洗干净。因为玻璃器皿易吸附或吸收其他金属离子，在使用过程中缓缓释出。

自动进样器应尽量不用能直接接触样品的金属附件及金属针头。样品前处理用的通风橱可能有积尘、锈蚀物或粉尘、气流等影响。大气中尘埃的污染特别对石墨炉的高灵敏度检测有很大的影响。样品处理过程及处理完后分析时应尽可能防止外界尘埃落入，产生干扰。

（3）氢化物发生原子化器　由氢化物发生器和原子吸收池组成，可用于砷、锗、铅、镉、锡、锑等元素的测定。其功能是将待测元素在酸性介质中还原成低沸点、受热易分解的氢化物，再由载气导入由石英管、加热器等组成的原子吸收池，在吸收池中氢化物被加热分解，并形成基态原子。

（4）冷蒸气发生原子化器　由汞蒸气发生器和原子吸收池组成，专门用于汞的测定。其功能是将供试品溶液中的汞离子还原成汞蒸气，再由载气导入石英原子吸收池进行测定。

3. 单色器　作用是将待测元素的吸收线与邻近谱线分开。单色器主要由色散元件、狭缝和凹面反射镜组成，波长范围一般为 190.0 ~ 900.0nm。仪器光路应能保证有良好的光谱分辨率和在相当窄的光谱带宽（0.2nm）下正常工作的能力。光谱带宽指仪器出射狭缝所能通过的谱线宽度。

原子吸收分光光度法中，由于吸收线的数目少，谱线重叠的概率较小，因此，允许选用较宽的狭缝，有利于增加灵敏度，提高信噪比。合适的狭缝宽度可由试验确定，即将试液喷入火焰中，调节狭缝宽度，并观察相应的吸光度变化，吸光度大且平稳时的最大狭缝记为最佳狭缝宽度。对于谱线简单的碱金属、碱土金属元素，可采用较宽的狭缝，以降低灯电流和光电倍增管的高压，提高信噪比；对谱线复杂的 Fe、Co、Ni 等元素，应尽量选择较小的狭缝，以减少干扰谱线进入检测器。

4. 背景校正系统 虽然原子吸收分光光度法的干扰较小，但某些干扰问题仍不容忽视。干扰效应主要有电离干扰、物理干扰、化学干扰和光学干扰。

（1）**电离干扰** 是由于被测元素在原子化过程中发生电离，使参与吸收的基态原子数减少而造成吸光度下降的现象。电离效应随温度升高、电离平衡常数增大而增大，随被测元素浓度增高而减小。抑制和消除电离干扰的方法是在标准溶液和样品溶液中均加入过量的消电离剂，消电离剂是比被测元素电离电位低的元素，常用的消电离剂是碱金属元素。

（2）**物理干扰** 也称为基体干扰，是指试样在转移、蒸发过程中任何物理因素变化而引起的干扰效应。属于这类干扰的因素有试液的黏度、溶剂的蒸汽压、雾化气体的压力等。物理干扰是非选择性干扰，对试样各元素的影响基本是相似的。配制与被测试样组成相似的标准样品，是消除物理干扰的常用方法。在不知道试样组成或无法匹配试样时，可采用标准加入法来减小和消除物理干扰。

（3）**化学干扰** 是指样品溶液引入到火焰或石墨炉等原子化器中发生化学反应而导致基态原子的数量降低产生的干扰。它主要影响待测元素的原子化效率，是原子吸收分光光度法中的主要干扰来源。消除化学干扰的方法有预先化学分离、使用高温火焰、加入释放剂和保护剂、使用基体改进剂等。

（4）**光学干扰** 是指由于元素分析线与其他吸收线或辐射不能完全分开而产生的干扰。光学干扰包括谱线干扰和背景干扰。

1）**谱线干扰** 是在所选的光谱通带内，试样中共存元素的吸收线与被测元素的分析线相近或重叠而产生的干扰，使分析结果偏高。另选波长或用化学方法分离干扰元素可消除分析线干扰。

2）**背景干扰** 是指在原子化过程中生成的气体分子、氧化物及盐类分子等对共振线的吸收以及微小固体颗粒使光产生散射而引起的干扰，是原子吸收测定中的常见的干扰因素。形成背景干扰的主要原因是热发射、分子吸收与光散射，表现为增加表观吸光度，使测定结果偏离。

5. 检测系统 由检测器、信号处理器和指示记录器组成，应具有较高的灵敏度和较好的稳定性，并能及时跟踪吸收信号的急速变化。检测器多为光电倍增管，由普通光电管和具有二次发射特性的打拿电极组成。要求检测器的输出信号灵敏度高、噪声低、漂移小及稳定性好。

任务二　定量分析方法

原子吸收分光光度法在药品检验中主要用于药物中金属元素或化合物的含量测定，片剂溶出度、缓释片释放度的检查；也能进行微量金属杂质的检查，重金属（Cr、Cd、Pb、Hg 等）的限量检查。

原子吸收分光光度法的定量分析方法有标准曲线法、标准加入法、内标法等。《中国药典》（2020 年版）收载了两种测定方法，第一法是标准曲线法，第二法是标准加入法。

一、标准曲线法

（一）操作规程

1. 标准溶液的制备　先配制一个被测元素的标准贮备液，通常可用该元素的基准化合物或纯金属按规定方法配制，用通常用作空白的溶液稀释成标准工作液，再按测定方法的操作步骤配制一组合适的系列标准溶液。

2. 标准曲线的绘制　在仪器推荐的浓度范围内，制备含待测元素不同浓度的对照品溶液至少 5 份，浓度依次递增，并分别加入各品种项下制备供试品溶液的相应试剂，同时以相应试剂制备空白对照溶液。将仪器按规定启动后，依次测定空白对照溶液和各浓度对照品溶液的吸光度，记录读数。以每一浓度 3 次吸光度读数的平均值为纵坐标、相应浓度为横坐标，绘制标准曲线。绘制标准曲线时，一般采用线性回归，也可采用非线性拟合方法回归。

3. 供试液的制备　按品种项下的规定制备供试品溶液，使待测元素的估计浓度在标准曲线浓度范围内。

4. 测定　将供试品溶液吸喷入火焰，测定吸光度，取 3 次读数的平均值。

5. 结果处理　从标准曲线上查得相应的浓度（也可通过回归方程计算），计算元素的含量。

（二）注意事项

1. 供试品溶液测定完后，应用与供试品溶液浓度接近的标准溶液进行回校。

2. 在原子吸收分光光度法法中，待测溶液的吸光度值应在 0.5 以下，0.3 左右最佳，以保证待测元素具有良好的线性范围。

3. 样品的测定读数宜在线性范围中间或稍高处。

二、标准加入法

（一）操作规程

1. 标准曲线的绘制　取同体积按各品种项下规定制备的供试品溶液 4 份，分别置于 4 个同体积的量瓶中，除 1 号量瓶外，其他量瓶分别精密加入不同浓度的待测元素对照品溶液，分别用去离子水稀释至刻度，制成从零开始递增的一系列溶液。按上述标准曲线法"将仪器按规定启动后"操作，测定吸光度，记录读数；将吸光度读数与相应的待测元素加入量作图（图 12 - 6）。

2. 结果计算 延长此直线至与含量轴的延长线相交，此交点与原点间的距离即相当于供试品溶液取用量中待测元素的含量（图 12 - 7）。再以此计算供试品中待测元素的含量。

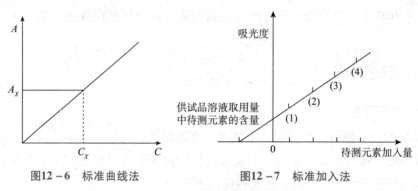

图12 - 6　标准曲线法　　　　　图12 - 7　标准加入法

（二）注意事项

1. 当基体干扰严重时，又没有纯净的基体空白时，可选择采用标准加入法，消除基体的干扰，使结果更加准确可靠。

2. 常用标准加入法的前提是标准曲线在低浓度时呈现良好的线性，并在无加入时通过原点，否则将会导致误差。

任务三　应用与示例

药品中金属元素的含量直接影响人体健康，所以需要对药品中所含金属元素的含量进行测定。原子吸收分光光度法由于灵敏度高、专属性强等，是药品金属元素含量测定中的常用方法。

一、甘油磷酸钠注射液中钠的含量测定

甘油磷酸钠注射液中钠的含量测定应用的是原子吸收分光光度法的标准曲线法进行测定的，其操作步骤如下。

1. 供试品溶液制备 精密量取本品 2ml，置于 200ml 量瓶中，用水稀释至刻度，摇匀，精密量取 10ml，置于 50ml 量瓶中，用水稀释至刻度，摇匀，精密量取 2ml，置于 100ml 量瓶中，加氯化铯溶液（取氯化铯 63.34g，加水溶解，并稀释至 1000ml）4.0ml，用水稀释至刻度，摇匀，作为供试品溶液。

2. 对照品溶液制备 另精密称取在 130℃ 干燥至恒重的氯化钠 1.2711g，置于 500ml 量瓶中，加水使溶解并稀释至刻度（每 1ml 含钠 1mg），摇匀，精密量取 10ml，置于 50ml

量瓶中，用水稀释至刻度，摇匀，取 100ml 量瓶 4 只，分别精密加入上述溶液 0、0.5、1.0、1.5ml，各加氯化铯溶液 4.0ml，用水稀释至刻度，摇匀，作为对照品溶液。

3. 标准曲线绘制　在 589nm 的波长处分别依次测定空白对照溶液和各浓度对照品溶液的吸光度，记录读数。以每一浓度 3 次吸光度读数的平均值为纵坐标、相应浓度为横坐标，绘制标准曲线。

4. 样品测定　分别测定供试品溶液的吸光度，每份测定 3 次取平均值。

> **请你想一想**
>
> 测定甘油磷酸钠注射液中钠的含量，配制供试品和对照品溶液时，为什么要加入氯化铯溶液？

5. 从标准曲线上查得相应的浓度　也可通过线性回归方程计算，计算钠元素的含量。

二、碳酸氢钠中铜盐的检查

碳酸氢钠中铜盐的检查应用的是原子吸收分光光度法的标准加入法进行测定的，其操作步骤如下。

1. 供试品溶液制备　取本品 1.0g 两份，分别置于 100ml 聚乙烯量瓶中，小心加入硝酸 4ml，超声 30 分钟使溶解，一份用水稀释至刻度，摇匀，作为供试品溶液。

2. 对照品溶液制备　另一份中加标准铜溶液［精密量取铜单元素标准溶液适量，用水定量稀释制成每 1ml 中含铜（Cu）1μg 的溶液］1.0ml；用水稀释至刻度，摇匀，作为对照品溶液。

3. 吸光度测定　以 4% 硝酸溶液为空白，在 324.8nm 的波长处分别测定供试品溶液和对照品溶液的吸光度，取 3 次测定的平均值。

4. 计算　以吸光度为纵坐标，待测元素加入量为横坐标作图，延长此直线至与含量轴的延长线相交，此交点与原点间的距离即相当于供试品溶液取用量中待测元素的含量。再以此计算供试品中待测元素的含量。

实训二十一　氯化钾缓释片的含量测定 🅔 微课2

一、实训目的

1. 会根据样品选择空心阴极灯。
2. 会正确规范使用原子吸收分光光度计。
3. 会正确使用原子吸收分光光度法测定氯化钾缓释片的含量。

二、实训原理

原子吸收光谱分析是基于从光源中辐射出的待测元素的特征光谱通过样品的原子

蒸气时，被蒸气中的待测元素的基态原子吸收。使用锐线光源在低浓度的条件下，基态原子对共振线的吸收符合朗伯－比尔定律。即在实训条件下，吸光度与样品中待测元素的浓度成正比。

在仪器推荐的浓度范围内，配制标准系列对照品溶液，分别测定其吸光度，绘制标准曲线。按规定制备供试品溶液，使待测元素的估计浓度在标准曲线浓度范围内，测定吸光度，即可从标准曲线上查得相应的浓度，计算被测元素含量。

三、仪器与试剂

1. 仪器 原子吸收分光光度计、分析天平、超声波仪、干燥器、研钵、药匙、称量纸、容量瓶（500ml、100ml、50ml）、漏斗、滤纸、铁架台（含铁圈）、吸量管（10ml）、烧杯。

2. 试剂 氯化钾缓释片样品、氯化钾对照品、盐酸溶液（2.7→100）、20% 氯化钠溶液。

四、实训步骤

1. 供试品储备溶液制备 取本品 20 片（糖衣片用水洗去包衣，用滤纸吸去残余的水，晾干，并于硅胶干燥器中干燥 24 小时），精密称定，研细，精密称取适量（约相当于氯化钾 0.5g），置于 500ml 量瓶中，加水适量，超声使氯化钾溶解，放冷，用水稀释至刻度，摇匀，滤过，取续滤液 5ml，置于 100ml 量瓶中，用盐酸溶液（2.7→100）稀释至刻度，摇匀，作为供试品储备溶液。

2. 对照品储备溶液制备 取氯化钾对照品 0.25g，精密称定，置于 250ml 量瓶中，加水溶解并稀释至刻度，摇匀，精密量取 5ml，置于 100ml 量瓶中，用盐酸溶液（2.7→100）稀释至刻度，摇匀，作为对照品储备溶液。

3. 对照品标准系列溶液制备 精密量取对照品储备溶液 2.0ml、3.0ml、4.0ml、5.0ml 及 6.0ml，分别置于 100ml 量瓶中，各加 20% 氯化钠溶液 2.0ml，用盐酸溶液（2.7→100）稀释至刻度，摇匀。

4. 供试品溶液制备 精密量取供试品储备溶液 2ml，置于 50ml 量瓶中，加 20% 氯化钠溶液 1.0ml，用盐酸溶液（2.7→100）稀释至刻度，摇匀。

5. 标准曲线的绘制 取对照品标准系列溶液，以 20% 氯化钠溶液 2.0ml 用盐酸溶液（2.7→100）稀释至 100ml 为空白，在 766.5nm 的波长处测定吸光度，依据标准系列溶液的浓度与其吸光度（每一浓度 3 次吸光度读数的平均值）绘制标准曲线。

6. 供试品溶液吸光度测定 取供试品溶液，照上法测定，从标准曲线上查得相应的浓度（或通过标准曲线的回归方程计算相应的浓度），计算被测元素含量。

7. 数据记录及处理

样品名称		生产厂家	
规格		批号	
测定项目	【含量测定】	效期	

原子吸收分光光度计：　　　　　　　　　　　分析天平：
检测方式：□火焰法□石墨炉法
空心阴极灯：　　　　　　　　　　　　　　　测定波长：
光谱带宽：　　　　　　　　　　　　　　　　灯电流：

氯化钾对照品质量（g）			
序号	移液体积（ml）	浓度（µg/ml）	吸光度 A
1	2.0		
2	3.0		
3	4.0		
4	5.0		
5	6.0		

标准曲线粘贴处

标准曲线方程：　　　　　　　，线性相关系数：

20 片总重（g）	
样品质量（g）	
吸光度 A	
氯化钾含量	
氯化钾含量平均值	
RSD	
标准规定	本品含氯化钾（KCl）应为标示量的 93.0% ~ 107.0%
结论	本品按《中国药典》（2020 年版）二部检验上述项目，结果符合（不符合）规定

8. 计算过程

9. 结果讨论与误差分析

目标检测

一、选择题

1. 原子吸收分光光度法的光源必须采用（　　）。

A. 连续光源　　　B. 锐线光源　　　C. 单色光　　　　D. 复式光

2. 在原子吸收分光光度计中，目前常用的光源是（　　）。

A. 空气－乙炔火焰　　　　　B. 空心阴极灯

C. 氙灯　　　　　　　　　　D. 交流电弧

3. 空心阴极灯内充气体是（　　）。

A. 大量的空气　　　　　　　B. 大量的氖或氩等惰性气体

C. 少量的空气　　　　　　　D. 低压的氖或氩等惰性气体

4. 原子吸收分光光度计由光源、（　　）、单色器、检测器等主要部件组成。

A. 原子化器　　　　　　　　B. 光电管

C. 辐射管　　　　　　　　　D. 电感耦合等离子体

5. 原子化器的主要作用是（　　）。

A. 将试样中待测元素转化为基态原子

B. 将试样中待测元素转化为激发态原子

C. 将试样中待测元素转化为中性分子

D. 将试样中待测元素转化为离子

6. 原子吸收光谱法中单色器的作用是（　　）。

A. 将光源发射的带状光谱分解成线状光谱

B. 把待测元素的共振线与其他谱线分离开来，只让待测元素的共振线通过

C. 消除来自火焰原子化器的直流发射信号

D. 消除锐线光源和原子化器中的连续背景辐射

7. 原子吸收中，光源发出的特征谱线通过样品蒸气时被蒸气中待测元素的（　　）吸收。

A. 离子　　　　　　　　　　B. 激发态原子

C. 分子　　　　　　　　　　D. 基态原子

8. 在下列诸多变宽因素中，影响最大的是（　　）。

A. 多普勒变宽　　B. 劳伦兹变宽　　C. 共振变宽　　　D. 自然变宽

9. 原子吸收分光光度法中，基体效应干扰可采用（　　）消除。

A. 加入保护剂　　　　　　　B. 扣除背景

C. 采用标准加入法　　　　　D. 加入缓冲剂

10. 在原子吸收分光光度法中，吸光度值应在（　　）左右最佳，以保证待测元素具有良好的线性范围。

A. 0. 2　　　　　B. 0. 3　　　　　C. 0. 5　　　　　　D. 0. 7

11. 进行原子吸收分析检查时，选用的测定波长（分析线）一般为（　　）。

    A. 灵敏线　　　　　　　　　　　B. 次灵敏线

    C. 任选一个待测元素的特征波长　　D. 任意波长

12. 火焰原子化法最常用的火焰是（　　）。

    A. 氧化亚氮 - 乙炔火焰　　　　　B. 空气 - 乙炔火焰

    C. 氧气 - 乙炔火焰　　　　　　　D. 空气 - 氢气火焰

二、简答题

1. 原子吸收的测量为什么要用锐线光源？锐线光源要满足什么条件？

2. 应用原子吸收分光光度法进行定量分析的依据是什么？进行定量分析有哪些方法？

3. 应用原子吸收分光光度法进行分析时，如何选择分析线？

书网融合……

   微课1　　　　　　微课2　　　　　　划重点　　　　　　自测题

PPT

项目十三 平面色谱法

任务一 色谱分析法概述

色谱法又称色谱分析法、层析法，一种分离和分析方法，在分析化学、有机化学、生物化学等领域有着非常广泛的应用。色谱法的分离原理主要是利用不同物质的物理或化学性质的差别，以不同程度分布于两相中。其中一个相固定，称为固定相；另一个相流过此固定相进行冲洗，称为流动相。以流动相对固定相中的混合物进行洗脱，混合物中不同的物质会以不同的速度沿固定相移动，最终达到分离的效果。

一、起源和发展历史

1906 年，俄国植物学家米哈伊尔·茨维特用碳酸钙填充竖立的玻璃管，用石油醚洗脱植物色素的提取液，经过一段时间洗脱之后，发现植物色素在碳酸钙柱中实现了分离，由一条色带分散为数条平行的色带，如图 13 – 1 所示。茨维特在他的原始论文中，把上述分离方法叫作色谱分析法，把填充 $CaCO_3$ 的玻璃柱管叫作色谱柱，把 $CaCO_3$ 固体颗粒称为固定相，把推动提取液流过固定相的石油醚称为流动相，把柱中出现的有颜色的色带叫作色谱图。现在的色谱法早已不局限于色素的分离，不仅用于有色物质的分离，更多地用于无色物质的分离分析，但色谱这个名词仍沿用至今。

二、分类

色谱分析法包括许多种类，根据不同分类方法，可将色谱分析法分为不同的种类。

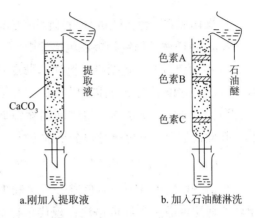

（一）按两相所处的物态分类

首先按照流动相的物态不同，色谱分析法可分为气相色谱法、液相色谱法和超临界流体色谱法；然后再根据固定相的物态不同，气相色谱法又可分为气液色谱法和气固色谱法，液相色谱法又可分为液液色谱法和液固色谱法。通过化学反应以化

图 13-1 色谱分离示意图

学键的形式结合在惰性载体上的固定相称为化学键合相，使用化学键合相作为固定相的色谱法称为化学键合相色谱法（表 13-1）。

表 13-1 根据固定相和流动相的物态不同分类

方法名称		流动相	固定相
气相色谱法	气液色谱法 气固色谱法	气体	液体 固体
液相色谱法	液液色谱法 液固色谱法	液体	液体 固体
超临界流体色谱法		超临界流体	液体或固体
化学键合相色谱法		气体或液体或超临界流体	化学键合相

（二）按分离原理分类

按分离原理，色谱法可分为吸附色谱法、分配色谱法、离子交换色谱法、分子排阻色谱法等。

1. 吸附色谱法 利用吸附剂表面对不同组分吸附能力的差异来进行分离的方法。常用的吸附剂有氧化铝、硅胶、聚酰胺等。

2. 分配色谱法 利用不同物质在两相中分配系数的差异进行分离的方法。其中一相被涂布或键合在固体载体上，称为固定相，另一相为液体或气体，称为流动相。负载固定相（液）的惰性物质称为载体，也称担体。常用的载体有硅胶、硅藻土、硅镁型吸附剂、纤维素粉等。

3. 离子交换色谱法 利用被分离物质在离子交换树脂上交换能力的不同使组分分离。常用的树脂有不同强度的阳离子交换树脂、阴离子交换树脂，流动相为水或含有机溶剂的缓冲液。

4. 分子排阻色谱法 又称凝胶色谱法，是利用被分离物质分子大小的不同导致在填料上渗透程度不同使组分分离；常用的填料有分子筛、葡聚糖凝胶、微孔聚合物、微孔硅胶或玻璃珠等，根据固定相和供试品的性质选用水或有机溶剂作为流动相。

（三）按操作形式分类

按操作形式，色谱法可分为柱色谱法和平面色谱法。

1. 柱色谱法 固定相装在色谱柱中。

2. 平面色谱法 包括纸色谱法和薄层色谱法。纸色谱法是指在滤纸上进行色谱分离的方法，它以滤纸作载体，以吸附在滤纸上的水作固定相，从分离原理讲一般属于分配色谱。薄层色谱法是指将吸附剂涂在玻璃板、塑料板或铝基片上制成薄层作固定相，在此薄层上进行色谱分离分析的方法。

（四）根据发展历史分类

色谱分析法可分为经典色谱分析法和现代色谱分析法。经典色谱分析法包括柱色谱法、薄层色谱法和纸色谱法，现代色谱分析法包括气相色谱法、高效液相色谱法、薄层扫描法等。

三、特点

1. 分离效能好 灵敏度高，适于微量或痕量分析。

2. 应用范围广 分析速度快，广泛用于医药、化工、材料、环境等科学领域，被许多国家的药典和药品规范所采用。在《中国药典》中，薄层色谱法、气相色谱法和高效液相色谱法并列为 3 种最常用的色谱分析法。

> **请你想一想**
>
> 1. 色谱法的分离原理是什么？
>
> 2. 色谱法的分类依据有几种？依据分离原理进行分类，色谱法分为几类？

任务二 薄层色谱法

实例分析

实例 13 - 1 甲苯咪唑片的鉴别 取本品的细粉适量（约相当于甲苯咪唑 20mg），加甲酸 2ml，振摇使甲苯咪唑溶解，加丙酮 18ml，摇匀，滤过，取滤液作为供试品溶液。另取甲苯咪唑对照品 20mg，加甲酸 2ml 使溶解，加丙酮 18ml，摇匀，作为对照品溶液。照薄层色谱法 [《中国药典》（2020 年版）四部通则 0502] 试验，吸取上述两种溶液各 10μl，分别点于同一硅胶 GF254 薄层板上，以三氯甲烷 - 甲醇 - 甲酸（90：5：5）为展开剂，展开，取出，晾干，置于紫外光灯（254nm）下检视。供试品溶液所显主斑点的位置和颜色应与对照品溶液的主斑点一致。

实例 13 - 2 司坦唑醇有关物质的检查 取本品，加溶剂溶解并稀释制成每 1ml 中约含 10mg 的溶液，作为供试品溶液；精密量取供试品溶液适量，用溶剂定量稀释制成每 1ml 中约含 10μg 的溶液，作为对照溶液（1）；取供试品溶液适量，用溶剂定量稀释制成每1ml中约含30μg的溶液，作为对照溶液（2）；精密量取供试品溶液适量，用溶剂定量稀释制成每1ml中约含50μg的溶液，作为对照溶液（3）。取司坦唑醇与杂质Ⅰ对照品，加溶剂溶解并稀释制成每1ml中约含司坦唑醇10mg和杂质Ⅰ0.1mg的溶液，作为系统适用性溶液。吸取上述5种溶液各10μl，分别点于同一硅胶G薄层板上，以三氯甲烷－甲醇（19∶1）为展开剂，展开，晾干，喷以20%的硫酸乙醇溶液，在100℃加热10～15分钟至斑点清晰，置紫外光灯（365nm）下检视。结果要求系统适用性溶液应显两个清晰分离的斑点，供试品溶液如显杂质斑点，与对照溶液（1）～（3）的主斑点比较，杂质总量不得过2.0%。

　　问题　1. 何谓薄层色谱法？
　　　　　　2. 薄层色谱法的固定相、流动相如何选择？
　　　　　　3. 薄层色谱法定性的依据是什么？薄层色谱法中杂质限量检查的原理是什么？

一、分类、原理及特点

（一）分类

　　根据固定相的性质和分离机理的不同，薄层色谱法分为吸附薄层色谱法、分配薄层色谱法、离子交换薄层色谱法和分子排阻薄层色谱法，分类如图13－2所示。

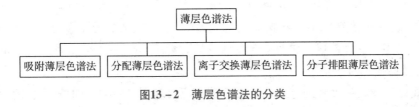

图13－2　薄层色谱法的分类

（二）基本原理

　　薄层色谱中吸附薄层色谱法应用最广，故主要分析吸附薄层色谱法的原理。固定相为吸附剂的薄层色谱法称为吸附薄层色谱法。在吸附薄层色谱法中，将含有A和B两组分的样品溶液点在薄层板上，将点样端浸入适宜的溶剂（展开剂）中，在密闭容器中展开。A和B两组分首先被吸附剂吸附，随后被展开剂溶解而解吸，并随展开剂向前移动。当遇到新的吸附剂后，A和B两组分又被吸附，随后又被展开剂解吸。组分在薄层板上经历吸附、解吸、再吸附、再解吸，这一过程在薄层板上反复进行。若吸附剂对A组分的吸附力强，解吸能力弱，则A组分在薄层板上的移动速度慢，移动距离短；若对B组分的吸附力弱，解吸能力强，则B组分在薄层板上的移动速度快，移动距离长。因此，经过一段时间的展开后，A和B两组分将会在其移动方向上形成彼此分离的斑点。在吸附薄层色谱法中，一般极性大的组分移动速度慢，极性小的组分移动速度快。

（三）特点

1. 分离能力强，上样量大，可同时分析多个试样。
2. 对被分离物质的性质没有限制，使用范围广。
3. 试样处理简单，分析速度快，一般只需十几分钟。
4. 灵敏度高，分析结果直观。
5. 所用仪器简单，操作简便。

> **请你想一想**
>
> 1. 吸附薄层色谱法的分离原理是什么？
> 2. 薄层色谱法分为哪几类？

你知道吗

吸附薄层色谱法的固定相

吸附薄层色谱法的固定相为吸附剂，最常用的吸附剂是硅胶，其次有氧化铝、硅藻土、聚酰胺微晶纤维素等。

1. 硅胶　为白色多孔无定形粉末，其吸附原理为其表面带有的硅醇基（—Si—OH）与组分分子的极性基团形成氢键。按照吸附能力由高到低的顺序将硅胶的活性分为Ⅰ、Ⅱ、Ⅲ、Ⅳ、Ⅴ五级。由于硅胶吸附水分形成水合硅醇基而失去吸附能力，因此硅胶含水量越高，吸附能力越弱，活性级数越高。将硅胶加热至110℃左右，吸附的水分能可逆除去，此称为活化。

硅胶表面的pH约为5，呈弱酸性，一般适用于酸性和中性组分的分离。薄层色谱法常用的硅胶型号有硅胶H、硅胶G和硅胶GF_{254}等。硅胶H是不含黏合剂的硅胶；硅胶G是加有10%～15%煅石膏为黏合剂的硅胶；硅胶GF_{254}含煅石膏和在254nm紫外光下发射黄绿色荧光的荧光剂。

2. 氧化铝　氧化铝的吸附原理为表面带有的铝醇基（—Al—OH）与组分分子的极性基团形成氢键，其他与硅胶类似。因制备和处理方法不同，氧化铝分为中性、碱性和酸性三种。

二、操作技术 🄴 微课1

薄层色谱法进行分析的一般过程分为薄层板的制备、点样、展开、显色与检视、记录5个步骤（图13-3）。

制板 → 点样 → 展开 → 显色与检视 → 记录

图13-3　薄层色谱法分析步骤

（一）仪器与材料

1. 薄层板　分为玻璃板、塑料板或铝板等；按固定相种类分为硅胶薄层板、键合硅胶板、微晶纤维素薄层板、聚酰胺薄层板、氧化铝薄层板等。固定相中可加入黏合剂、荧光剂。硅胶薄层板常用的有硅胶G、硅胶GF_{254}、硅胶H、硅胶HF_{254}，G、H表示含或不含石膏黏合剂，F_{254}为在紫外光254nm波长下显绿色背景的荧光剂。

2. 点样器 一般采用微升毛细管或手动、半自动、全自动点样器材。

3. 展开容器 上行展开一般可用适合薄层板大小的专用平底或双槽展开缸，展开时须能密闭。水平展开用专用的水平展开槽。

4. 显色装置 喷雾显色应使用玻璃喷雾瓶或专用喷雾器（图13-4），要求用压缩气体使显色剂呈均匀细雾状喷出；浸渍显色可用专用玻璃器械或用适宜的展开缸代用；蒸气熏蒸显色可用双槽展开缸或适宜大小的干燥器代替。

5. 检视装置 装有可见光、254nm及365nm紫外光光源（图13-5）及相应的滤光片的暗箱，可附加摄像设备供拍摄图像用。暗箱内光源应有足够的光照度。

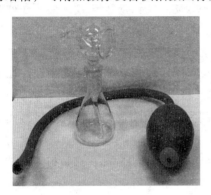

图13-4 喷雾器

图13-5 紫外灯

6. 薄层色谱扫描仪 扫描仪发出一定波长的光对薄层板上有吸收的斑点，或经激发后能发射出荧光的斑点进行扫描，将扫描得到的谱图和积分数据用于物质定性或定量分析。

（二）操作方法

1. 薄层板的制备 常用的薄层板分为市售薄层板和自制薄层板。市售薄层板有硅胶薄层板、硅胶 GF_{254} 薄层板、聚酰胺薄膜、铝基片薄层板等。自制薄层板主要使用加黏合剂的硬板。

（1）**市售薄层板** 临用前一般应在110℃活化30分钟。聚酰胺薄膜不需活化。铝基片薄层板可根据需要剪裁，但须注意剪裁后的层板底边的硅胶层不得有破损，如在储放期间被空气中杂质污染，使用前可用适宜的溶剂在展开容器中上行展开预洗，110℃活化后，置于干燥器中备用。

（2）**自制薄层板** 除另有规定外，常用的平板为玻璃板，玻璃板要求光滑、平整，洗净后不挂水珠，晾干。固定相一般要求粒径为5~40μm，高效板一般为5~7μm。自制薄层板时，将一份固定相和三份水或0.2%~0.5%的羧甲基纤维素钠水溶液在研钵中按同一方向研磨均匀，去除表面的气泡后，倒入涂布器中，在玻璃平板上平稳移动涂布器进行涂布，将涂布好的薄板置于平台上与室温下晾干后，在110℃烘30分钟，置于干燥器中备用。使用前检查其均匀度，在反射光及透射光下检视，表面应均匀、平整、光滑，无麻点、无气泡、无破损及污染。

你知道吗

薄层板硬板的涂布法

1. **倾注法** 将适量调制好的吸附剂倾注在玻璃板上，用玻棒涂匀（或适当倾斜玻璃板使吸附剂流动，涂匀），轻轻摇动并敲打玻璃板，使糊状物分布均匀，表面平坦光滑，放于水平台上，注意防尘。空气中自然干燥后，于烘箱中 110℃ 活化 30 分钟，然后置干燥器中备用。

2. **刮铺法** 在水平台上放上厚度为 2mm 的玻璃板，两边用两块厚度为 3mm 的玻璃夹住，将调好的吸附剂糊状物倒在中间玻璃板上，用边缘平整而光滑的玻璃条，沿一定方向将它刮成均匀的薄层，去掉两边的玻璃板，轻振动薄层板，任其在空气中自然干燥，置于烘箱中 110℃ 活化 30 分钟，然后置干燥器中备用。

2. 点样 是指将试样溶液加载到薄层板上的操作过程。除另有规定外，在洁净干燥的环境下，用专用毛细管或点样器点样于薄层板上。点样时应注意以下事项。

（1）点样时间 最好不超过 10 分钟，时间太长，吸附剂因在空气中吸湿而降低活性。为此，点样后可吹风使其干燥。

（2）点样位置 除另有规定外，点样基线距底边 10～15mm，高效板一般基线离底边 8～10mm。

（3）点样间隔 点间距离可视斑点扩散情况以相邻斑点互不干扰为宜，一般不少于 8mm，高效板供试品间隔不少于 5mm。

（4）样点大小 一般为圆点状或窄细的条带状，圆点状直径一般不大于 4mm，高效板一般不大于 2mm，接触点样时注意勿损伤薄层表面。条带状宽度一般为 5～10mm，高效板条带宽度一般为 4～8mm，以使展开后斑点集中。

3. 展开 是指将点好样的薄板与展开剂接触，利用毛细作用，使展开剂携带试样流经固定相薄层的操作过程。

展开操作过程：将点好供试品的薄层板放入展开缸中，浸入展开剂的深度为距原点 5mm 为宜，密闭。除另有规定外，一般上行展开 8～15cm，高效薄层板上行展开 5～8cm。溶剂前沿达到规定的展距，取出薄层板，晾干，待检测。

展开前如需要溶剂蒸气预平衡，可在展开缸中加入适量的展开剂，密闭，一般保持 15～30 分钟。溶剂蒸气预平衡后，应迅速放入载有供试品的薄层板，立即密闭，展开。如需使展开缸达到溶剂蒸气饱和的状态，则须在展开缸的内壁贴与展开缸高、宽同样大小的滤纸，一端浸入展开剂中，密闭一定时间，使溶剂蒸气达到饱和再如法展开。必要时，可进行二次展开或双向展开，进行第二次展开前，应使薄层板残留的展开剂完全挥干。

4. 显色与检视 薄层色谱展开后，在进行定性或定量分析前都必须确定组分在薄板上的位置，即进行显色与检视。

检视有颜色的物质可在可见光下直接检视，无色物质可用喷雾法或浸渍法以适宜的显色剂显色，或加热显色，在可见光下检视。有荧光的物质或显色后可激发产生荧光的物质可在紫外光灯（365nm 或 254nm）下观察荧光斑点。对于在紫外光下有吸收的成分，可用带有荧光剂的薄层板（如硅胶 GF_{2S4} 板），在紫外光灯（254nm）下观察荧光板面上的荧光物质淬灭形成的斑点。

请你想一想

　　1. 薄层色谱法的分析过程包括哪些步骤？

　　2. 制备薄层板时应注意哪些问题？

　　3. 制备好的薄层板应符合哪些要求？如何检查？

　　4. 什么是点样？对点样有什么要求？

5. 记录　薄层色谱图像一般可采用摄像设备拍摄，以光学照片或电子图像的形式保存。也可用薄层色谱扫描仪扫描或其他适宜的方式记录相应的色谱图。

三、分离结果的表示

　　按各品种项下要求对实训条件进行系统适用性试验，即用供试品和标准物质对实训条件进行试验和调整，应符合规定的要求。

　　一般要求检测限和分离度，分离度后面详述。检出限系指限量检查或杂质检查时，供试品溶液中被测物质能被检出的最低浓度或量。一般采用已知浓度的供试品溶液或对照标准溶液，与稀释若干倍的自身对照标准溶液在规定的色谱条件下，在同一薄层板上点样、展开、检视，后者显清晰可辨斑点的浓度或量作为检出限。

（一）比移值（R_f）

1. 概念　指从基线至展开斑点中心的距离与从基线至展开剂前沿的距离的比值，通常用 R_f 来表示。比移值标明试样中各组分在薄层板上的位置，它可用来衡量各组分的分离情况（图 13 - 6）。

$$R_f = \frac{原点至斑点中心的距离}{原点至溶济前沿的距离} = \frac{L_a}{L}$$

R_f 在 0 ~ 1 变化。若 $R_f = 0$，表示斑点留在原点不动，即该组分不随展开剂移动，说明物质被吸附过强，解吸附太难；$R_f = 1$ 时，表示斑点不被吸附剂吸附，而随展开剂迁移到溶剂前沿，说明物质不易被吸附，解吸附太容易。在相同条件下，不同组分各有其 R_f，适宜分离的 R_f 为 0.2 ~ 0.8。

　　在一定的色谱条件下，特定化合物的 R_f 值是一个常数，因此可以根据化合物的 R_f 值鉴别化合物。

2. 影响比移值的主要因素

（1）**物质的极性**　对于吸附薄层色谱法，在一定

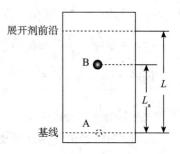

图 13 - 6　R_f 的测量示意图

A 为样液的原点位置；

B 为物质展开后的斑点位置；

L_a 为从基线至展开斑点中心的距离；

L 为从基线至展开剂前沿的距离

的色谱条件下，物质的极性越大，R_f 值越小。

（2）薄层板　吸附剂的粒径、活度级数，薄层的厚度及均匀性，对试样的分离效果和 R_f 值的重现性影响很大。

（3）展开剂的极性和 pH　对于极性组分，展开剂的极性增大，组分的 R_f 值变大；对于非极性组分，展开剂的极性减小，组分的 R_f 值变大。对于弱酸和弱碱型化合物，展开剂的 pH 改变，组分的离解程度会发生变化，R_f 值也会发生变化。

（4）展开剂的饱和程度　对分离效果影响较大。饱和时的展开时间比不饱和时的展开时间短，分离效果好，且可消除边缘效应。边缘效应是指同一组分在同一薄层板上中间部分的 R_f 值比边缘的 R_f 值小的现象。其原因主要是展开剂的蒸发速度从薄板中央到边缘逐渐增加，致使边缘部分的展开剂中极性溶剂比例增大。

（5）展开时的温度和湿度　在展开过程中要求恒温恒湿。因为温度和湿度的改变都会影响 R_f 值和分离效果，降低重现性。尤其是对活化后的硅胶板、氧化铝板，更应注意空气的湿度，尽可能避免与空气接触，以免降低活性而影响分离效果。

（二）分离度

鉴别时，供试品与标准物质色谱中的斑点均应清晰分离。当薄层色谱扫描法用于限量检查和含量测定时，要求定量峰与相邻峰之间有较好的分离度，分离度（R）的计算公式为：

$$R = \frac{2\,(d_2 - d_1)}{(W_1 + W_2)}$$

式中，d_2 为相邻两峰中后一峰与原点的距离；d_1 为相邻两峰中前一峰与原点的距离；W_1 和 W_2 为相邻两峰各自的峰宽。

除另有规定外，分离度应大于 1.0。

【例 13 – 1】若物质 A 在薄层板上的展距为 7.6cm，点样原点至溶剂前沿的距离为 14.8cm，求物质 A 的 R_f？若在相同的薄层色谱展开系统中，原点至溶剂前沿的距离为 13.2cm，物质 A 应出现在此薄层板的何处？

解：$R_f = \dfrac{L_a}{L} = \dfrac{7.6}{14.8} = 0.51$

物质 A 的位置 = 0.51 × 13.2 = 6.72cm

请你想一想

1. 薄层色谱法的比移值的定义是什么？影响比移值的因素是什么？

2. 薄层色谱法的分离度如何计算？一般对分离度的要求是什么？

你知道吗
_____

吸附薄层色谱法的流动相及色谱条件选择

1. 吸附薄层色谱法的流动相　称为展开剂。常用的展开剂按照极性由强到弱的顺序排列为：水＞酸＞吡啶＞甲醇＞乙醇＞正丙醇＞丙酮＞乙酸乙酯＞乙醚＞三氯甲烷＞二氯甲烷＞甲苯＞苯＞三氯乙烷＞四氯化碳＞环己烷＞石油醚。

2. 色谱条件的选择

（1）物质的结构和性质　在吸附薄层色谱法中，物质分子的极性越大，与吸附剂的作用强度越大。物质分子的极性取决于其结构。常见的各类化合物官能团的极性由小到大的顺序是：烷烃＜烯烃＜醚类＜硝基化合物＜酯类＜醛类＜胺类＜醇类＜酚类＜羧酸类。

在判断物质的极性大小时，应考虑以下两个方面：①分子的基本母核相同，则分子中基团的极性越大，分子的极性也越大；极性基团越多，分子的极性越大；能形成分子内氢键的分子小于不能形成分子内氢键的分子。②分子中双键和共轭双键越多，分子的极性越大。

（2）吸附剂和展开剂的选择　吸附薄层色谱法中，吸附剂与组分的作用强度应大小适宜。分离极性大的物质，应选择活度级数大的吸附剂，以免吸附作用太强，无法展开；分离极性小的物质，应选择活度级数小的吸附剂，以免吸附作用太弱，无法分离。

吸附薄层色谱法中，展开剂的选择一般遵循"相似相溶"的原则，即极性大的物质选择极性大的溶剂为展开剂，极性小的物质选择极性小的溶剂为展开剂。通常情况下，先用单一溶剂展开，根据薄层分离效果，再改变展开剂的极性或使用两种以上溶剂混合的展开剂进行试验，直至达到预期的分离效果。

任务三　薄层色谱法的应用与示例　　微课2

由于薄层色谱法具有设备简单、分析快速、易于推广等优点，现已广泛应用于各种有机物和无机物的分离鉴定，特别是在医药卫生领域中的发展更快，应用更广。在药物分析中，薄层色谱法被各版《中国药典》广泛收载，主要用于药物的鉴别、杂质的检查、含量测定等。

一、定性鉴别

鉴别主要是通过对比供试品与对照品的比移值的一致性。

按各品种项下规定的方法，制备供试品溶液和对照标准溶液，在同一薄层板上点样、展开与检视，供试品色谱图中所显斑点的位置和颜色（或荧光）应与标准物质色谱图的斑点一致。必要时化学药品可采用供试品溶液与标准溶液混合点样、展开，与标准物质相应斑点应为单一、紧密斑点。

二、限量检查和杂质检查

（一）限量检查

按各品种项下规定的方法，制备供试品溶液和对照标准溶液，并按规定的色谱条件点样、展开和检视。供试品溶液色谱图中待检查的斑点与相应的标准物质斑点比较，颜色（或荧光）不得更深；或照薄层色谱扫描法操作，测定峰面积值，供试品色谱图中相应斑点的峰面积值不得大于标准物质的峰面积值。含量限度检查应按规定测定限量。

（二）杂质检查

薄层色谱法杂质检查采用杂质对照品法、供试品溶液的自身稀释对照法或两法并用。

1. 杂质对照品法　制备一定浓度的供试品溶液和相应的（浓度符合限度规定的）杂质对照品溶液，在同一薄层板上点样、展开与检视。供试品溶液除主斑点外的其他斑点与相应的杂质对照标准溶液的主斑点比较，应不得更深。

2. 供试品溶液的自身稀释对照法　制备一定浓度的供试品溶液，取供试品溶液一定量，按照限度规定，稀释成另一低浓度溶液作为对照液，在同一薄层板上点样、展开与检视，供试品溶液除主斑点外的其他斑点（杂质斑点）与相应的自身稀释对照溶液的主斑点比较，颜色（或荧光）不得更深。通常应规定杂质的斑点数和单一杂质限量。

三、含量测定

薄层色谱定量分析法常用的有洗脱法、目视比色法和薄层扫描法。在药品检验中，常采用薄层色谱扫描法或将待测色谱斑点刮下经洗脱后，再用适宜的方法测定。

薄层色谱扫描法系指用一定波长的光照射在薄层板上，对薄层色谱中可吸收紫外光或可见光的斑点，或经激发后能发射出荧光的斑点进行扫描，将扫描得到的图谱及积分数据用于鉴别、检查或含量测定。可根据不同薄层色谱扫描仪的结构特点，按照规定方式扫描测定，一般选择反射方式，采用吸收法或荧光法。除另有规定外，含量测定应使用市售薄层板。

> **请你想一想**
>
> 1. 薄层色谱法进行鉴别、纯度检查和含量测定的方法有哪些？
> 2. 查阅《中国药典》（2020 年版），分别找出 5 种用薄层色谱法定性或杂质检查的药物。

薄层色谱扫描用于含量测定时，通常采用线性回归二点法计算，如线性范围很窄时，可用多点法校正多项式回归计算。供试品溶液和对照标准溶液应交叉点于同一薄层板上，供试品点样不得少于 2 个，标准物质每一浓度不得少于 2 个。扫描时，应沿展开方向扫描，不可横向扫描。

你知道吗

了解目视比色法和洗脱法

1. 目视比色法 直接观察展开、显色后斑点的大小、颜色的深浅的定量方法。所以，此法要在同一块板上做试样和已知浓度标准品的展开、显色，比较试样与标准品的斑点，进行定量。

2. 洗脱法 样品经薄层分离定位后，若为软板，将供试品斑点部分用减压的玻管抽到容器内；若为硬板，可用刀片将样品相当于标准品比移值处的吸附剂刮下，用合适溶剂将化合物洗脱后进行测定。测定方法一般采用分光光度法或比色法。

任务四 纸色谱法

实例分析

实例 13-3 盐酸苯乙双胍中有关物质的检查 本品 1.0g，置于 10ml 量瓶中，加甲醇溶解并稀释至刻度，摇匀，照纸色谱法 [《中国药典》（2020 年版）四部通则 0501] 试验，精密吸取 0.2ml，分别点于两张色谱滤纸条（7.5cm×50cm）上，并以甲醇作空白点于另一色谱滤条上，样点直径均为 0.5~1cm；照下行法，将上述色谱滤纸条同置展开室内，以乙酸乙酯-乙醇-水（6:3:1）为展开剂，展开至前沿距下端约 7cm 处，取出，晾干，用显色剂（取 10% 铁氰化钾溶液 1ml，加 10% 亚硝基铁氰化钠溶液与 10% 氢氧化钠溶液各 1ml，摇匀，放置 15 分钟，加水 10ml 与丙酮 12ml，混匀）喷其中一张点样纸条（有关双胍显红色带，R_f 值约为 0.1），参照此色谱带，在另一张点样纸条及空白纸条上，剪取其相应部分并向外延伸 1cm，并分剪成碎条，精密量取甲醇各 20ml，分别进行萃取，照紫外-可见分光光度法 [《中国药典》（2020 年版）四部通则 0401] 在 232nm 的波长处测定吸光度，不得过 0.48。

问题 1. 纸色谱法的固定相是什么？如何选择色谱用滤纸？

　　　 2. 纸色谱法中常用的流动相是什么？如何制备？如果没有用水饱和对分离结果有何影响？

纸色谱法（paper partition chromatography，PPC）是以纸为载体，以纸上的水分或其他物质为固定相，用展开剂进行展开的分配色谱法。

一、基本原理

纸色谱法分离原理属于分配色谱范畴。通常纸色谱法的固定相为纸纤维上吸附的水，流动相为与水不相混溶的有机溶剂，纸纤维只起到一个惰性支持物的作用。

纸色谱过程可以看成是组分在固定相和流动相之间连续萃取的过程。展开过程中，供试品中各组分随展开剂向前移动；由于各组分在两相间的分配系数不同，在滤纸上移动的速度也不同，经过一段时间展开后，不同的组分在滤纸上移动不同的距离，从而得到分离。

二、操作技术

（一）仪器与材料

1. 展开容器　通常为圆形或长方形玻璃缸，缸上具有磨口玻璃盖，应能密闭。用于下行法时，盖上有孔，可插入分液漏斗，用以加入展开剂。在近顶端有一用支架架起的玻璃槽作为展开剂的容器，槽内有一玻璃棒，用以压住色谱滤纸。槽的两侧各支一玻璃棒，用以支持色谱滤纸使其自然下垂；用于上行法时，在盖上的孔中加塞，塞中插入玻璃悬钩，以便将点样后的色谱滤纸挂在钩上，并除去溶剂槽和支架。

2. 点样器　常用具有支架的微量注射器（平口）或定量毛细管（无毛刺），应能使点样位置正确、集中。

3. 色谱滤纸　常用的国产滤纸有新华滤纸，进口滤纸有 Waterman 滤纸。

（1）对色谱用滤纸的要求

1）滤纸质地均匀、平整，具有一定的机械强度。

2）纸纤维的松紧适宜。过于疏松易使斑点扩散，过于紧密则展开太慢。

3）纸质要纯，不含影响展开效果的杂质，也不应与所用显色剂起作用。

（2）滤纸的选择　应根据分离的组分的性质和分离的目的来进行。分离极性差别小的组分，宜采用慢速滤纸；分离极性差别大的组分，则采用快速或中速滤纸。厚滤纸载样量大，供制备或定量用；薄滤纸一般供定性用。

（3）滤纸的特殊处理　分离酸、碱物质时，为使滤纸维持相对恒定的酸碱度，将滤纸在一定 pH 的缓冲溶液中浸渍后使用。对于一些极性小的物质，常用甲酰胺、二甲基甲酰胺、丙二醇等代替水作固定相，以增加其在固定相中的溶解度，降低 R_f 值，使在适宜的范围之内。

4. 展开剂　展开剂的选择要从欲分离物质在两相中的溶解度和展开剂的极性来考虑。在流动相中的溶解度较大的物质将会移动得快，因而具有较大的 R_f 值。对极性物质，增加展开剂中极性溶剂的比例量可以增大 R_f 值；增加展开剂中非极性溶剂的比例量可以减小 R_f 值。

纸色谱中常用的展开剂是含水的有机溶剂，如用水饱和的正丁醇、正戊醇、酚等。制备方法是将有机溶剂和水加入分液漏斗后振摇，静置分层后，取有机层即得。有时为了防止弱酸、弱碱的离解，可在展开剂中加入少量的酸或碱，如甲酸、乙酸、吡啶等。为改变展开剂的极性，可加入少量的甲醇、乙醇等。必须注意的是，展开剂应预先用水饱和，否则展开过程中，就会把固定相中的水夺去，使分配过程难以进行。

（二）分析过程

纸色谱法的分析过程一般包括滤纸准备、点样、展开、显色和检视 4 个步骤。

1. 滤纸准备 下行法展开时，取色谱滤纸按纤维长丝方向切成适当大小的纸条。上行法展开时，色谱滤纸长约25cm，宽度则根据需要而定，必要时可将色谱滤纸卷成筒形。层析纸使用前，应在烘箱中干燥，具体方法为100℃的温度下，烘1~2小时，否则会产生拖尾现象。

2. 点样 下行法展开时，点样基线应在距离滤纸上端适当的距离，使色谱滤纸上端能足够浸入溶剂槽内的展开剂中，并使点样基线能在溶剂槽侧的玻璃支持棒下数厘米处，必要时，可在色谱滤纸下端切成锯齿形便于展开剂滴下。上行法点样基线距底边约2.5cm。

供试品溶解于适宜的溶剂中制成一定浓度的溶液。用微量注射器或定量毛细管吸取溶液，点于点样基线上。点样时，一次点样量不超过10μl。点样量过大时，溶液宜分次点加，每次点加后，待其自然干燥、低温烘干或经温热气流吹干，样点直径为2~4mm，点间距离为1.5~2.0cm，样点通常应为圆形。

注意：画点样基线时只能使用铅笔，不能使用其他的笔。其他笔的颜色为有机染料，在有机溶剂中染料溶解，颜色会产生干扰。

3. 展开

（1）下行法 将点样后的色谱滤纸的点样端放在溶剂槽内并用玻璃棒压住，使色谱滤纸通过槽侧玻璃支持棒自然下垂，点样基线在压纸棒下数厘米处。展开前，展开缸内用各品种项下规定的溶剂的蒸气使之饱和，一般可在展开缸底部放一装有规定溶剂的平皿或将被规定溶剂润湿的滤纸条附着在展开缸内壁上，放置一定时间，待溶剂挥发使缸内充满饱和蒸气。然后小心添加展开剂至溶剂槽内，使色谱滤纸的上端浸没在槽内的展开剂中。展开剂即经毛细管作用沿色谱滤纸移动进行展开，展开过程中避免色谱滤纸受强光照射，展开至规定的距离后，取出色谱滤纸，标明展开剂前沿位置，待展开剂挥散后，按规定方法检测色谱斑点。

（2）上行法 展开缸内加入展开剂适量，放置待展开剂蒸气饱和后，再下降悬钩，使色谱滤纸浸入展开剂约1cm，展开剂即经毛细管作用沿色谱滤纸上升，除另有规定外，一般展开至约15cm后，取出晾干，按规定方法检视。

展开可以单向展开，即向一个方向进行；也可进行双向展开，即先向一个方向展开，取出，待展开剂完全挥发后，将滤纸转动90°，再用原展开剂或另一种展开剂进行展开；亦可多次展开、连续展开或径向展开等。

4. 显色和检视 操作方法与薄层色谱法类似。但注意在检视时不能使用腐蚀滤纸的显色剂，如硫酸等；也不能在高温下显色。

三、分离结果的表示

纸色谱法的分离结果与薄层色谱法相同，用 R_f 值表示斑点的位置，用分离度来综合衡量分离的效果。

四、定性分析和定量分析

纸色谱法的定性方法与薄层色谱法完全相同，都是依据 R_f 值来进行鉴别。由于影响比移值的因素较多，因而一般采用在相同实训条件下与对照物质对比以确定其异同。

用作药品鉴别时，供试品中主斑点的位置和颜色（或荧光），应与对照品主斑点的相同。

用作药品纯度检查时，取一定量的供试品，经展开后，按各品种项下的规定，检视其所显杂质斑点的个数和颜色深度（或荧光强度）。

而定量方法有所不同。早期纸色谱法定量多采用剪洗法，与薄层色谱法的斑点洗脱法相似。先将定位后的斑点部分剪下，经溶剂洗脱，然后用比色或分光光度等方法定量。近年来，由于分析仪器技术的发展，也可将滤纸上的样品斑点置于薄层扫描仪上直接扫描，根据扫描的积分值，计算出样品的含量。

与薄层色谱法比较，纸色谱法展开时间较长，斑点扩散作用严重，检出灵敏度更低。药物检验中，纸色谱法已逐渐被薄层色谱法替代。

实训二十二　酚酞片中荧光母素的检查

一、实训目的

1. 了解吸附薄层色谱法杂质检查的方法和依据。
2. 能正确制备供试品溶液、对照品溶液；会配制展开剂。
3. 会按照薄层色谱法的分析过程进行操作。

二、实训原理

在相同的色谱条件下，通过对比供试品溶液待检查杂质的斑点与相应的标准物质斑点比较，颜色（或荧光）不得更深来控制杂质限量。

三、仪器与试剂

1. **仪器**　电子分析天平（万分之一）、硅胶 G 薄层板、展开缸、喷雾器、烘箱、紫外灯。

2. **试剂**　酚酞片、荧光母素对照品、无水乙醇、环己烷、二甲苯、硫酸。

四、操作步骤

1. **供试品溶液**　取本品的细粉适量（约相当于酚酞 0.1g），加无水乙醇溶解并稀释制成每 1ml 中约含 20mg 的溶液，滤过，取续滤液。

2. **对照品溶液**　取荧光母素对照品，加无水乙醇溶解并稀释制成每 1ml 中约含

0.10mg 的溶液。

3. 色谱条件 采用硅胶 G 薄层板，以无水乙醇 – 环己烷 – 二甲苯（1：1：4）为展开剂。

4. 测定法 吸取供试品溶液与对照品溶液各 5μl，分别点于同一薄层板上，展开，晾干，喷以硫酸 – 无水乙醇（1：1），在 105℃ 加热 5 ~ 10 分钟，置于紫外光灯（365nm）下检视。

5. 限度 供试品溶液如显与对照品溶液对应的杂质斑点，其荧光强度与对照品溶液的主斑点比较，不得更强（0.5%）。

五、数据记录与结果

序号	记录	结果
1	结论	
2	本品按《中国药典》（2020 年版）一部检验，结果符合（不符合）规定	

六、讨论与思考

1. 薄层色谱法的点样要注意什么？

2. 为什么供试品溶液如显与对照品溶液对应的杂质斑点，其荧光强度与对照品溶液的主斑点比较不得更强其含量就小于等于 0.5%？

目标检测

一、选择题

1. 按分离原理，色谱法可分为吸附色谱法、分配色谱法、离子交换色谱法和（　　）。
   A. 分子排阻色谱法　　　　　　　　B. 液液色谱法
   C. 气相色谱法　　　　　　　　　　D. 液相色谱法

2. 与其他分析法相比，色谱分析法最显著的优点是（　　）。
   A. 定性分析效果好　　　　　　　　B. 分离效能高
   C. 仪器简单　　　　　　　　　　　D. 定量分析结果准确

3. 薄层板按固定相种类分为硅胶薄层板、键合硅胶板、微晶纤维素薄层板、聚酰胺薄层板和（　　）。
   A. 氧化铝薄层板　　　B. 玻璃板　　　　C. 塑料板　　　　D. 铝板

4. 硅胶薄层板常用的有硅胶 G、硅胶 GF_{254}、硅胶 H、硅胶 HF_{254}，G、H 表示（　　）。
   A. 软板或硬板　　　　　　　　　　B. 荧光或非荧光板
   C. 玻璃板或铝板　　　　　　　　　D. 含或不含石膏黏合剂

5. 自制薄层板时，固定相和水的比例是（　　）。
　　A. 1 : 2　　　　　B. 1 : 3　　　　　C. 1 : 4　　　　　D. 1 : 1

6. 薄层色谱法的点样基线距底边（　　）。
　　A. 10 ~ 15mm　B. 20 ~ 25mm　C. 25mm　　　D. 15 ~ 25mm

7. 薄层色谱法中，下列为比移值适宜数值的是（　　）。
　　A. 1. 5　　　　B. 0. 6　　　　C. 0. 9　　　　D. 1. 0

8. 薄层色谱法鉴别主要是通过对比供试品与对照品的（　　）。
　　A. 比移值　　B. 展开时间　　C. 展开距离　　D. 分离度

9. 纸色谱法分离原理属于（　　）。
　　A. 吸附色谱法　B. 凝胶色谱法　C. 离子交换色谱法　D. 分配色谱法

10. 纸色谱法的定性方法与薄层色谱法完全相同，鉴别依据是（　　）。
　　A. 展开时间　B. 斑点个数　　C. 斑点颜色　　D. 比移值

11. 常用的硅胶薄层板有（　　）。
　　A. 硅胶 G　　B. 硅胶 GF$_{254}$　　C. 硅胶 H　　D. 硅胶 HF$_{254}$

12. 薄层色谱法中，点间距离可视斑点扩散情况以相邻斑点互不干扰为宜，一般普通板和高效板分别不少于（　　）。
　　A. 5mm　　　B. 15mm　　　C. 8mm　　　D. 10mm

13. 市售薄层板临用前需要活化的是（　　）。
　　A. 硅胶薄层板　　　　　　　　B. 硅胶 GF$_{254}$薄层板
　　C. 聚酰胺薄膜　　　　　　　　D. 铝基片薄层板

14. 影响比移值的主要因素是（　　）。
　　A. 物质的极性　　　　　　　　B. 薄层板
　　C. 展开剂的极性和 pH　　　　　D. 展开剂的饱和程度

15. 薄层色谱法杂质检查方法应采用（　　）。
　　A. 杂质对照品法　　　　　　　B. 供试品溶液的自身稀释对照法
　　C. 两法并用　　　　　　　　　D. 外标法

二、简答题

1. 在薄层色谱法试验中，常规的操作步骤是什么？
2. 点样时样点应点在薄层板的什么位置？
3. 原点是什么形状的？原点的大小是多少？

书网融合……

微课1　　微课2　　划重点　　自测题

项目十四 气相色谱法

学习目标

知识要求

1. **掌握** 色谱图的概念和相关术语；分配系数、保留因子、保留时间的概念和它们之间的关系；气相色谱固定相的分类与选择；气相色谱法的定性分析与定量分析的依据和方法。

2. **熟悉** 气相色谱固定液的选择原则；热导检测器和氢火焰离子化检测器的检测范围及特点；气相色谱仪的组成及其工作流程；气相色谱条件的选择和系统适用性试验。

3. **了解** 气相色谱仪的仪器结构；气相色谱法的概念、分类和特点。

能力要求

1. 学会气相色谱仪的基本操作。

2. 熟练掌握运用气相色谱法进行定性分析与定量分析。

3. 学会记录实训数据及对结果进行计算评价。

实例分析

实例 冰片中龙脑（合成龙脑）含量的测定 冰片，又名合成龙脑、梅片、艾粉、结片等，分为机制冰片与艾片两类。机制冰片是以松节油、樟脑等为原料经化学方法合成的龙脑；艾片为菊科艾纳香属植物大风艾的鲜叶经蒸气蒸馏、冷却所得的结晶，又称"艾粉"或"结片"。具有开窍醒神、清热消肿、止痛等功能。用气相色谱法可测定冰片中龙脑（合成龙脑）的含量。

问题 1. 什么是气相色谱法？气相色谱法适用于哪些物质的分离、鉴定和含量测定？

2. 气相色谱法的分析依据是什么？

气相色谱法（GC）是以气体作为流动相的色谱分离分析法，可用于分离、鉴别和定量测定挥发性化合物，广泛应用于有机合成、石油化工、医药卫生、环境科学、生物工程等领域。在药物分析中，气相色谱法已成为原料药和制剂含量测定、杂质检查、中草药成分分析、药物的纯化和制备等方面的重要分离分析手段。

任务一 概述

一、特点及分类

（一）特点

气相色谱法具有分离效能高、分析速度快、灵敏度高、样品用量少以及应用范围广等优点，主要用于分离分析气体或对热稳定性好的极易挥发的物质。据统计，能用气相色谱法直接分析的有机物约占全部有机物的20%。但不能直接分析分子量大、极性强、不易挥发或受热易分解的物质。

（二）分类

1. 按固定相状态可分为气–固色谱法和气–液色谱法。

2. 按色谱原理可分为吸附色谱法和分配色谱法。气–固色谱法属于吸附色谱法；气–液色谱法属于分配色谱法。其中气–液色谱法是最常用的气相色谱法。

3. 按色谱柱可分为填充柱色谱法和毛细管柱色谱法。

二、气相色谱仪及其工作流程

（一）气相色谱仪的基本组成 📱 微课1

气相色谱仪是实现气相色谱分析的装置。气相色谱仪包括气路系统、进样系统、分离系统、检测系统、记录和数据处理系统和温度控制系统，其组成和结构如图14–1所示。

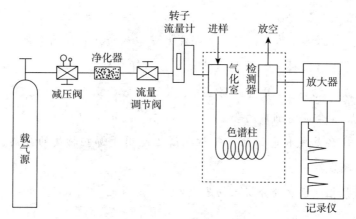

图14–1 气相色谱仪组成示意图

1. 气路系统 作用是为色谱分析提供压力稳定、流速准确、纯度合乎要求的流动相（载气），包括气源、气体净化器和气体流速控制装置。气相色谱法中的流动相是气体，称为载气，常用氮气和氢气，纯度要求在99.99%以上，供应压力要稳定，流速要准确。《中国药典》（2020年版）指出，根据供试品的性质和检测器种类选择载气，除另有规定外，药物分析中常用的载气为氮气。载气的净化（除去水、有机物等杂质）主要通过净化干燥器来完成。普通的净化器是一根金属或塑料制成的管，其中装分子筛、活性炭等，并连接在气路上。

2. 进样系统 作用是将试样汽化并有效地导入色谱柱，包括进样器、气化室和温控装置。进样方式一般可采用溶液直接进样、自动进样或顶空进样。

（1）溶液直接进样 采用微量注射器，如图 14-2 所示，微量进样阀或有分流装置的气化室进样。采用溶液直接进样或自动进样时，进样口温度应高于柱温 30~50℃；进样量一般不超过数微升；柱径越细，进样量应越少。采用毛细管柱时，一般应分流，以免过载。

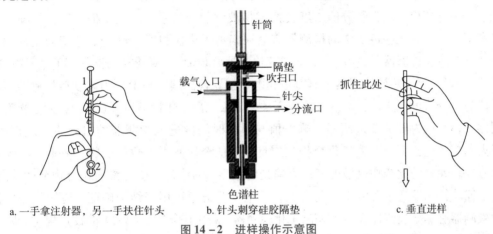

a. 一手拿注射器，另一手扶住针头　　b. 针头刺穿硅胶隔垫　　c. 垂直进样

图 14-2 进样操作示意图

（2）顶空进样 适用于固体和液体供试品中挥发性组分的分离和测定。将固态或液态的供试品制成供试液后，置于密闭小瓶中，在恒温控制的加热室中加热至供试品中挥发性组分在液态和气态达到平衡后，由进样器自动吸取一定体积的顶空气注入色谱柱中。

3. 分离系统 包括色谱柱和柱温箱，其中色谱柱是分离的关键，是气相色谱仪的核心组成部分，待测样品中的各个组分就是在色谱柱中得到有效分离并按一定顺序流出色谱柱，再流入检测器中进行分析测定。色谱柱通常分为填充柱和毛细管柱，如图 14-3 所示。填充柱的材质为不锈钢或玻璃，内径为 2~4mm，柱长 2~4m，内装吸附剂、高分子多孔小球或涂渍固定液的载体。常用载体为经酸洗并硅烷化处理的硅藻土或高分子多孔小球，常用的固定液有甲基聚硅氧烷、聚乙二醇等。毛细管柱的材质为玻璃或石英，内壁或载体经涂渍或交联固定液，内径一般为 0.25mm、0.32mm 或 0.53mm，柱长 5~60m，常用的固定液有甲基聚硅氧烷、不同比例组成的苯基甲基聚硅氧烷、聚乙二醇等。

新填充柱和毛细管柱在使用前需老化处理，以除去残留溶剂及易流失的物质，色谱柱如长期未用，使用前应老化处理，使基线稳定。

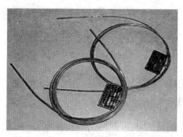

a.填充柱　　　　　　　　　　　　b.毛细管柱

图 14 – 3　色谱柱

4. 检测系统检测器　是色谱仪的关键部件，是色谱仪的"眼睛"。它的作用是将经色谱柱分离出来的各组分的浓度转换成易被测量的信号，以电压信号输出以便于测量和记录。适合气相色谱法的检测器有氢火焰离子化检测器（FID）、火焰光度检测器（FPD）、热导检测器（TCD）、电子捕获检测器（ECD）、氮磷检测器（NPD）、质谱检测器（MS）等。热导检测器（TCD）和电子捕获检测器（ECD）为浓度型检测器，响应值与组分浓度成正比，与载气流速无关。氢火焰离子化检测器（FID）和火焰光度检测器（FPD）为质量型检测器，响应值与单位时间内进入检测器的组分质量成正比。氢火焰离子化检测器对碳氢化合物响应良好，适合检测大多数的药物；氮磷检测器对含氮、磷元素的化合物灵敏度高；火焰光度检测器对含硫、磷元素的化合物灵敏度高；电子捕获检测器适于含卤素的化合物；质谱检测器还可用于结构确证。应用最为广泛的检测器有热导检测器和氢火焰离子化检测器。《中国药典》（2020 年版）规定，除另有规定外，一般用氢火焰离子化检测器。氢火焰离子化检测器须使用载气、氢气和空气三种气体，氢气为燃气，空气为助燃气；检测器温度一般应高于柱温，并不低于150℃，以免水汽凝结，通常为 250～350℃。

5. 记录和数据处理系统　可分为记录仪、积分仪以及计算机工作站等。各品种项下规定的色谱条件，除检测器种类、固定液及特殊指定的色谱柱材料不得改变外，其余如色谱柱内径、长度、载体牌号、粒度、固定液涂布浓度、载气流速、柱温、进样量、检测器的灵敏度等，均可适当改变，以适应具体品种并符合系统适用性试验的要求。一般色谱图约于 30 分钟内记录完毕。

6. 温度控制系统　作用是控制并显示气化室、色谱柱箱、检测器及辅助部分的温度。气化室、色谱柱箱和检测器的温度均需精密控制。通常气化室的温度最高，检测器其次，色谱柱第三。正确选择和精密控制各处的温度是顺利完成分析任务的重要条件。温度控制系统分为恒温和程序升温两种。由于柱箱温度的波动会影响分析结果的重现性，控温精度应在 ±1℃，且温度波动小于每小时 0.1℃。

（二）气相色谱分析的流程　 微课2

来自高压钢瓶的载气（常用 N_2、H_2 和空气）经减压、净化后进入气化室。待测样品由进样口注入气化室，瞬间被气化，由载气携带进入色谱柱。在柱中由于混合物各组分的性质和结构上的差异，导致其与固定相的作用力大小不同，使各组分在柱中的流动速度（保留时间）不同，结果各组分被流动相带出色谱柱的先后顺序不同而得以分离。在柱中得到分离后，各组分依次进入检测器，检测器将各组分的浓度变化转变为电信号，经放大器放大后输入记录色谱图。含两组分的气相色谱分析的流程如图14-4所示。

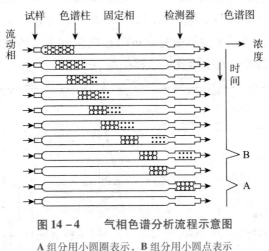

图 14-4　气相色谱分析流程示意图

A 组分用小圆圈表示，B 组分用小圆点表示

你知道吗

气相色谱仪的操作步骤

不同型号的色谱仪或同一型号使用不同的检测器，操作步骤亦有差别。但总的来说，气相色谱仪的操作分为以下几个步骤。

1. 检查仪器上的电源开关，均应处于"关"的位置。

2. 检查色谱仪与外部设备的电线是否连接好。

3. 开启载气开关，设定好载气流量。

4. 开机前应检查气路系统的密闭性：检漏方法是用毛刷或毛笔蘸上泄漏检测液或肥皂水在所有连接处进行检测，看是否有气体泄漏。

5. 打开色谱仪电源开关，设定好柱箱、进样口和检测器温度，然后开始升温。

6. 各室温度达到设定温度并且恒温后，开启检测器控制单元和数据处理系统，调节检测器各种参数，使检测器输出信号为零。

7. 基线稳定后可以进样。气体样品可以用六通阀进样，液体样品用微量注射器进样。

8. 记录和数据处理。进样后，数据处理系统开始记录和处理色谱信号。配合各种参数的设置，以所需要的定性、定量方法，给出分析结果，打印分析报告。

9. 关机。先关闭氢气，等柱温、检测室温度降至室温时，再关闭数据处理机、主机和计算机电源，关闭空气、载气。

10. 写好使用记录。

三、色谱流出曲线与色谱术语

（一）色谱流出曲线

试样中各组分经色谱柱分离后，随流动相依次流出色谱柱进入检测器，检测器的响应信号强度随时间变化的曲线称为色谱流出曲线或色谱图，如图 14 – 5 所示。色谱流出曲线的纵坐标为检测器的检测信号（mV），横坐标为保留时间（min 或 s）。色谱图上有一个或多个色谱峰，每个峰代表试样中的一个组分。

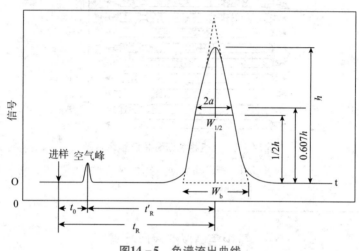

图14 – 5　色谱流出曲线

（二）色谱术语

1. 基线　在操作条件下，没有组分进入检测器时的流出曲线称为基线。稳定的基线应是一条平行于横轴的直线。基线反映仪器（主要是检测器）的噪声随时间的变化。

2. 色谱峰　是流出曲线上的突起部分，即组分流经检测器所产生的信号。一个组分的色谱峰可用峰位、峰高或峰面积和色谱峰的区域宽度三项参数来描述，分别可作为定性、定量及衡量柱效的依据。

正常的色谱峰为对称正态分布曲线，称为对称峰。不正常峰有两种：拖尾峰和前延峰（图 14 – 6）。前沿平缓，后沿陡峭的不对称峰称为前延峰；前沿陡峭，后沿拖尾的不对称色谱峰称为拖尾峰。色谱峰的好坏用拖尾因子（T）和分离度（R）来衡量。

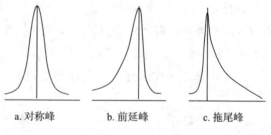

a. 对称峰　　　b. 前延峰　　　c. 拖尾峰

图 14 – 6　色谱峰

3. 峰高　色谱峰最高点到峰底的垂直距离，用 h 表示。

4. 峰面积　组分流出曲线与基线所包围的面积，用 A 表示。

峰高和峰面积是色谱定量分析的参数。

5. 色谱峰区域宽度　是色谱流出曲线的重要参数之一，用于衡量色谱柱效能及反映色谱操作条件的动力学因素。通常用标准偏差、半峰宽、峰宽三种方法来度量。

（1）标准偏差　0.607 倍峰高处色谱峰宽度的一半，用 σ 表示。

（2）半峰宽　峰高一半处的宽度，用 $W_{1/2}$ 表示。

（3）峰宽　色谱峰两侧的拐点上的切线与基线相交两点间距离称为峰宽，或称为峰底宽度，用 W 表示。

W、$W_{1/2}$ 和 σ 表示正态分布色谱峰不同峰高处的区域宽度，是衡量色谱柱效能的三种指标，其中 $W_{1/2}$ 值最容易测量，常用 $W_{1/2}$ 评价柱效。W、$W_{1/2}$ 和 σ 之间存在以下数学关系：

$$W = 4\sigma \ 或 \ W = 1.699 W_{1/2} \tag{14-1}$$

6. 拖尾因子　色谱峰是否正常可用拖尾因子（T）来衡量。拖尾因子在 0.95 ~ 1.05 为对称峰；小于 0.95 为前延峰；大于 1.05 为拖尾峰。拖尾因子计算公式如下：

$$T = \frac{W_{0.05h}}{2A} = \frac{A + B}{2A} \tag{14-2}$$

式中，$W_{0.05h}$ 为峰高 0.05 倍处的峰宽；A 为该处的色谱峰前沿和色谱峰顶点至基线的垂线之间的距离；B 为该处的色谱峰顶点至基线的垂线和色谱峰后沿之间的距离，如图 14-7 所示。

7. 死时间　不被固定相吸附或溶解而通过色谱柱的时间，用 t_M 或 t_0 表示，表现在色谱图上即从进样开始到出现峰值的时间。

8. 保留时间　组分从进样开始到色谱峰顶点的时间间隔，用 t_R 表示。

9. 调整保留时间　指组分的保留时间与死时间之差，用 t'_R 表示。t'_R 是固定相滞留组分的时间。

$$t'_R = t_R - t_M \tag{14-3}$$

保留时间是色谱定性分析的基本依据。但在实际测定中，同一组分的保留

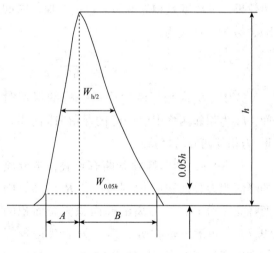

图 14-7　拖尾因子计算示意图

时间常常会受到流动相流速等因素的影响，因此，也可以用保留体积来表示保留值。

10. 死体积　不被固定相滞留组分的保留体积，用 V_0 表示。

$$V_0 = t_M F_c \tag{14-4}$$

式中，F_c 为载气流速，单位为 ml/min。

11. 保留体积　组分从进样开始到出现信号最大值所通过流动相的体积，用 V_R 表示。

$$V_R = t_R F_c \tag{14-5}$$

12. 调整保留体积 组分的保留体积与死体积之差，用 V'_R 表示。

$$V'_R = V_R - V_0 = t'_R F_c \qquad (14-6)$$

13. 分配系数 在一定温度和压力下，某组分在固定相（s）和流动相（m）之间达到分配平衡时的浓度（c）之比，用符号 K 表示，其表达式为：

$$K = \frac{c_s}{c_m} \qquad (14-7)$$

14. 保留因子 在一定温度和压力下，达到分配平衡时，组分在固定相和流动相中的质量之比，也称为容量因子，用符号 k 表示。其表达式为：

$$k = \frac{m_s}{m_m} \qquad (14-8)$$

保留因子除与被分离组分、固定相和流动相的性质及柱温有关外，还与固定相和流动相的体积有关。保留因子表示方便，易于测定，与柱效参数和定性参数密切相关，在色谱分析中，一般都用保留因子代替分配系数。分配系数与保留因子之间关系如下式所示：

$$k = \frac{m_s}{m_m} = \frac{c_s \times V_s}{c_m \times V_m} = K \frac{V_s}{V_m} \qquad (14-9)$$

15. 分离度 也称分辨率，用符号 R 表示，是色谱分离参数之一，用于综合衡量分离效果。分离度是相邻两组分色谱峰保留时间之差与两色谱峰峰宽均值之比（图 14-8），数学表达式为：

$$R = \frac{t_{R_2} - t_{R_1}}{(W_1 + W_2)/2} = \frac{2(t_{R_2} - t_{R_1})}{W_1 + W_2} \qquad (14-10)$$

式中，t_{R_2} 为相邻两峰中后一峰的保留时间；t_{R_1} 为相邻两峰中前一峰的保留时间；W_1、W_2 为相邻两峰的峰宽。

若 $R=1$，则两峰峰基略有重叠，被分离的峰面积为总面积的 95.4%；若 $R=1.5$，则两峰完全分开，被分离的峰面积为总面积的 99.7%。色谱法进行分析时，为能获得较好的准确度和精密度，应使 $R \geqslant 1.5$。

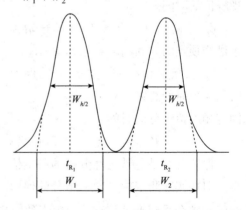

图 14-8 分离度示意图

从色谱流出曲线中可以得到许多重要的信息：根据色谱峰的个数，可以判断样品中所含组分的最少个数；根据色谱峰的保留值，可以进行定性分析；根据色谱峰的面积或峰高，可以进行定量分析；色谱峰的保留值及其区域宽度，是评价色谱柱分离效能的依据；色谱峰两峰间的距离，是评价固定相（或流动相）选择是否合适的依据。

请你想一想

色谱流出曲线有何意义？色谱分析的依据是什么？

四、气相色谱条件的选择

（一）色谱柱的选择

色谱柱的选择主要是固定相、柱长和柱径的选择。选择固定相一般是利用"相似相溶"原理，即按被分离组分的极性或官能团与固定相相似的原则来选择。分析高沸点化合物可选择高温固定相。

在塔板高度不变的条件下，分离度随塔板数增加而增加，增加柱长对分离有利。但柱长过长，峰变宽，柱压增加，分析时间延长。因此在达到分离度的条件下应尽可能使用短柱，一般填充柱柱长为 1~5m。色谱柱的内径增加会使柱效下降，一般内径常用 2~4mm。

（二）柱温的选择

柱温是一个重要的操作参数，直接影响分离效能和分析速度。首先要考虑到每种固定液都有一定的最高使用温度，柱温切不可超过此温度，以免固定液流失。

柱温对组分分离影响较大，提高柱温使各组分的挥发加快，即分配系数减少，不利于分离。降低柱温，使被测组分在两相中的传质速度下降，使峰形扩张，严重时引起拖尾，并延长了分析时间。选择原则是：在使难分离物质能得到良好的分离、分析时间适宜并且峰形不拖尾的前提下，尽可能采用低柱温，并应以保留时间适宜且色谱峰不拖尾为度。

实际工作中可根据样品沸点来选择柱温。分离高沸点样品（300~400℃），柱温可比沸点低 100~150℃；分离沸点低于 300℃的样品，柱温可以在比平均沸点低 50℃至平均沸点的温度范围内；对于宽沸程样品，需采用程序升温的方法。程序升温是在一个分析周期内，按照一定程序改变柱温，使不同沸点的组分在合适温度得到分离。程序升温可以是线性的，也可以是非线性的。

（三）载气及其流速的选择

载气的选择主要考虑对峰展宽、柱压降和检测器灵敏度的影响三个方面。载气采用低流速时，宜用氮气；高流速或色谱柱较长时宜用氢气。

（四）其他条件的选择

1. 进样量　在检测器灵敏度足够的前提下，尽量减少进样量，以降低初始宽度。对于填充柱，气体样品以 0.1~1ml 为宜，液体样品应小于 4μl（TCD）或小于 1μl（FID）。毛细管柱需用分流器分流进样。

2. 气化室温度　可等于样品的沸点或稍高于沸点，以保证迅速完全汽化。但不应超过沸点 50℃以上，以防样品分解。

3. 检测室温度　为了使色谱柱的流出物不在检测器中冷凝而污染检测器，检测室温度应高于柱温，一般可高于柱温 30~50℃，或等于气化室温度。

在药品检验中，除另有规定外，应符合质量标准正文中各品种项下规定的条件。

（五）系统适用性试验

系统适用性试验即用规定的对照品溶液或系统适用性试验溶液进行试验，以判定所用色谱系统是否符合规定的要求。系统适用性试验目的是评价色谱系统的可靠性，可取标准溶液、对照品溶液或按要求专门配制的溶液测定。《中国药典》（2020 年版）正文中各品种项下规定的色谱条件，除固定相种类、流动相组分、检测器类型不得任意改变外，其余条件如色谱柱内径、长度、固定相牌号、载体粒度、流动相流速、柱温、进样量、检测器的灵敏度等，均可按实际情况进行调整，以达到系统适用性的要求。系统适用性试验包括理论塔板数、分离度、灵敏度、拖尾因子和重复性 5 个参数，其中分离度和重复性尤为重要。

1. 理论塔板数（n） 某一组分的保留时间与半峰宽比值的平方，乘以 5.54 倍的积为理论塔板数。它是指整根色谱柱的分离效率，在规定的条件下，注入供试品溶液或规定的内标物质溶液，记录色谱图，量出供试品主要成分或内标物质峰的保留时间 t_R（以分钟或长度计，但应取相同单位）和半峰宽 $W_{1/2}$，即可计算出色谱柱的理论塔板数，计算公式为：

$$n = 16 \left(\frac{t_R}{W} \right)^2 \ 或 \ n = 5.54 \left(\frac{t_R}{W_{1/2}} \right)^2 \qquad (14-11)$$

理论塔板数是衡量色谱柱效能的指标。理论塔板数数值大，说明色谱柱的分离效能好。《中国药典》（2020 年版）正文中对用 GC 法的每种药品所需色谱柱的塔板数均提出了明确的要求。如果测得理论塔板数低于规定的最小理论塔板数，应改变色谱柱的某些条件（如柱长、载体性能、色谱柱填充的优劣等），使理论塔板数达到要求。

2. 分离度（R） 定量分析时，为便于准确测量，要求定量峰与其他峰或内标峰之间有较好的分离度，分离度是衡量色谱系统效能的关键指标。《中国药典》（2020 年版）规定，除另有规定，待测组分与相邻共存物之间的分离度应大于 1.5。

3. 重复性 用于评价连续进样中，色谱系统响应值的重复性能。采用外标法时，通常取各品种项下的对照品溶液，连续进样 5 次，除另有规定外，其峰面积的测量值的相对标准偏差应不大于 2.0%；采用内标法时，通常配制相当于 80%、100%、120% 的对照品溶液，加入规定量的内标溶液，配制成 3 种不同浓度的溶液，分别至少进样 2 次，计算平均校正因子，其相对标准偏差应不大于 2.0%。

4. 拖尾因子 用于评价色谱峰的对称性。为保证分离效果和测量精度，应检查待测峰的拖尾因子是否符合各品种项下的规定。除另有规定外，峰高法定量时，拖尾因子应为 0.95 ~ 1.05。

📖 任务二 定性、定量分析法

一、定性分析方法

气相色谱定性分析就是确定各个色谱峰代表的是什么组分。它可以对多组混合物进行分离分析，但气相色谱峰只能鉴定已知范围的未知物，对未知混合物的定性，需要已知纯物质或有关色谱的定性数据作为参考，结合其他方法才能进行鉴别。近年来，随着气相色谱与质谱、红外光谱联用技术的发展，为未知试样的定性分析提供了新的手段。

（一）根据色谱保留值进行定性分析

1. 利用保留时间定性　在相同的色谱条件下，同一物质应具有相同的保留值。因此，可将标准品与样品分别进样，二者保留时间相同，可能为同一物质。例如用毛细管气相色谱法对大麻中主要成分的定性定量分析试验中，利用保留时间相同确定大麻中主要成分为大麻酚（CBN）、四氢大麻酚（THC）和大麻二酚（CBD），如图14-9所示。

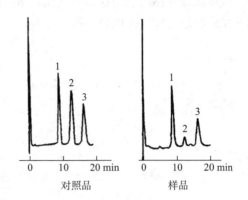

图 14-9　大麻气相色谱鉴别图
1. CBD；2. THC；3. CBN

2. 利用相对保留值定性　对于一些组分比较简单的已知范围的混合物、无已知物的情况下，可用此法定性。相对保留值是任一组分（i）与标准物（s）的调整保留值之比，用 r_{is} 表示：

$$r_{is} = \frac{t'_{Ri}}{t'_{Rs}} = \frac{V'_{Ri}}{V'_{Rs}} = \frac{k_i}{k_s} \qquad (14-12)$$

相对保留值只与组分性质、柱温和固定相性质有关。因此，利用色谱手册或文献收载的试验条件和标准物质进行试验，然后将测得的相对保留值与手册或文献提供的相对保留值对比，完成对色谱的定性判断。

3. 利用峰高增加　若样品复杂，流出峰距离太近或操作条件下不易控制，可将已知物加到样品中，混合进样，若被测组分峰高增加了，则可能含有该物质。例如采用GC-MS技术分析川桂皮挥发油的化学组成，其化学成分的总离子流色谱图如图14-10所示，组成复杂，共检测出42种化学成分。如将芳樟醇加到样品中混合进样，色谱图中9号峰高增加，则可确定样品中9号峰为芳樟醇峰。

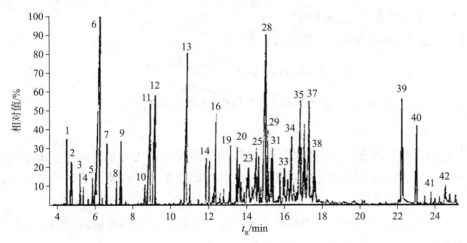

图 14-10　川桂皮挥发油化学成分的总离子色谱图

（二）利用联用仪器进行定性分析

由于色谱法定性有其局限性，可将色谱和其他分析仪器联用可获得丰富的结构信息。目前比较成熟的联用仪器有气相色谱 - 质谱联用（GC - MS）、气相色谱 - 傅里叶红外光谱联用（GC - FTIR）等。

你知道吗

气相色谱 - 质谱联用仪器

气相色谱 - 质谱仪（简称气质联用，GC - MS）是分析仪器中较早实现联用的仪器，GC - MS 联用仪系统一般由气相色谱仪、接口、质谱仪和计算机四大件组成。气相色谱仪分离试样中各组分，起样品制备的作用；接口将气相色谱流出的各组分送入质谱仪进行检测；质谱仪对接口引入的各个组分进行分析，成为气相色谱的检测器；计算机系统是 GC - MS 的中央控制单元，交互式地控制气相色谱仪、接口和质谱仪，进行数据采集和处理，同时获得色谱和质谱数据，对复杂样品中的组分进行定性和定量分析。

GC - MS 联用在分析检测和研究的许多领域中起着越来越重要的作用，广泛应用于化工、石油、环保、医药、食品、轻工等方面，特别是从事有机分析的实验室几乎都将 GC - MS 作为主要的定性确认手段之一，在很多情况下又用 GC - MS 进行定量分析。

二、定量分析法

试验条件恒定时，组分的量与峰面积成正比是气相色谱分析的依据。因此，峰面积测量的准确性将直接影响定量结果。

（一）峰面积的测量

1. 峰面积的大小与峰的对称有关。当色谱峰对称时，计算公式如下：

$$A = 1.065 \times h \times W_{1/2} \qquad (14 - 13)$$

式中，h 为峰高；$W_{1/2}$ 为半峰宽。

2. 当色谱峰不对称时，计算公式如下：

$$A = 1.065 \times h \times \frac{(W_{0.15h} + W_{0.85h})}{2} \qquad (14 - 14)$$

式中，$W_{0.15h}$ 与 $W_{0.85h}$ 分别为峰高 0.15 和 0.85 处峰的宽度。

（二）定量校正因子

色谱的定量分析是基于被测物质的量与其峰面积的正比关系。但是，由于同一检测器对不同物质具有不同的响应灵敏度，而不同物质在同一检测器上的响应灵敏度也不相同。故不能够直接用峰面积来计算物质的含量，从而要引入校正因子。

1. 绝对校正因子　单位峰面积所代表 i 组分的物质的量称为该组分的绝对校正子，用符号 f_i 表示，公式如下：

$$f'_i = \frac{m_i}{A_i} \quad\quad (14-15)$$

式中，m_i 表示被测组分的质量；A_i 表示被测组分的峰面积。由于进样时试样的准确质量难以确定，再者峰面积与色谱条件有关，要保持测定值时的条件与应用值时的条件相同是不可能的，故引入相对校正因子。

2. 相对校正因子 相对校正因子用符号 f_i 表示。测定绝对校正因子 f'_i 需要知道准确进样量，这是比较困难的。在实际工作中，往往使用相对校正因子 f_i 进行计算，即在被测组分 i 中加入标准物质 s，测定被测组分相对于标准物质的相对校正因子，公式如下：

$$f_i = \frac{f'_i}{f'_s} = \frac{m_i A_s}{m_s A_i} \quad\quad (14-16)$$

式中，A_i、A_s、m_i、m_s 分别表示被测组分 i 和标准物质 s 的峰面积和质量。因为 m_i 与 m_s 的质量之比在进样前可准确测定，峰面积虽与色谱条件有关，但 A_i 与 A_s 的比值消除了操作条件的影响，故 f_i 可准确测得。

（三）定量计算方法

气相色谱定量分析方法很多，下面介绍常用的几种。

1. 面积归一化法 是气相色谱常用的一种定量方法。应用该方法的条件是样品中所有的组分都能流出色谱柱，并在色谱图上都能显示出色谱峰。试样中各组分的含量计算公式为：

$$i\% = \frac{f_i A_i}{f_1 A_1 + f_2 A_2 + \cdots + f_n A_n} \times 100\% \quad\quad (14-17)$$

式中，A_i 为 i 组分的峰面积；f_i 为 i 组分的相对校正因子。

面积归一化法的优点是简便，定量结果与进样量无关，不必称量和准确进样，操作条件变化对结果影响较小。缺点是所有组分必须在一个分析周期内都能流出色谱柱，而且检测器对它们都产生信号。但此法误差较大，通常只用于粗略测量供试品中的杂质限量。除另有规定外，一般不宜用于微量杂质的检查。

【例 14-1】 用气相色谱法分析测定含有甲醇、乙醇、正苯醇和丁酮的混合物，试验测得它们的色谱峰面积分别为：5.3、26.8、3.0 及 24.0cm^2。按面积归一化法，分别求出各组分的含量。已知它们的相对校正因子分别为 0.64、0.70、0.78 及 0.79。

解：$i\% = \dfrac{f_i A_i}{f_1 A_1 + f_2 A_2 + \cdots + f_n A_n} \times 100\%$

甲醇$\% = \dfrac{5.3 \times 0.64}{5.3 \times 0.64 + 26.8 \times 0.70 + 3.0 \times 0.78 + 24.0 \times 0.79} \times 100\% = 7.8\%$

乙醇$\% = \dfrac{26.8 \times 0.70}{43.452} \times 100\% = 43.2\%$

正笨醇$\% = \dfrac{3.0 \times 0.78}{43.432} \times 100\% = 5.4\%$

$$丁酮\% = \frac{24.0 \times 0.79}{43.452} \times 100\% = 43.6\%$$

2. 外标法　用待测组分的纯品作为对照品，配制一系列浓度的标准溶液，取同量进行色谱分析，作出峰面积或峰高对浓度的标准曲线。在相同条件下，对相同量的样品进行色谱分析，由所得的样品峰面积或峰高从标准曲线上查出组分的含量。

如果标准曲线通过原点，可用外标一点法定量。即用一种浓度的某组分标准溶液，同量进行多次，测算出峰面积的平均值。然后，取样品溶液在相同条件下进行色谱分析，测得峰面积，按下式计算含量：

$$c_i = c_R \times \frac{A_i}{A_R} \tag{14-18}$$

式中，A_i 为被测组分的峰面积；c_i 为供试品溶液中被测组分的浓度；A_R 为对照品溶液的峰面积；c_R 为对照品溶液的浓度。

外标法操作简单，不需要校正因子，计算方便，但要求进样量准确，试验条件稳定。

由于微量注射器不易精确控制进样量，当采用外标法测定供试品中某杂质或主成分含量时，以定量环或自动进样器进样为好。

【例 14-2】 麝香中麝香酮的含量测定（外标法）。

色谱条件与系统适用性试验　以苯基（50%）甲基硅酮（OV-17）为固定相，涂布浓度为 2%，柱温 200℃ ±10℃，理论塔板数按麝香酮峰计算应不低于 1500。

对照品溶液的制备　取麝香酮对照品适量，精密称定，加无水乙醇制成每 1ml 含 1.5mg 的溶液，即得。

供试品溶液的制备　取（检查）项干燥失重项下所得干燥品 0.2g，精密称定，精密加入无水乙醇 2ml，密塞，振摇，放置 1 小时，滤过，取续滤液，即得。

测定法　分别精密吸取对照品溶液与供试品溶液各 2μl 注入气相色谱仪，测定对照品和供试品的峰面积分别为 726940 和 1652965，计算供试品中麝香酮的含量（对照品溶液浓度为 1.50mg/ml，供试品溶液按生药质量计算出的浓度为 103.2mg/ml）。

$$解：c_i = c_R \times \frac{A_i}{A_R} = 1.50 \times \frac{1652965}{726940} = 2.27mg/ml$$

$$麝香酮\% = \frac{c_i}{c_{供}} \times 100\% = \frac{2.27}{103.2} \times 100\% = 2.20\%$$

3. 内标法　将一种纯物质作为内标物质，用待测物的纯品作为对照品，按各种药品测定方法的规定，精密称（量）取对照品和内标物质，分别配成溶液，精密量取各溶液，配成校正因子测定用的标准溶液，取一定量注入仪器，记录色谱图。测量对照品和内标物质的峰面积，按下式计算校正因子：

$$f = \frac{m_R A_s}{m_s A_R} \tag{14-19}$$

式中，A_R、A_s、m_R、m_s 分别表示被测组分对照品和内标物质的峰面积和质量。

再取含内标物质的供试品溶液，注入仪器，记录色谱图，测量供试品中被测组分（或其杂质）和内标物质的峰面积，按下式计算含量：

$$m_i = f \times A_i \times \frac{m'_s}{A'_s} \tag{14-20}$$

式中，f 为校正因子；m_i 为含有内标物质供试品溶液中被测组分的质量；A_i 为含有内标物质的供试品溶液中被测组分的峰面积；A'_s 为含有内标物质的供试品溶液中内标物质的峰面积；m'_s 为含有内标物质供试品溶液中内标物质的质量。

当配制测定校正因子用的对照品溶液和含有内标物质的供试品溶液使用的是同一份内标物质溶液时，则配制内标物质溶液时，不必精密称取内标物质。

内标物质应是供试品中不含有的成分，应能与被测成分峰或其杂质峰完全分离；内标物质在溶液中稳定，并应与被测组分峰靠近一些，或在几个被测组分的色谱峰中间；内标物的浓度应恰当，峰面积与被测组分的相差不大。内标法是一种相对测量法，被测组分与内标物质同时进样，在同样条件下记录色谱图。进样量的准确程度和操作条件略有变化，均不影响测定结果，是一种准确的定量方法。《中国药典》（2020 年版）中收载的气相色谱法常应用内标法测定供试品含量或检查杂质限量。

【例 14-3】维生素 E 的含量测定（内标法）。

在维生素 E 的含量测定中，测定校正因子时，称取正二十七烷 150.20mg，加正己烷定容成 100ml，再称取维生素 E 对照品 20.24mg，加内标溶液定容成 10ml。取 1μl 进样，记录色谱图，测定对照品色谱峰面积和内标物色谱峰面积分别为 48.90 和 38.77。另称取维生素 E 供试品 10.68mg，内标物 10.0mg 照《中国药典》（2020 年版）配制供试品溶液，取 1μl 进样，记录色谱图，测定素 E 和内标物的峰面积，分别为 29.78 和 30.36，计算供试品中维生素 E 的含量。

解：校正因子：

$$m_R = 20.24\text{mg}, \quad m_s = \frac{150.20}{100} \times 10 = 15.02\text{mg}, \quad A_R = 48.90, \quad A_s = 38.77$$

$$f = \frac{m_R A_s}{m_s A_R} = \frac{20.24 \times 38.77}{15.02 \times 48.90} = 1.068$$

含量测定：$m_供 = 10.68\text{mg}, \quad m'_s = 10.0\text{mg}, \quad A_i = 29.78, \quad A'_2 = 30.36$

$$m_i = f \times A_i \times \frac{m'_s}{A'_s} = 1.068 \times \frac{29.78}{30.36} \times 10.0 = 10.48\text{mg}$$

$$维生素 E\% = \frac{m_i}{m_供} \times 100\% = \frac{10.48}{10.68} \times 100\% = 98.09\%$$

4. 内标对比法 先将被测组分的纯物质配制成标准溶液，定量加入内标物，再将同量的内标物加至同体积的试样溶液中，将两种溶液分别进样，计算公式如下：

$$(c_i\%)_{样品} = \frac{(A_i/A_s)_{样品} (c_i\%)_{标准}}{(A_i/A_s)_{标准}} \tag{14-21}$$

此法不需要测定校正因子，也不需要严格准确体积进样，还可以消除由于某些操作条件改变而引入的误差，是一种简化的内标法。

【例 14 - 4】曼陀罗町剂含醇量的测定。

标准溶液的配制 精密量取无水乙醇 5ml 和正丙醇（内标物）5ml，置于 100ml 量瓶中，加水稀释至刻度。

供试品溶液的配制 准确量取试样 10ml 和正丙醇 5ml，置于 100ml 量瓶中，加水稀释至刻度。

测峰高比平均值 将标准溶液与供试品溶液分别进样 3 次，每次 2μl，测得它们的峰高比平均值分别为 13.1/6.2，10.8/5.9，计算曼陀罗町剂含醇量。

> **请你想一想**
>
> 气相色谱分析法有哪些定量方法？ 其优缺点各是什么？

解：$(c_i\%)_{样品} = \dfrac{(A_i/A_s)_{样品} \ (c_i\%)_{标准}}{(A_i/A_s)_{标准}}$

$$乙醇\% = \frac{(10.8/5.9) \times 10}{13.1/6.2} \times 5.00 = 43.4\% \ (V/V)$$

任务三 应用与示例

气相色谱法广泛应用于石油、化工、医药、环境保护和食品分析等领域。在药学领域常用于药物的含量测定、杂质检查、微量水分和有机溶剂残留量的测定、中药挥发性成分测定以及体内药物代谢分析等方面。

你知道吗

食品安全问题是一个全球性的问题。随着《中华人民共和国食品安全法》颁布实施，人们对食品安全的重视和关注程度也不断增强，食品安全监管随之成为新的关注焦点。国内发生过很多食品安全事件，如 2008 年三鹿的"三聚氰胺奶粉"、2010 年的"地沟油"、2011 年的"瘦肉精"等，这些食品安全问题直接威胁着人们身体健康和生命安全。《中华人民共和国食品安全法》中明确提出食品安全监管应实现从农田到餐桌全程监管。面对数量庞大的检测群体，传统的检测技术已经无法满足监督快速和预警需要。随着气相色谱技术的不断进步和发展，仪器的不断改进，以及与其他仪器的联用，气相色谱法分析技术在食品检测中已广泛使用，可以"准确、超速、超灵敏"测定出可靠结果，从而对食品行业起到督促的作用，让老百姓放心食用。

一、苯甲醇注射液中苯甲醛的检查

取本品作为供试品溶液；另取苯甲醛约 50mg，精密称定，置于 50ml 量瓶中，加水振摇使溶解，用水稀释至刻度，摇匀，作为对照品溶液。照气相色谱法 [《中国药典》（2020 年版）四部通则 0521] 试验，以聚乙二醇 20M 为固定液，涂布浓度约为 10%，载气为氮气，流速为 30ml/min，氢气流速为 30ml/min，空气流速为 300ml/min。进样口温度为 200℃；检测器温度为 250℃；柱温 130℃（或柱温采用程序升温方式，50℃

开始，以每分钟5℃升至220℃，再保持35分钟）。精密量取同体积的供试品溶液与对照品溶液，依法测定，含苯甲醛不得过0.2%。

二、麝香中麝香酮的含量测定

色谱条件与系统适用性试验 以苯基（50%）甲基硅酮（OV‑17）为固定相，涂布浓度为2%；柱温200℃±10℃。理论塔板数按麝香酮峰计算应不低于1500。

对照品溶液的制备 取麝香酮对照品适量，精密称定，加无水乙醇制成每1ml含1.5mg的溶液，即得。

供试品溶液的制备 取（检查）项干燥失重项下所得干燥品0.2g，精密称定，精密加入无水乙醇2ml，密塞，振摇，放置1小时，滤过，取续滤液，即得。

测定法 分别精密吸取对照品溶液与供试品溶液各2μl，注入气相色谱仪，测定，即得。

三、维生素E的含量测定

色谱条件与系统适用性试验 载气为氮气，用硅酮（OV‑17）为固定液，涂布于经酸洗并硅烷化处理的硅藻土或高分子多孔小球，涂布浓度为2%的填充柱，柱温为265℃，进样口温度高于柱温30~50℃，采用氢火焰检测器，检测温度一般应高于柱温，并不得低于150℃，通常为250~350℃。理论塔板数按维生素E峰计算应不低于500，维生素E与内标物质的峰分离度应大于2。

校正因子的测定 取正三十二烷适量，加正己烷溶解并稀释成每1ml中含1.0mg的溶液，作为内标溶液。另取维生素E对照品约20mg，精密称定，置于棕色具塞瓶中，精密加入内标溶液10ml，密塞，振摇使溶解；取1~3μl注入气相色谱仪，计算校正因子。

测定法 取本品约20mg，精密称定，置于棕色具塞瓶中，精密加内标溶液10ml，密塞，振摇使溶解；取1~3μl注入气相色谱仪，测定、计算，即得。

四、硬脂酸的含量测定

色谱条件与系统适用性试验 用聚乙二醇20M为固定液的毛细管柱；起始温度为170℃，维持2分钟，再以每分钟10℃的速率升温至240℃，维持数分钟，使色谱图记录至除溶剂峰外的第二个主峰保留时间的3倍；进样口温度为250℃；检测器温度为260℃，硬脂酸甲酯峰与棕榈酸甲酯峰的分离度应大于5.0。

测定法 取本品约0.1g，精密称定，置于锥形瓶中，精密加三氟化硼的甲醇溶液（13%~15%）5ml振摇使溶解，置于水浴中回流20分钟，放冷，用正己烷10~15ml转移并洗涤至分液漏斗中，加10ml水与10ml氯化钠饱和溶液，振摇分层，弃去下层（水层）。正己烷层加无水硫酸钠6g干燥，除去水分后置于25ml量瓶中，用正己烷稀释至刻度，摇匀，作为供试品溶液；另取硬脂酸对照品约50mg与棕榈酸对照品约

50mg，同上法操作制得对照溶液。精密量取供试品溶液与对照品溶液各 1μl 注入气相色谱仪，记录色谱图。按面积归一化法以峰面积计算供试品中硬脂酸（$C_{18}H_{36}O_2$）与棕榈酸（$C_{16}H_{36}O_2$）的含量。

实训二十三　气相色谱法测定藿香正气水中乙醇的含量

一、实训目的

1. 掌握气相色谱法测定药物的方法；内标法的原理及气相色谱法在药物分析中的应用。
2. 熟悉气相色谱仪的工作原理和操作方法。
3. 会正确记录试验数据并计算测定结果。

二、实训原理

乙醇具有挥发性，《中国药典》（2020 年版）采用气相色谱法测定各种制剂在 20℃时乙醇的含量。因中药制剂中所有的组分并非都能全部出峰，固采用内标法定量。

内标法即准确称取一定量的样品（m），并准确加入一定量的内标物（m_s）混匀后进样，根据所称质量与相应峰面积之间的关系求出待测组分的含量。

$$c_i\% = \frac{A_i f_i}{A_s f_s} \times \frac{m_s}{m} \times 100\%$$

内标法具有很多优点，即试验条件的变动对定量结果影响不大，而且只要被测组分与内标物产生信号即可用于定量，很适合中药和复方药物的某些有效成分的含量测定。另外，还特别适用于微量杂质的检查，由于杂质与主要成分含量相差悬殊，无法用归一法测定杂质含量，故采用内标法很方便。加入一个与杂质量相当的内标物，增大进样量突出杂质峰，测定杂质峰与内标物峰面积之比，则可求出杂质含量。

三、仪器与试剂

1. 仪器　GC - 102M 型气相色谱仪、HP - 5 石英毛细管色谱柱（30.0m × 0.32mm）、火焰离子化检测器（FID）、氢气钢瓶、微量注射器。

2. 试剂　无水乙醇（AR）对照品、正丁醇（AR）内标物、藿香正气水、100ml 容量瓶、5ml 移液管。

四、实训步骤

1. 测定的色谱条件与系统适用性试验　GC - 102M 型气相色谱仪，HP - 5 石英毛细管色谱柱（30.0m×0.32mm），80℃柱温，200℃气化室温度，250℃检测器温度，氢焰离子化检测器（FID），以氢气作载气，40～50ml/min 流速，150mA 桥流，正丁醇为内标物，进样量 $6 \sim 10\mu l$，按乙醇峰计算理论塔板数应不低于 2000，样品与内标物峰的分离度应大于 2。

2. 标准溶液的配制　精密量取恒温至 20℃的无水乙醇对照品和正丁醇内标各 5ml，置于 100ml 容量瓶中，加水稀释至刻度，摇匀，得标准溶液。

3. 供试液的准备　精密量取恒温至 20℃的藿香正气水 10ml 和正丁醇 5ml，置于 100ml 容量瓶中，加水稀释至刻度，摇匀，得供试品溶液。

4. 校正因子测定　取标准溶液 $1 \sim 2\mu l$，连续注入气相色谱仪 3 次，记录峰面积值，算出平均值，计算校正因子。

5. 供试液的测定　待基线平直后，取供试液 $1 \sim 2\mu l$，连续注入气相色谱仪 3 次，记录峰面积值，计算，即得。

6. 数据记录与处理

项目	次数		
	1	2	3
标准溶液 A_R / A_s			
供试溶液 A_i / A_s			
标准溶液 A_R / A_s 的平均值			
供试溶液 A_i / A_s 的平均值			
校正因子 $f = \dfrac{A_s/c_s}{A_R/c_R}$			
乙醇%			

7. 计算过程

8. 结果讨论与误差分析

实训二十四　酊剂中甲醇含量的测定

一、实训目的

1. 掌握采用标准对照法进行定量及计算的方法；用内标法测定酊剂中甲醇含量的方法。

2. 熟悉气相色谱仪的基本结构和工作原理。

二、实训原理

在 GC 分析中，许多药物的校正因子未知，此时可采用无需校正因子的内标标准曲线法或内标对比法定量。由于上述方法是测量仪器的相对响应值（峰面积或峰高之比），故试验条件波动对结果影响不大，定量结果与进样量重复性无关，同时也不必知道样品中内标物的确切量，只需在各份样品中等量加入即可。

本实训采用内标对比法测定酊剂中甲醇的含量，方法是先配制已知浓度的标准样品溶液，将一定量的内标物加入其中，再按相同量将内标物加入试样中，分别进样，由下式可求出试样中待测组分的含量（V/V）：

$$(c_i\%)_{样品} = \frac{(A_i/A_s)_{样品}}{(A_i/A_s)_{标准}} \times 10\% \times 5.00\%$$

式中，A_i 和 A_s 分别为甲醇和正丙醇的峰面积；10 为稀释倍数；5.00% 为标准溶液中甲醇的百分含量（V/V）。

三、仪器与试剂

1. 仪器　GC - 102M 型气相色谱仪、2m×4mm 不锈钢柱、火焰离子化检测器（FID）、氮气钢瓶、氢气钢瓶、压缩空气钢瓶、移液管（5、10ml）、容量瓶（100ml）、1μl 微量注射器。

2. 试剂　无水甲醇（AR）、无水正丙醇（AR，内标物）、酊剂（大黄酊）样品。

四、实训步骤

1. 测定的色谱条件与系统适用性试验　GC - 102M 型气相色谱仪，2m×4mm 不锈钢柱，氢焰离子化检测器（FID），15% DNP（邻苯二甲酸二壬酯）固定液，80℃柱温，150℃气化室温度，200℃检测器温度，以氢气作载气，40~50ml/min 流速，10μl 进样量，按甲醇峰计算理论塔板数应不低于 2000，甲醇峰与其他色谱峰的分离度应不低于 1.5。

2. 标准溶液的配制　精密取无水甲醇 5ml 及正丙醇 5ml，置于 100ml 容量瓶中，加水稀释至刻度，摇匀，得标准溶液。

3. 供试液的准备　精密量取酊剂样品 10ml 和正丙醇 5ml，置于 100ml 容量瓶中，加水稀释至刻度，摇匀，得供试液。

4. 校正因子测定　取标准溶液 10μl，连续注入气相色谱仪 3 次，记录峰面积值，算出平均值，计算校正因子。

5. 供试液的测定　在上述色谱条件下，待基线平直后，取供试液 10μl，连续注入气相色谱仪 3 次，记录峰面积值，计算，即得。

6. 数据记录与处理

项目	次数		
	1	2	3
标准溶液 A_i / A_s			
供试溶液 A_i / A_s			
标准溶液 A_i / A_s 的平均值			
供试溶液 A_i / A_s 的平均值			
甲醇%			

7. 计算过程

8. 结果讨论与误差分析

目标检测

一、选择题

1. 测定中药中挥发性成分或检查药物中的残留溶剂时，宜采用的色谱法为（　　）。

    A. 薄层色谱法   B. 离子交换色谱法

    C. 气相色谱法   D. 高效液相色谱法

2. 气相色谱法中，当载气流速较小时，最常采用的载气是（　　）。

    A. 氮气   B. 氩气   C. 氢气   D. 氦气

3. 理论塔板数反映了（　　）。

    A. 分离度   B. 分配系数   C. 保留值   D. 柱的效能

4. 如果试样中无法全部出峰，不能采用的定量方法是（　　）。

    A. 归一化法   B. 外标法   C. 内标法   D. 标准曲线法

5. 衡量色谱柱选择性的指标是（　　）。

    A. 分离度   B. 相对保留值   C. 容量因子   D. 分配系数

6. 气相色谱法定性的依据是（　　）。

    A. 物质的密度   B. 物质的沸点

    C. 物质的熔点   D. 保留时间

7. 气相色谱法进样器需要加热、恒温的原因是（　　）。

    A. 使样品瞬间汽化   B. 使汽化样品与载气均匀混合

    C. 使进入样品溶剂与测定组分分离   D. 使各组分按沸点预分离

8. 色谱法分离不同组分的先决条件是（　　　）。

　　A. 色谱柱要长　　　　　　　　　B. 各组分的分配系数不等

　　C. 流动相流速要大　　　　　　　D. 有效塔板数要多

9. 气相色谱法定量的依据是（　　　）。

　　A. 保留时间　　　B. 峰面积　　　　C. 保留体积　　　D. 峰的位置

10. 在色谱分析中，欲使两组分完全分离，分离度 R 应大于（　　　）。

　　A. 1.0　　　　　B. 1.5　　　　　C. 2.0　　　　　D. 2.5

11. 色谱峰高（或面积）可用于（　　　）。

　　A. 定性分析　　　　　　　　　　B. 判定被分离物的分子量

　　C. 定量分析　　　　　　　　　　D. 判断被分离物的组成

12. 气相色谱仪分离效率的好坏主要取决于（　　　）。

　　A. 进样系统　　　B. 分离柱　　　　C. 热导池　　　　D. 检测系统

13. 关于色谱法，下列说法正确的是（　　　）。

　　A. 分配系数 K 越大，组分在柱中滞留的时间越长

　　B. 分离极性大的物质应选活性大的吸附剂

　　C. 混合试样中各组分的 K 值都很小，则分离容易

　　D. 吸附剂的含水量越高则活性越高

14. 氢火焰检测器的依据是（　　　）。

　　A. 不同溶液的折射率不同　　　　B. 被测组分对紫外光的选择性吸收

　　C. 有机分子在氢火焰中发生分离　D. 不同气体的热导系数不同

15. 气相色谱分析影响组分之间分离程度的最大因素是（　　　）。

　　A. 进样量　　　　B. 柱温　　　　　C. 载体粒度　　　D. 气化室温度

二、计算题

1. 用气相色谱法分析测定含有甲醇、乙醇、正丙醇和丁醇和丁酮的混合物，测得数据如下：

	甲醇	乙醇	正丙醇	丁醇
测得峰面积（cm^2）	5.3	26.8	3.0	24.0
重量校正因子	0.58	0.64	0.72	0.74

请用归一化法计算各组分的含量，并说明归一化法应满足什么条件？

2. 无水乙醇的含水量测定，内标物为 AR 甲醇，重 0.4896g，无水乙醇重 52.16g，水的峰高为 16.30cm，半峰宽为 0.159cm，甲醇峰高 14.40cm，半峰宽 0.239cm。以峰面积计算无水乙醇中的含水量并说明此方法属于什么分析法？（已知：水的峰面积水的峰面积相对重量校正因子为 0.55，甲醇的峰面积相对重量校正因子为 0.58）。

3. 霍香正气水中乙醇含量测定。

标准溶液的配制：精密量取无水乙醇 2.5ml 和正苯醇（内标物）1ml，置于 25ml 量瓶中，用甲醇溶解并稀释至刻度。

供试品溶液的配制：精密量取供试品 1ml 和正苯醇（内标物）1ml，置于 25ml 量瓶中，用甲醇溶解并稀释至刻度。

测定色谱峰面积比平均值：将标准溶液和供试品溶液分别进样 3 次，每次 2μl，测得它们的峰面积比平均值分别为 2.0006 和 0.3783，计算藿香正气水中乙醇含量。

书网融合……

微课 1　　　微课 2　　　划重点　　　自测题

 项目十五 **高效液相色谱法**

PPT

学习目标

知识要求

1. **掌握** 化学键合相的概念、种类和特点；高效液相色谱法流动相的要求、极性和强度的关系以及预处理的方法；高效液相色谱条件的选择方法；高效液相色谱法的定性、定量分析。
2. **熟悉** 高效液相色谱仪的组成和工作流程。
3. **了解** 高效液相色谱法的概念及其特点。

能力要求

1. 熟练掌握高效液相色谱仪使用操作技术。
2. 学会流动相的制备和相关溶液的配制。
3. 会运用高效液相色谱法进行药品的定性与定量分析。

📖 实例分析

实例 盐酸小檗碱，俗称"黄连素"，临床上经常用于治疗胃肠炎、细菌性痢疾等肠道感染，对结膜炎、化脓性中耳炎也有效。每丸黄连含量：小丸不得少于7.5mg；大丸不得少于15.0mg。

《中国药典》（2020年版）规定，取重量差异项下本品，剪碎，混匀，取约0.3g，精密称定，置于具塞锥形瓶中，精密加入盐酸－甲醇（1∶100）混合溶液25ml，称定重量，85℃水浴中加热回流40分钟，放冷，再称定重量，用盐酸－甲醇（1∶100）混合溶液补足减失的重量，摇匀，离心，上清液滤过，取续滤液，即得。

色谱条件与系统适用性试验：以十八烷基硅烷键合硅胶为填充剂；以乙腈－0.05mol/L磷酸二氢钾溶液（50∶50）（每100ml中加十二烷基磺酸钠0.4g，再以磷酸调节pH为4.0）为流动相；检测波长为345nm。理论塔板数按盐酸小檗碱峰计算不低于5000。

问题 1. 什么是高效液相色谱法？有哪些优缺点？与气相色谱法有何区别？

2. 高效液相色谱法对固定相和流动相有何要求？分为哪些种类？如何选择？

3. 高效液相色谱法的分析依据是什么？

任务一　概述

一、了解高效液相色谱法

高效液相色谱法（HPLC）又称为高压液相色谱法或高速液相色谱法，是在经典液相色谱法的基础上，引入气相色谱的理论和实验技术，以高压输送流动相，采用高效固定相及高灵敏度检测器发展起来的现代液相色谱分析技术。高效液相色谱法是在气相色谱法的理论基础上发展起来的，因此气相色谱法所用的术语、基本理论、定性定量方法等都适用于高效液相色谱法。该法具有分离效能高、选择性好、分析速度快、检测灵敏度高、自动化程度高等特点，已广泛应用于医药、生化、石油、化工、环境卫生和食品等领域。

（一）主要类型及原理

近年来，高效液相色谱法发展迅速，其主要类型与经典液相色谱法的类型基本一致之外，还有化学键合相色谱法、离子抑制色谱法、离子对色谱法、离子色谱法、亲和色谱法、手性色谱法等类型。目前高效液相色谱法中最常用的是化学键合相色谱法及由其衍变和发展的离子抑制色谱法和离子对色谱法。下面主要讨论化学键合相色谱法的原理和分离条件的选择。

1. 化学键合相色谱法　是以化学键合相为固定相的色谱法，简称键合相色谱法（BPC）。键合相色谱法在 HPLC 中占有极其重要的地位，适用于分离几乎所有类型的化合物，是应用最广的色谱法。键合相色谱法的特点：均一性和稳定性好，耐溶剂冲洗，使用周期长；柱效高；重现性好；可使用的流动相和键合相种类很多，分离的选择性高。根据化学键合相与流动相极性的相对强弱，键合相色谱法可分为正相键合相色谱法和反相键合相色谱法。

（1）正相（NP）键合相色谱法　正相键合相色谱的固定相极性大于流动相的极性，采用极性键合相为固定相，如氨基（—NH_2）、氰基（—CN）、二羟基等键合相。流动相一般采用非极性或弱极性有机溶剂，如在烃类溶剂中加入一定量的极性调整剂（如三氯甲烷、醇和乙腈等）。常用于分离极性较强且溶于有机溶剂的非离子性化合物，如脂溶性维生素、甾族、芳香醇、芳香胺、脂、有机氯农药等。

正相键合相色谱的分离机制主要是分配原理，把有机键合层看作一层液膜，组分在两相间进行分配，极性强的组分的分配系数（K）大，保留时间（t_R）长，而后出柱。极性键合相的分离选择性决定于键合相的种类、流动相的强度和试样的性质。总的说来，在正相键合相色谱中，组分的保留和分离的一般规律是：极性强的组分的容量因子 k 大，后洗脱出柱。流动相的极性增强，洗脱能力增加，使组分 k 减小，t_R 减小；反之，k 增大，t_R 增大。

（2）反相（RP）键合相色谱法　反相键合相色谱法的固定相极性小于流动相的极

性，采用非极性键合相为固定相，如十八烷基硅烷（ODS 或 C_{18}）、辛烷基硅烷（C_8）等，有些是采用弱极性或中等极性的键合相为固定相。流动相以水作为基础溶剂，再加入一定量与水混溶的极性调节剂，常用甲醇－水、乙腈－水、水和无机盐的缓冲液等，可分离非极性至中等极性的有机物。

反相键合相色谱法一般认为是疏溶剂作用使各成分得到分离的。反相色谱法流动相极性比固定相极性强，当水中存在非极性溶质时，溶质分子之间的相互作用、溶质分子与水分子之间的相互作用远小于水分子之间的相互作用，因此溶质分子从水中被"挤"了出去。可见反相色谱中疏水性越强的化合物越容易从流动相中挤出去，在色谱柱中滞留时间也长，所以反相色谱法中不同的化合物根据它们的疏水特性得到分离。

2. 离子抑制色谱法（ISC） 加入少量弱酸、弱碱或缓冲溶液，通过调节流动相的 pH，抑制组分的解离，增加组分与固定相的疏水缔合作用，以达到分离有机弱酸、弱碱的目的，这种色谱方法称为离子抑制色谱法。

请你想一想

正相键合相色谱法与反相键合相色谱法有什么异同？ 各适合分析哪类物质？

离子抑制色谱法适用于分离 $3 \leqslant pK_a < 7$ 的弱酸及 $7 < pK_b \leqslant 8$ 的弱碱。若降低流动相的 pH，会使弱酸的 k 增大，t_R 增长。但对于弱碱，则需提高流动相的 pH 才能使 k 增大，t_R 增长。若 pH 控制不合适，溶质以离子态和分子态共存，则可能使峰变宽或拖尾。

在进行离子色谱法时，流动相的 pH 需控制在 $2 \sim 8$，超出此范围可能使键合基团脱落。试验后，应及时用不含缓冲溶液的流动相冲洗，以防仪器被腐蚀。

3. 离子对色谱法（IPC） 可分为正相离子对色谱法与反相离子对色谱法，因前者已很少使用，故只介绍反相离子对色谱法。

反相离子对色谱法是将离子对试剂加入含水的流动相中，被分析的组分离子在流动相中与离子对试剂的反离子（或称对离子）生成中性离子对，从而增加溶质与非极性固定相的作用，使分配系数增加，改善分离效果。

该方法适用于有机酸、碱和盐的分离，以及用离子交换色谱法无法分离的离子型或非离子型化合物，如有机酸类、生物碱类、儿茶酚胺类、维生素类、抗生素类药物等。

在反相离子对色谱法中，溶质的分配系数决定于离子对试剂及其浓度和固定相、溶质的性质及温度。分析酸类或带负电荷的物质一般用季铵盐作离子对试剂，如四丁基铵磷酸盐；分析碱类或带正电荷的物质一般用烷基磺酸盐或硫酸盐作离子对试剂，如正庚烷基磺酸钠等。

由于离子对的形成依赖于组分的解离程度，当组分与离子对试剂全部离子化时，最有利于离子对的形成，且组分的 k 最大。因此，流动相的 pH 对弱酸、弱碱的保留行为影响较大，对强酸、强碱的影响很小。

（二）固定相和流动相

1. 固定相

（1）高效液相色谱法固定相的要求　高效液相色谱有多种不同类型，它们所用固定相各不相同。但所有固定相都应符合下列要求：①颗粒细且均匀；②传质快；③机械强度高，能耐高压；④化学稳定性好，不与流动相发生化学反应。

（2）化学键合相　目前高效液相色谱法使用最多的是化学键合相色谱法。化学键合相色谱法的固定相是化学键合相，是采用化学反应的方法将官能团键合在载体表面所形成的固定相，简称键合相。

1）键合相种类　按照所键合基团的极性可将化学键合相分为非极性、弱极性和极性三类。

①非极性键合相：这类键合相表面基团为非极性烃基，如十八烷基（C_{18}）、辛烷基（C_8）、甲基（C_1）与苯基等。十八烷基硅烷键合相（ODS 柱）是最常用的非极性键合相，通常用于反相色谱。它是由十八烷基硅烷试剂与硅胶表面的硅醇基经多步反应生成的键合相。非极性键合相通常用于反相色谱。键合反应简化如下：

$$\equiv Si—OH + Cl—Si（R_2）—C_{18}H_{37} \xrightarrow{—HCl} \equiv Si—O—Si（R_2）—C_{18}H_{37}$$

非极性键合相的烷基链长对溶质的保留、选择性和载样量都有影响。长链烷基可使溶质的 k 增大，分离选择性改善，使载样量提高，长链烷基键合相的稳定性也更好。因此十八烷基键合相是 HPLC 中应用最为广泛的固定相。短链非极性键合相的分离速度较快，对于极性化合物可得到对称性较好的色谱峰，苯基键合相和短链的键合相有些相似。

②弱极性键合固定相：常见的有醚基和二羟基键合相。这种键合相可作为正相或反相色谱的固定相，视流动相的极性而定。这类固定相应用较少。

③极性键合相：常用氨基、氰基键合相，是分别将氨丙硅烷基〔$\equiv Si（CH_2）_3NH_2$〕及氰乙硅烷基〔$\equiv Si（CH_2）_2CN$〕键合在硅胶上制成。他们一般都用作正相色谱的固定相，但有时也用于反相色谱。

2）键合相的特点　化学稳定性好，使用过程中不流失；均一性和重现性好；柱效高，分离选择性好；适于梯度洗脱；载样量大。

3）注意事项　流动相中水相的 pH 应维持在 2～8，否则会引起硅胶溶解；不同厂家、不同批号的同一类型键合相也可能表现出不同的色谱特性。

2. 流动相 📱微课 1

（1）HPLC 对流动相的基本要求　①不与固定相发生化学反应；②对试样有适宜的溶解度。要求使 k 在 1～10 范围内，最好在 2～5 的范围内；③必须与检测器相适应。例如用紫外检测器时，只能选用截止波长小于检测波长的溶剂；④纯度要高，黏度要小。低黏度流动相如甲醇、乙腈等可以降低柱压，提高柱效。流动相在使用之前，需用微孔滤膜滤过，除去固体颗粒，还要进行脱气。

（2）流动相的极性和强度　在化学键合相色谱法中，溶剂的种类与溶剂配比不同，流动相的极性和强度不同，直接影响到洗脱能力的不同。在正相色谱中，由于固定相是极性的，所以流动相中的溶剂极性越强、极性溶剂的配比越高，洗脱能力也越强。在反相键合相色谱中，由于固定相是非极性的，所以流动相的洗脱能力随极性的降低而增加。例如，已知水的极性比甲醇的极性强，所以在以 ODS 为固定相的反相色谱中，甲醇的洗脱能力比水强。

（3）流动相的预处理　流动相在使用前要先进行过滤、脱气处理。作为流动相的溶剂使用前都必须经微孔滤膜（0.45μm）滤过，以除去杂质微粒，色谱纯试剂也不例外（除非在标签上标明"已滤过"）。用滤膜过滤时，特别要分清有机相（脂溶性）滤膜和水相（水溶性）滤膜。有机相滤膜一般用于过滤有机溶剂，过滤水溶液时流速低或滤不动。水相滤膜只能用于过滤水溶液，严禁用于过滤有机溶剂，否则滤膜会被溶解。对于混合流动相，可在混合前分别滤过，如需混合后滤过，首选有机相滤膜。

流动相还必须预先脱气，否则容易在系统内产生气泡，影响泵的工作，甚至还会影响柱的分离效率，影响检测器的灵敏度、基线稳定。常用超声清洗器进行振荡脱气，脱气后应密封保存以防止外部气体的重新融入。有些高效液相色谱仪装配有在线脱气机。

流动相一般贮存于玻璃、聚四氟乙烯或不锈钢制作的储液瓶内，不能贮存在塑料容器中。因许多有机溶剂如甲醇、乙酸等可浸出塑料表面的增塑剂导致溶剂受污染。HPLC 中所用水要求为超纯水，至少应使用二次蒸馏水。

请你想一想

欲测定试样中一弱极性分子型有机化合物，将采取哪种色谱方法？如何选择固定相和流动相？如果该组分保留时间较短，且与相邻物质没能达到完全分离，将如何处理？

（三）特点

气相色谱法具有选择性高、分离效率高、灵敏度高、分析速度快的特点，但它仅适用于分析蒸汽压低、沸点低的试样，而不适用于分析高沸点的有机物、高分子和热稳定性差的化合物以及生物活性物质，因而使其应用受到限制。高效液相色谱法可弥补气相色谱法的不足，可对大部分有机化合物进行分离和分析。

高效液相色谱法与气相色谱法相比，具有如下优点。

1. 应用范围广　高效液相色谱法的流动相是液体，因不需要将样品汽化，只要求样品能制成溶液，所以应用范围比气相色谱法广，特别是对于高沸点、热稳定性差、分子量大的化合物及离子型化合物的分析尤为有利。

2. 流动相选择性高　可选用多种不同性质的溶剂作为流动相，流动相对样品分离的选择性影响很大，因此分离选择性高。

3. 室温条件下操作　高效液相色谱不需要高温控制。

你知道吗

黄曲霉毒素（AF）是黄曲霉和寄生曲霉等某些菌株产生的双呋喃环类毒素。其衍生物有约 20 种，分别命名为 B_1、B_2、G_1、G_2、M_1、M_2、GM、P_1、Q_1、毒醇等。其中 B_1 的毒性最大，致癌性最强。黄曲霉毒素及其产生菌在自然界中分布广泛，主要污染粮食及其制品，各种植物性和动物性食品也能被污染。动物食用黄曲霉毒素污染的饲料后，在肝、肾、肌肉、血、奶及蛋中可测出极微量的毒素。1993 年，黄曲霉毒素被世界卫生组织（WHO）癌症研究所机构划定为一类天然存在的致癌物，是毒性极强的剧毒物质。因此，为了食品安全，应制订食品中黄曲霉毒素检查项。HPLC 是近几年发展起来的检测 AFB_1 的方法，主要是用荧光检测器。检测原理是 AF 经柱后电化学衍生化法，能发生特征性荧光，被荧光检测器捕获后而得到检测，最后经化学工作站处理数据，该法快速而准确。

二、高效液相色谱仪 微课2

（一）组成

高效液相色谱仪主要包括高压输液系统、进样系统、分离系统、检测系统和数据记录及处理系统，如图 15 - 1 所示。

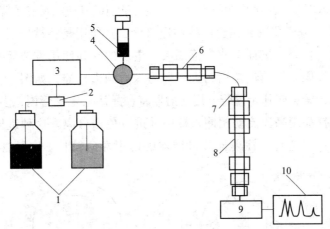

图 15 - 1　高效液相色谱仪典型结构示意图

1. 溶剂；2. 混合室；3. 泵；4. 进样器；5. 注射器；6. 预柱；7. 接头；
8. 色谱柱；9. 检测器；10. 数据记录系统

1. 高压输液系统　该系统主要为高压输液泵，有的仪器还有在线脱气和梯度洗脱装置。

（1）高压输液泵　是高效色谱仪中关键部件之一，用以完成流动相的输送任务。要求其无脉冲、流速恒定、耐高压、耐腐蚀，泵体易于清洗、维修。按输液性质，输液泵可分为恒压泵和恒流泵，目前多用恒流泵中的柱塞往复泵，如图 15 - 2 所示。

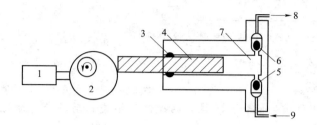

图 15 - 2 柱塞往复泵示意图

1. 电动机（马达）；2. 偏心轮；3. 密封垫圈；4. 宝石柱塞；5. 入口球形单向阀；

6. 出口球形单向阀；7. 液缸；8. 色谱柱；9. 流动相入口

（2）梯度洗脱装置 高效液相色谱洗脱技术有等强度和梯度洗脱两种。等强度洗脱是在同一个分析周期内流动相组成保持恒定，适用于组分数目较少、性质差别小的试样。梯度洗脱是在一个分析周期内程序控制改变流动相的组成，如溶剂的极性、离子强度和 pH 等，可使所有组分都在适宜条件下获得分离，适用于组分数目多、性质相差较大的复杂试样。梯度洗脱有高压梯度和低压梯度两种装置。高压梯度装置是由不同的高压泵分别将不同的溶剂送入混合室，混合后送入色谱柱，即溶剂在高压状态下混合，通过程序控制每台泵的输出量来改变流动相的组成。低压梯度装置是在常压下通过一比例阀，先将各种溶剂按程序混合，然后再用一台高压泵送入色谱柱。梯度洗脱能缩短分析时间、提高分离度、改善峰形、提高检测灵敏度，但是可能引起基线漂移和重现性降低。

2. 进样系统 进样器安装在色谱柱的进口处，其作用是将试样引入色谱柱。进样器应符合高压密封性好、进样量改变范围大、重复性好和使用方便等要求。常用的进样装置为高压进样阀。目前最常用的进样器为六通阀进样器，如图 15 - 3 所示。阀上有一个固定体积的管，叫作定量管。用注射器将样品注入定量管内，多余的样品排出。然后转动手柄将样品用高压流动相冲入柱中并进行色谱分离。这种进样器在很高的压力下无需停流，即可进样，注射器和进样器的使用寿命较长。定量管可拆洗、更换。

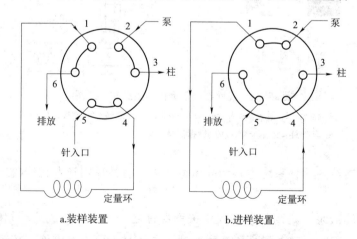

a.装样装置   b.进样装置

图 15 - 3 六通进样阀示意图

为确保清洗干净定量管和注满定量管进样体积应为定量管体积的 5 倍以上。近年来出现了自动进样器，可按预定的程序自动将样品送入仪器中，还可在进样过程中执行自动清洗程序，达到完全自动操作的目的。

3. 分离系统　包括色谱柱、连接管、恒温器等。色谱柱是色谱仪的最重要部件，它的作用是分离，它由柱管和固定相组成。柱管多用不锈钢制成，管内壁要求有很高的光洁度。高效液相色谱柱几乎都是直行柱，按主要用途分为分析柱和制备柱两类。分析柱中常量柱内径为 2～5mm，柱长为 10～30cm；半微量柱内径为 1～1.5mm，柱长为 10～20cm。制备柱内径为 20～40mm，柱长为 10～30cm。在药品检验中多半选用内径 4.6mm、长度约 20cm 的分析柱。

色谱柱在使用前都要对其性能进行考察，使用期间或放置一段时间后也要重新检查。

4. 检测系统　检测器是高效液相色谱仪的关键部件，是把色谱洗脱液中组分的量（或浓度）转变成电信号，应具有高灵敏度、低噪声、线性范围宽、重复性好、适应性广等特点。高效液相色谱仪中最常用的检测器有紫外检测器（UVD）、荧光检测器（FLD）、电化学检测器（ECD）和示差折光检测器（RID）。

（1）紫外检测器（UVD）　是液相色谱最广泛使用的检测器，当检测波长包括可见光时，又称为紫外 - 可见检测器。其工作原理是基于朗伯 - 比尔定律，仪器输出信号与被测组分浓度成正比，用于检测对特定波长的紫外光（或可见光）有选择性吸收的待测组分。紫外检测器灵敏度较高，检测限可达 10^{-9} g/ml；受温度、流量的变化影响小，能用于梯度洗脱操作；线性范围宽，不破坏样品，可用于制备色谱；应用范围广，可用于多类有机物的监测。紫外检测器可分为固定波长型、可变波长型和光电二极管阵列型三种类型。

（2）荧光检测器（FLD）　适用于能产生荧光的化合物及通过衍生技术生成荧光衍生物的检测。其检测原理：具有某种结构的化合物受紫外光激发后，能发射出比激发光波长更长的荧光，其荧光强度与荧光物质的浓度成线性关系，通过测定荧光强度来进行定量分析。其特点是灵敏度高，检测限可达 10^{-10} g/ml，选择性好。许多生化物质包括某些代谢产物、药物、氨基酸、胺类、维生素、甾族化合物都可用荧光检测器检测。某些不发光的物质可通过化学衍生技术生成荧光衍生物，再进行荧光检测。

（3）电化学检测器（ECD）　是一种选择性检测器，依据组分在氧化还原过程中产生的电流或电压变化对样品进行检测。因此，只适用于测定氧化活性和还原活性物质，测定的灵敏度较高，检测限可达 10^{-9} g/ml，已在生化、医学、食品、环境分析中获得广泛应用。

> **请你想一想**
>
> 利用 HPLC 测定药片中磺胺类药物，可选择什么检测器，为什么？

（4）示差折光检测器（RID）　是一种通用检测器，依据不同性质的溶液对光具有不同折射率对组分进行检测，测得的折光率差值与被测组分浓度成正比。只要物质的折光率不同，原则上均可用示差折光检测器进行检测，但检测灵敏度较低，不能用于梯度洗脱。

（二）高效液相色谱法的工作流程

高效液相色谱法分离分析的一般流程是利用高压输液泵将规定的流动相（贮存于储液瓶中）泵入装有填充剂的色谱柱，经进样阀注入的供试品溶液，由流动相带入柱内，各组分在柱内被分离，并依次进入检测器，由数据处理系统记录和处理色谱信号。

（三）高效液相色谱仪一般操作规程

不同型号或同一型号使用不同的系统配置的高效液相色谱仪，操作步骤亦有差别。但总的来说，高效液相色谱仪的操作分以下几个步骤。

1. 配制好足量的流动相，用有机相滤膜和水相滤膜分别过滤试验用甲醇或乙腈和二次蒸馏水，按试验所需比例混合后再放在超声清洗器中超声 10~15 分钟，去掉杂质和气泡，备用。样品也分别用样品有机相滤膜和水相滤膜过滤。

2. 检查仪器是否完好，各开关均应处于"关"的位置。

3. 将泵的吸滤头放入盛流动相的储液瓶中，确认流路系统已能正常工作。

4. 开启色谱仪各个部件的电源。

5. 打开泵的排液阀，清洗管路直至无气泡为止。

6. 设置试验的色谱条件，如所需流速、最大压限、最小压限及检测波长等。用分析流速，对色谱柱进行平衡，待基线走稳。

7. 打开电脑，进入色谱工作站。

8. 设置合适的分析参数。

9. 进样，测定，记录色谱图。

10. 打印分析报告。

11. 结束工作

（1）分析完毕后，再走一段基线，洗净剩余物。以无水乙醇清洗进样针数次。用经过过滤和超声脱气的溶剂清洗色谱系统和进样阀，正相柱一般用正己烷（或庚烷），反相柱依次用流动相、水、水 + 甲醇清洗。反相柱如使用缓冲盐流动相，则先使用甲醇 + 水（1+9），然后使用100%甲醇冲洗，冲洗剂流速一般采用分析流速，各冲洗剂一般冲洗 30 分钟。

（2）冲洗完毕后，逐步降低流速至0，关泵，退出色谱工作站，关闭电脑，然后关闭色谱仪各个部件的电源。

（3）做好使用登记。

（四）高效液相色谱法系统适用性试验

与气相色谱法相同，在进行高效液相色谱分析时，为了达到理论塔板数、分离度、灵敏度、拖尾因子和重复性的系统适用性试验，保证色谱系统的可靠性，也需要进行一些色谱条件的选择。

《中国药典》（2020 年版）四部规定，品种正文项下规定的条件除填充剂种类、流动相组分、检测器类型不得改变外，其余如色谱柱内径与长度、填充剂粒径、流动相流速、流动相组分比例、柱温、进祥量、检测器灵敏度等，均可适当改变，以达到系统适用性试验的要求。调整流动相组分比例时，当小比例组分的百分比例 X 小于等于 33% 时，允许改变范围为 0.7X ~ 1.3X；当 X 大于 33% 时，允许改变范围为 X – 10% ~ X + 10% 。

三、高效液相色谱条件的选择

（一）正相键合相色谱法的分离条件

1. 固定相的条件 正相键合相色谱法一般以极性键合相为固定相，如氰基、氨基键合相等。分离含双键的化合物常用氰基键合相，分离多官能团化合物如甾体、强心苷以及糖类等常用氨基键合相。

2. 流动相的条件 正相键合相色谱法的流动相通常采用烷烃加适量极性调节剂，通过调节极性调节剂的浓度来改变溶剂强度，使试样组分的 k 值在 1 ~ 10 范围内。若二元流动相仍难以达到所需要的分离选择性，还可以使用三元或四元溶剂系统。

（二）反相键合相色谱法的分离条件

1. 固定相的条件 在反相键合相色谱中，常选用非极性键合相，非极性键合相可用于分离分子型化合物，也可用于分离离子型或可离子化的化合物。ODS 是应用最广泛的非极性固定相。对于各种类型的化合物都有很强的适应能力。短链烷基键合相能用于极性化合物的分离，苯基键合相适用于分离芳香化合物以及多羟基化合物，如黄酮苷类等。

2. 流动相的条件 反相键合相色谱法中，流动相一般以极性最强的水为基础溶剂，加入甲醇、乙腈等极性调节剂。极性调节剂的性质以及其与水的混合比例对溶质的保留值和分离选择性有显著影响。一般情况下，甲醇 – 水已能满足多数试样的分离要求，且黏度小、价格低，是反相键合相色谱法最常用的流动相。乙腈的强度较高，且黏度较小，其截止波长（190nm）比甲醇（205nm）的短，更适用于利用末端吸收进行检测。

3. pH 的调节 可选择弱酸（常用醋酸）、弱碱（常用氨水）或缓冲盐（常用磷酸盐及醋酸盐）作为抑制剂，调节流动相的 pH，抑制组分的离解，增强保留。但 pH 需在 2 ~ 8，超出此范围可能损坏键合相。

4. 流动相的离子强度的调节 调节流动相的离子强度也能改善分离效果，在流动相中加入 0.1% ~ 1% 的醋酸盐、磷酸盐等，可减弱固定相表面残余硅醇基的干扰作用，减少峰的拖尾，改善分离效果。

任务二　定性、定量分析方法

一、定性分析方法

高效液相色谱法的定性分析方法同气相色谱法，根据色谱图中各个峰的位置判断其究竟代表什么组分，进而确定试样组成的方法。

和气相色谱定性分析类似，主要根据保留时间进行真伪的鉴别。只靠保留时间不足以定性时，还可结合化学鉴别反应，结合红外光谱、紫外光谱等进行定性分析。药物鉴别，《中国药典》（2020 年版）中一般采用与已知物直接对照保留值法，即对照品比较法，规定按供试品含量测定项下的色谱条件进行试验。要求供试品和对照品色谱峰的保留时间一致。含量测定方法为内标法时，可要求供试品和对照品色谱图中的药物峰的保留时间与内标峰的保留时间的比值应一致。

二、定量分析方法

高效液相色谱法的定量分析方法同气相色谱法，根据每个色谱峰的面积或峰高求出混合物中各组分的含量。在药物定量分析中适用于药物的杂质限量检查和药物的含量测定。常用外标法、内标法和内加法，而归一化法应用较少。在进行试样测定前要做系统适用性试验，即用规定的方法对仪器进行试验和调整，检查仪器系统是否符合药品标准的规定。

（一）方法要求

1. 流动相应用高纯度试剂配制，水应为新鲜制备的高纯水，可用超级纯水器制得或用重蒸馏水。

2. 配制好的流动相和样品都必须通过适宜的 $0.45\mu m$ 滤膜滤过，使用前脱气。

3. 《中国药典》（2020 年版）规定，在进行含量测定前，要按各品种项下要求对色谱系统进行适用性试验，即用规定的对照品溶液或系统适用性试验溶液在规定的色谱系统进行试验，必要时，可对色谱系统进行适当调整，以符合要求。

4. 进行杂质检查时，为了对杂质峰准确积分，检查前应使用一定浓度的对照溶液调节仪器的灵敏度，色谱记录时间为主成分峰保留时间的若干倍。

5. 含量测定的对照溶液和供试品溶液每份至少注样 2 次，再分别求得平均值，相对标准偏差（RSD）一般应不大于 1.5%。

6. 测定时将流速调节至分析用流速，对色谱柱进行平衡，同时观察压力指示是否稳定，并用干燥滤纸片的边缘检查柱管各连接处有无渗漏。初始平衡时间一般约需 30 分钟。

7. 检测器为紫外检测器时，检测波长必须大于溶剂的截止波长。

8. 试验结束，必须按要求进行冲洗系统。

（二）定量分析方法

HPLC 的定量分析方法与 GC 相同，常用外标法、内标法和内加法，而归一化法应用较少。

1. 外标法　以对照品的量对比求算试样含量的方法。只要待测组分出峰、无干扰、保留时间适宜，即可采用外标法进行定量分析。

2. 内标法　以待测组分和内标物的峰高比或峰面积比求算试样含量的方法。使用内标法可以抵消仪器稳定性差、进样量不够准确等原因带来的定量分析误差。内标法可以分为校正曲线法、内标一点法（内标对比法）、内标二点法及校正因子法。

3. 内加法　将待测物 i 的纯品加至待测样品中，测定增加纯品后的溶液比原样品溶液中 i 组分的峰面积增量，来求算 i 组分含量的定量分析方法。

【例 15 – 1】精密称量注射用阿莫西林钠样品 0.7058g，用流动相定容至 50ml，再精密移取此溶液 2ml 定容至 50ml，即得供试品溶液。取阿莫西林对照品配成浓度为 514.7μg/ml 的对照品溶液。测得对照品的峰面积为 216910，供试品的峰面积为 200741，求样品中阿莫西林的含量，并分析其是否符合药典规定（药典规定含阿莫西林不得少于 80.0%）。

解：根据题意可知

$c_{对照} = 514.7μg/ml$，$A_{对照} = 216910$，$A_{供试} = 200741$

$$c_{供试} = c_{对照} \times \frac{A_{供试}}{A_{对照}}$$

所以样品中阿莫西林的含量为：

$$阿莫西林\% = \frac{c_{对照} \times \frac{A_{供试}}{A_{对照}} \times 稀释倍数 \times V_s}{m_s} = \frac{514.7 \times \frac{200714}{216910} \times \frac{50.00}{2.00} \times 50.00}{0.7058 \times 10^6} \times 100\% = 84.35\%$$

样品中阿莫西林的含量为 84.35%，大于 80%，符合药典规定。

任务三　应用与示例

高效液相色谱法目前广泛应用于合成药物中微量杂质的检查，中药及中药中有效成分的分离、鉴定与含量测定，药物稳定性试验、体内药物分析，药理研究及临床检验等。

你知道吗

原国家质量监督检验检疫总局、国家标准化管理委员会批准发布了《原料乳与乳制品中三聚氰胺检测方法》（GB/T）（22388—2008）国家标准，规定了三聚氰胺检测方法的检测定量限。标准规定了高效液相色谱法、气相色谱 – 质谱联用法、液相色谱 – 质谱/质谱法三种方法为三聚氰胺的检测方法，检测定量限分别为2mg/kg、0.05mg/kg

和 0.01mg/kg。标准适用于原料乳、乳制品以及含乳制品中三聚氰胺的定量测定。

一、小儿热速清口服液中黄芩苷的鉴别

色谱条件与系统适用性试验　以十八烷基硅烷键合硅胶为填充剂；以甲醇 - 水 - 磷酸（47∶53∶0.2）为流动相；检测波长为276nm。理论塔板数按黄芩苷峰计算应不低于2500。

对照品溶液的制备　取黄芩苷对照品约10mg，精密称定，置于200ml容量瓶中，加50%甲醇适量，置于热水浴中振摇使溶解，放冷，加50%甲醇至刻度，摇匀，即得（每1ml含黄芩苷50μg）。

供试品溶液的制备　精密量取本品0.5ml，通过D101型大孔吸附树脂柱（内径约为1.5cm，柱高为10cm），以每分钟1.5ml的流速用水70ml洗脱，继用40%乙醇洗脱，弃去7~9ml洗脱液，收集续洗脱液于50ml量瓶中至刻度，摇匀，即得。

测定法　分别精密吸取对照品溶液5μl与供试品溶液10μl，注入液相色谱仪，测定，即得。

供试品色谱中应呈现与黄芩苷对照品色谱峰保留时间相同的色谱峰。

二、头孢拉定片中头孢拉定的含量测定

色谱条件与系统适用性试验　用十八烷基硅烷键合硅胶为填充剂；水 - 甲醇 - 3.86%醋酸钠溶液 -4%醋酸溶液（1564∶400∶30∶6）为流动相；流速为每分钟0.7~0.9ml；检测波长为254nm。取头孢拉定对照品溶液10份和头孢氨苄对照品贮备液（0.4mg/ml）1份，混匀，取10μl注入液相色谱仪，记录色谱图，头孢拉定峰和头孢氨苄峰的分离度应符合要求。

测定法　取本品10片，精密称定，研细，精密称取适量（约相当于头孢拉定70mg），置于100ml容量瓶中，加流动相70ml超声使头孢拉定溶解，用流动相稀释至刻度，摇匀，滤过，取续滤液，精密量取续滤液10μl注入液相色谱仪，记录色谱图；另取头孢拉定对照品溶液，同法测定。按外标法以峰面积计算，即得。

本品含头孢拉定（$C_{16}H_{19}N_3O_4S$）应为标示量的90.0%~110.0%。

三、哈西奈德软膏的含量测定

色谱条件与系统适用性试验　用十八烷基硅烷键合硅胶为填充剂；以甲醇 - 水（70∶30）为流动相；检测波长为240nm。理论塔板数按哈西奈德计算不得低于2000，哈西奈德峰与内标物质峰的分离度应符合要求。

内标溶液的制备　取黄体酮，加流动相溶解并稀释制成每1ml中约含0.15mg的溶液，即得。

测定法　取本品适量（约相当于哈西奈德1.25mg），精密称定，至50ml容量瓶

中，加甲醇约 30ml，置于 80℃水浴中加热 2 分钟，振摇使哈西奈德溶解，放冷，精密加内标溶液 5ml，用甲醇稀释至刻度，摇匀，置于冰浴中冷却 2 小时以上，取出后迅速滤过，放至室温，取续滤液 20μl 注入液相色谱仪，记录色谱图；另精密称取哈西奈德对照品约 12.5mg，置于 100ml 容量瓶中，加甲醇溶解并稀释至刻度，摇匀，精密量取该溶液 10ml 与内标溶液 5ml，置于 50ml 容量瓶中，用甲醇稀释至刻度，摇匀，同法测定。按内标法以峰面积计算，即得。

本品含哈西奈德（$C_{24}H_{32}C_1FO_5$）应为标示量的 90.0% ~ 110.0%。

实训二十五　复方丹参片含量测定

一、实训目的

1. 了解高效液相色谱法的测定原理。
2. 熟悉高效液相色谱法在药物分析中的应用。
3. 掌握高效液相色谱仪的操作方法；会正确记录试验数据并计算测定结果。

二、实训原理

丹参酮 II_A 是复方丹参片的有效成分之一，控制丹参酮 II_A 的含量对确保该制剂的疗效有重要意义。进行外标一点法定量时，分别精密称取一定量的对照品和样品，配制成溶液，在完全相同的色谱条件下，分别进样相同体积的对照品溶液和样品溶液，进行色谱分析，测定峰面积。

先利用标准溶液进行对比，求样品溶液中丹参酮 II_A 的浓度：

$$c_{样品} = c_{对照} \times \frac{A_{样品}}{A_{对照}}$$

用下式计算复方丹参片中丹参酮 II_A 的量：

$$丹参酮 II_A（mg/片）= \frac{c_{样品} \times V_{样品} \times 10^{-3}}{W_{取样量}} \times 平均片重$$

式中，$c_{样品}$为样品溶液中待测组分的浓度（μg/ml）；$c_{对照}$为标准品溶液的浓度；$V_{样品}$为样品稀释体积；$W_{取样量}$为样品称取量。

三、仪器与试剂

1. **仪器**　高效液相色谱仪、分析天平、容量瓶、移液管、锥形瓶、ODS 柱。
2. **试剂**　甲醇（分析纯）、甲醇（色谱纯）、重蒸馏水、丹参酮 II_A 对照品、复方丹参片。

四、实训步骤

1. **色谱条件与系统适用性试验**　用十八烷基硅烷键合硅胶为填充剂；甲醇 - 水

（73∶27）为流动相；检测波长为270nm。理论塔板数按丹参酮ⅡA峰计算应不低于2000。

2. 对照品溶液的制备　精密称取丹参酮ⅡA对照品10mg，置于50ml棕色容量瓶中，用甲醇溶解并稀释至刻度，摇匀，精密量取5ml，置于25ml棕色容量瓶中，加甲醇至刻度，摇匀，即得（每1ml中含丹参酮ⅡA40μg）。

3. 供试品溶液的制备　取本品10片，糖衣片除去糖衣，精密称定，研细，取1g，精密称定，精密加入甲醇25ml，称定重量，超声处理15分钟，放冷，再称定重量，用甲醇补足减失的重量，摇匀，滤过，取续滤液，即得。

4. 测定法　分别精密吸取对照品溶液与供试品溶液各10μl，注入液相色谱仪，测定，即得。各种溶液重复测定三次。

本品每片含丹参以丹参酮ⅡA（$C_{19}H_{18}O_3$）计，不得少于0.20mg。

5. 数据记录与处理

序号	1	2	3
$A_{对照}$			
$A_{供试}$			
平均值			
RSD%			
丹参酮ⅡA（mg/片）			

6. 计算过程

7. 结果讨论与误差分析

目标检测

一、选择题

1. 关于反相键合相色谱，下列说法正确的是（　　）。
   A. 极性大的组分后流出色谱柱　　　B. 极性小的组分后流出色谱柱
   C. 流动相的极性小于固定相的极性　D. 流动相的极性与固定相相同

2. 十八烷基键合相简称（　　）。
   A. ODS　　　　　B. OS　　　　　C. C_{17}　　　　　D. ODES

3. 在正相键合相色谱法中，流动相常用（　　）。

A. 甲醇－水　　　　　　　　　　　B. 烷烃加醇类

C. 水　　　　　　　　　　　　　　D. 缓冲盐溶液

4. 在反相键合相色谱法中，固定相和流动相的极性关系是（　　　）。

　　A. 固定相的极性大于流动相的极性　　B. 固定相的极性小于流动相的极性

　　C. 固定相的极性等于流动相的极性　　D. 不一定，视组分性质而定

5. 在反相键合相色谱法中，流动相常用（　　　）。

　　A. 甲醇－水　　B. 正己烷　　　　C. 水　　　　　D. 正己烷－水

6. 在高效液相色谱中，色谱柱的长度一般在（　　　）。

　　A. 10～30cm　　B. 20～50m　　　C. 1～2m　　　D. 2～5m

7. 下列不属于高效液相色谱法中梯度洗脱优点的是（　　　）。

　　A. 缩短分析时间　　　　　　　　B. 易引起基线漂移

　　C. 提高分析效能　　　　　　　　D. 增加灵敏度

8. 关于正相色谱法，下列说法正确的是（　　　）。

　　A. 流动相的极性应小于固定相的极性　B. 适于分离极性小的组分

　　C. 极性大的组分先出峰　　　　　　D. 极性小的组分后出峰

9. 在高效液相色谱法中，对于极性组分，当增大流动相的组分，可使其保留值（　　　）。

　　A. 不变　　　　　B. 增大　　　　C. 减小　　　　D. 不一定

10. （　　　）将使组分的保留时间变短。

　　A. 减慢流动相的流速

　　B. 增加色谱柱的柱长

　　C. 反相色谱的流动相为乙腈－水，增加乙腈的比例

　　D. 正相色谱的正己烷－二氯甲烷流动相系统增大正己烷的比例

11. 化学键合固定相具备的特点是（　　　）。

　　A. 价格便宜　　　　　　　　　　B. 选择性差

　　C. 不适用于梯度洗脱　　　　　　D. 柱效高

12. 在高效液相色谱法中，流动相的选择很重要，下列不符合要求的是（　　　）。

　　A. 对被分离组分有适宜的溶解度　B. 黏度大

　　C. 与检测器匹配　　　　　　　　D. 与固定相不互溶

13. 评价高效液相色谱柱的总分离效能的指标是（　　　）。

　　A. 有效塔板数　　　　　　　　　B. 分离度

　　C. 选择性因子　　　　　　　　　D. 分配系数

14. 高效液相色谱法的定性指标是（　　　）。

　　A. 峰面积　　　B. 半峰宽　　　　C. 保留时间　　　D. 峰高

15. 高效液相色谱法的定量指标是（　　　）。

　　A. 峰面积　　　B. 相对保留值　　C. 保留时间　　　D. 半峰宽

二、计算题

1. 某批牛黄上清丸中黄芩苷的含量测定：取样品 1.0060g，精密加稀乙醇 50ml，称定重量，超声 30 分钟，置于水浴上回流 3 小时，放冷，称定重量，用稀乙醇补足减失的重量，静置，取上清液，即为供试液。分别吸取黄芩苷对照液（61μg/ml）及供试液 5μl，注入 HPLC 仪中测定。《中国药典》（2020 年版）规定，每丸含黄芩以黄芩苷计，不得少于 15mg，问该批样品是否合格？（已知 $A_{供}=4728936$，$A_{对}=38841464$，平均丸重 $=5.1491g$）

2. 某一含药根碱、黄连碱和小檗碱的生物样品，以 HPLC 法测其含量，测得三个色谱峰面积分别为 $2.67cm^2$、$3.26cm^2$ 和 $3.45cm^2$，现准确称取等质量的药根碱、黄连碱和小檗碱对照品与样品同方法配成溶液后，在相同色谱条件下进样，得三个色谱峰面积分别为 $3.00cm^2$、$2.86cm^2$ 和 $4.20cm^2$，计算样品中三组分的相对含量。

书网融合……

微课1

微课2

划重点

自测题

参考答案

项目一

1. C   2. D   3. A   4. B   5. C   6. B   7. C   8. C   9. C   10. C

项目二

一、选择题

1. C   2. B   3. C   4. B   5. C   6. A   7. C   8. B   9. B   10. D

二、计算题

1. （1）10.63；（2）0.573

2. $E = 0.0002g$；$RE = 0.2\%$

3. $\bar{\chi} = 0.5000g$；$\bar{d} = 0.0003$；$R\bar{d} = 0.06\%$

项目三

一、选择题

1. A   2. A   3. B   4. A   5. D   6. C   7. A   8. A   9. A   10. C

项目四

一、选择题

1. B   2. D   3. A   4. B   5. B   6. A   7. C   8. C   9. B   10. C

二、计算题

1. 0.09946mol/L   2. 0.9974mol/L   3. 101.4%

项目五

一、选择题

1. A   2. B   3. D   4. C   5. A   6. A   7. C   8. A   9. C   10. A

二、计算题

1. 29.8025g   2. 0.05326mol/L   3. 0.2608mol/L   4. 71.20%

项目六

一、选择题

1. B   2. C   3. D   4. A   5. B   6. B   7. D   8. B   9. D   10. A

项目七

一、选择题

1. C   2. B   3. A   4. A   5. B   6. ABC   7. ABC   8. ABCD   9. BCD   10. ABD

二、计算题

1. 95.18%   2. 95.66%   3. 69.18%   4. 94.82%   5. 氯化钠16.65%，溴化钠83.35%

项目八

一、选择题

1. B　2. A　3. C　4. C　5. B　6. C　7. ACDE　8. BCD　9. BCE　10. AC

二、计算题

1. 0. 05053mol/L　2. 0. 04988mol/L　3. 98. 09%

项目九

一、选择题

1. B　2. D　3. B　4. B　5. A　6. D　7. B　8. A　9. A　10. C

二、计算题

1. $c_{Na_2S_2O_3} = 0. 08886mol/L$　2. $\omega_{Na_2S_2O_3} = 95. 5\%$

项目十

一、选择题

1. C　2. C　3. C　4. D　5. D　6. C　7. C　8. C　9. C　10. A　11. B　12. D

项目十一

一、选择题

1. D　2. A　3. B　4. C　5. B　6. D　7. B　8. B　9. D　10. A

二、计算题

1. 30. 2%　2. 1123；26502. 8　3. 89%

项目十二

一、选择题

1. B　2. B　3. D　4. A　5. A　6. B　7. D　8. A　9. C　10. B　11. A　12. B

项目十三

一、选择题

1. A　2. B　3. A　4. D　5. B　6. A　7. B　8. A　9. D　10. D

项目十四

一、选择题

1. C　2. A　3. D　4. A　5. B　6. D　7. A　8. B　9. B　10. B　11. C　12. B　13. 　14. C
　15. C

二、计算题

1. 甲醇% = 7. 65%；乙醇% = 42. 72%；正丙醇% = 5. 38%；丁醇% = 44. 24%

2. $H_2O\% = 0. 67\%$；内标法

项目十五

一、选择题

1. B　2. A　3. B　4. B　5. A　6. A　7. B　8. A　9. C　10. C　11. D　12. B　13. B
14. C　15. A

二、计算题

1. $C_{供} = 74\mu g/ml$，黄芩苷含量（mg/丸）= 18. 9，该样品合格

2. 31. 0%；39. 7%；29. 3%

参考文献

［1］龚子东．柯宇新．分析化学基础．北京：中国医药科技出版社，2016.

［2］朱爱军．分析化学基础．3 版．北京：人民卫生出版社，2016.

［3］迟玉霞．肖海燕．分析化学操作技术．青岛：中国石油大学出版社，2019.

［4］武汉大学．分析化学．6 版．北京：高等教育出版社，2016.

［5］靳丹虹，张清．分析化学．2 版．北京：中国医药科技出版社，2019.

［6］金虹，杨元娟，彭裕红．药物分析技术．2 版．北京：中国医药科技出版社，2019.

［7］王磊，董会钰．分析化学．北京：中国医药科技出版社，2019.

［8］李秋萍，韦国兵．分析化学实验教程．北京：中国医药科技出版社，2019.